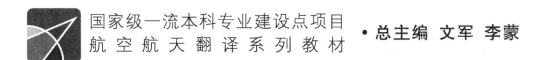

国家级一流本科专业建设点项目
航空航天翻译系列教材 ・总主编 文军 李蒙

航空航天视听翻译教程

Audiovisual Translation Course for
Aeronautics and Astronautics

主编 王晨爽

副主编 周晓岩 张文鹤 魏浩东

北京航空航天大学出版社

内容简介

本书详细讲述了航空航天视听语料的翻译策略和翻译技巧，旨在提高视听翻译人才的培养质量，服务于我国航空航天科技的国际交流与发展。根据理论与实践相结合的编写理念，本书在阐述视听翻译理论的基础上，提供了详细的案例分析。全书共有八个单元，前四个单元是视听翻译的总论，包括视听翻译概念论、视听翻译方法论、视听翻译技术论和视听翻译的模式。后四个单元是对航空航天视听翻译的具体讲解，覆盖不同体裁的材料：航空航天故事片、航空航天纪录片、航空航天新闻专题片和航空航天电影改编，每个单元先进行理论阐述，再进行汉译英和英译汉的案例分析。

本书可作为翻译专业、英语专业的本科生及硕士研究生的必修课教材，也可作为非英语专业本科生、硕士研究生的选修课教材，并可供科研工作者和字幕翻译爱好者自学使用。

图书在版编目(CIP)数据

航空航天视听翻译教程 / 王晨爽主编. —— 北京：
北京航空航天大学出版社，2024.3
ISBN 978-7-5124-4255-9

Ⅰ.①航… Ⅱ.①王… Ⅲ.①航空工程—名词术语—英语—翻译—教材 ②航天工程—名词术语—英语—翻译—教材 Ⅳ.①V

中国国家版本馆 CIP 数据核字(2023)第 240600 号

版权所有，侵权必究。

航空航天视听翻译教程
主　编　王晨爽
副主编　周晓岩　张文鹤　魏浩东
策划编辑　赵延永　蔡　喆
责任编辑　张　凌

*

北京航空航天大学出版社出版发行

北京市海淀区学院路 37 号（邮编 100191）　http://www.buaapress.com.cn
发行部电话：(010)82317024　传真：(010)82328026
读者信箱：goodtextbook@126.com　邮购电话：(010)82316936
北京凌奇印刷有限责任公司印装　各地书店经销

*

开本：710×1 000　1/16　印张：19.25　字数：410 千字
2024 年 3 月第 1 版　2024 年 3 月第 1 次印刷
ISBN 978-7-5124-4255-9　定价：59.00 元

若本书有倒页、脱页、缺页等印装质量问题，请与本社发行部联系调换　联系电话：(010)82317024

编委会

总 主 编 文 军 李 蒙

编　　委（按姓氏笔画排序）

　　　　　　孔　杰　朱殿勇　许明武　李　雪

　　　　　　李京廉　张化丽　张艳玲　范祥涛

　　　　　　赵雪琴　秦明利　梁茂成　彭　静

丛书策划 赵延永　蔡　喆

本书主编 王晨爽

本书副主编 周晓岩　张文鹤　魏浩东

总序 Foreword

科学技术的发展离不开交流与合作,航空航天的发展也不例外。在中国航空航天发展史上,这种交流与合作在很大程度上与翻译相关,概括起来,大致经历了两个阶段:早期的翻译引进,后期的翻译引进与翻译输出并举。最早与航空航天有关的翻译引进活动始于1903年到1907年期间中国掀起的"凡尔纳热",其中的航空航天科幻小说翻译包括鲁迅的《月界旅行》、商务印书馆出版的《环游月球》以及谢祺的《飞行记》等。1910年,高鲁翻译出版了《空中航行术》,这是中国航空航天科技书籍和资料汉译的开端。而在译出方面,随着我国航空航天事业的飞速发展,近些年的科技新闻、政府白皮书等都有大量航空航天方面的信息对外发布,及时而系统地向全世界展现了中国在此领域的发展现状和巨大成就。

总体而言,航空航天的领域宽广,翻译多种多样。从翻译的主题看,航空航天话语以科技语言为主,其一般特点有七个方面:无人称、语气正式、陈述客观准确、语言规范、文体质朴、逻辑性强和专业术语性强[1],与之相关的科技论文等的翻译是航空航天翻译的主体。此外,航空航天话语中还包括与商务活动相关的商贸翻译(如合同、谈判等)、与航空航天新闻活动相关的新闻翻译(如新闻发布会、各种媒体的相关新闻报道等)、与航空航天文学相关的文学翻译(如航空类小说、航天类科幻小说等)、与航空航天影视活动相关的影视翻译(如纪录片、科幻电影)等。从翻译活动的方式看,航空航天翻译包括了笔译、视译、交替传译、同声传译、机器翻译+译后编辑等几乎所有的翻译方式。

航空航天翻译主题和体裁的多样性及翻译方式的全面性,对翻译人才的培养提出了新的、更高的要求。为此,我们特设计和编写了这套"航空航天翻译系列教材",其特色主要体现在以下几个方面:

① "入主流"与"显特色"并举。"入主流"主要指各种教材的设计都体现了翻译这一核心要素,其内容选择都以"怎么翻译"为焦点;"显特色"则体现在教材内容的选

---

[1] 冯志杰.汉英科技翻译指要[M].北京:中国对外翻译出版公司,1998:6-7.

择上,无论是例句还是练习,都选择了与航空航天密切相关的语料,力求解决航空航天翻译中的实际问题。

② 理论与实践并重。在教材设计上,突显理论融于实践的理念,对理论不做大篇幅的阐释,而将翻译策略、翻译方法等融于对例句和语篇的讲解之中,而这些例句和语篇都选自真实的航空航天语料,以着力提升学生的翻译实践能力。

③ 阐释与练习并立。对各种翻译现象的解释与阐释在教材中必不可少,是教材的主干;与此同时,各教材采用按"节"的方式设置练习,其用意在于着力加强练习与教材正文的关联性,以方便学生的学习和操练。

本系列教材可以作为翻译专业、英语专业和大学英语相关课程的课堂教学材料,也可供对航空航天翻译感兴趣的读者使用。

迄今,本系列教材中已规划了英汉翻译、汉英翻译、口译、影视翻译等方面的教材。今后,我们还可增加与航空航天翻译相关的品种,如航空航天文学翻译、航空航天新闻翻译、商贸翻译、航空航天同声传译等方面的教材。

为使本系列教材的编写更具广泛性和权威性,我们组建了高水平的编委会。编委会委员有北京航空航天大学的文军、李蒙、梁茂成,北京理工大学的李京廉,重庆大学的彭静,大连理工大学的秦明利,哈尔滨工业大学的李雪,哈尔滨工程大学的朱殿勇,华中科技大学的许明武,南京航空航天大学的范祥涛,南京理工大学的赵雪琴,西北工业大学的孔杰,西安航空学院的张化丽和中国民航大学的张艳玲等专家学者。

本系列教材的编写是一种尝试,希望能得到业内专家学者、学生和其他读者的反馈和意见,以使教材更臻完善。

文军　李蒙
2023 年 3 月于北京

前言

习近平总书记在党的二十大报告中强调,航天强国是社会主义现代化强国战略的重要组成部分。不忘初心、航天报国是航天人的责任担当和使命担当。本书是北京航空航天大学外语学院翻译系编写的航空航天系列教材之一,彰显了北航特色,旨在提高视听翻译人才的培养质量,加强航空航天专业人才的培养。

本书共有八个单元,前四个单元是视听翻译的总论,包括视听翻译概念论(第一单元)、视听翻译方法论(第二单元)、视听翻译技术论(第三单元)、视听翻译的模式(第四单元)。后四个单元是对航空航天视听翻译的具体讲解,涵盖不同体裁的材料:航空航天故事片(第五单元)、航空航天纪录片(第六单元)、航空航天新闻专题片(第七单元)、航空航天电影改编(第八单元)。在后四个单元中,每个单元先进行理论阐述,再进行汉译英、英译汉的案例分析。

作为国内尚不多见的以航空航天为主题的视听教材,本书的编写特色可以概括为以下几点:

一、独创性

国内至今没有以航空航天为主题的视听翻译教材。现有的为数不多的影视翻译教材通常基于电影和电视剧,而本书将影视翻译的概念扩展到了视听翻译,增加了互联网媒介。传统教材更关注语言层面上的字幕翻译,对视听翻译技术,如字幕提取、译前编辑、打轴、译后编辑、字幕上传等不够重视,这已不能适应新媒体时代学生们的需求。本书不局限于字幕翻译技巧探讨,旨在教会学生利用翻译技术,能够独立完成和制作出字幕翻译视频。这是本教材在理念上区别于其他教材的一大特色。

二、可靠性

鉴于影像资料涉及版权问题,本书中的语料全部选自合法官方网站,如CCTV、NASA等的官方网站。语料来源可靠、真实,是第一手资料。必须提及的是,本书中的部分视频提供的是原创字幕翻译。比如,第七单元中CCTV的神舟飞船系列节目、NASA 的 Crew-5 发射直播节目，编者都是通过案例分析细致地向学生呈现视频原创字幕翻译的全过程。这也是本书的一个特色。

三、实操性

本书注重实操性，手把手讲授翻译软件的操作，并配套视频讲解，在技术上解决了外语专业文科生动手能力较弱的问题；讲述字幕组工作的整个流程，包括小组分工、翻译指南的制定、译后审校等过程，使翻译学习不拘泥于课堂练习，为翻译职业培训奠定了基础。

四、丰富性

本书选取的语料丰富多彩，囊括了航空航天题材的故事片、纪录片、新闻专题片等多个体裁。此外，本书还重视理论与实践相结合，提供了汉译英和英译汉的经典案例分析。源语文本有学生们喜爱的故事片《中国机长》《流浪地球》《萨利机长》《地心引力》等。本书中设置的课后练习不仅有利于提高学生的翻译能力，也可以使其掌握更多的航空航天英语词汇。

本书符合《普通高等学校本科外国语言文学类专业教学指南》和公共外语英语教学培养方案的要求，可作为翻译专业、英语专业本科生和研究生的教材，也可用作其他专业本科生、研究生的通识课教材，或航空航天专业学生英语学习的教材。对于字幕爱好者、航空航天工作人员来说，本书也是很好的参考书和培训教材。

本书编写工作具体分工如下：王晨爽负责第一、七、八单元的编写和全书统稿工作；周晓岩负责第二、三单元的编写工作；张文鹤负责第四、六单元的编写工作；魏浩东负责第五单元的编写工作。本书的编者均为高校翻译教师或翻译研究者，他们扎实的理论功底和丰富的翻译实践经验是本书质量的保证。本书中难免存在疏漏之处，恳请读者批评指正。

编　者
2023 年 9 月

目 录

第一单元　视听翻译概论 ································· 1
- 第一节　视听翻译的概念和基本分类 ····················· 1
- 第二节　视听翻译的主体和客体 ························· 7
- 第三节　视听语言的特殊性与翻译标准 ··················· 12
- 第四节　视听翻译的发展史 ····························· 16
- 单元小结 ··· 21

第二单元　航空航天视听翻译策略与方法 ··················· 23
- 第一节　翻译策略、方法与技巧 ························· 23
- 第二节　航空航天视听翻译的特点和难点 ················· 28
- 第三节　视听翻译背景知识获取策略 ····················· 31
- 第四节　术语翻译策略与方法 ··························· 37
- 单元小结 ··· 44

第三单元　航空航天视听翻译技术 ························· 47
- 第一节　视听翻译技术现状 ····························· 47
- 第二节　视听翻译流程 ································· 50
- 第三节　自动化翻译工具 ······························· 55
- 第四节　人工翻译辅助工具 ····························· 59
- 第五节　字幕编辑工具 ································· 62
- 单元小结 ··· 66

第四单元　航空航天影视字幕翻译与配音翻译 ··············· 68
- 第一节　字幕翻译概述 ································· 68
- 第二节　字幕翻译的流程、翻译单位与规范 ··············· 73
- 第三节　航空航天影视字幕翻译原则与案例分析 ··········· 82
- 第四节　配音翻译 ····································· 88
- 单元小结 ··· 98

第五单元　航空航天故事片的翻译 ························· 109
- 第一节　语言特点 ····································· 109

第二节　翻译原则……………………………………………………………115
　　第三节　《中国机长》和《流浪地球》汉英字幕翻译案例分析……………119
　　第四节　Sully 和 Gravity 英汉字幕翻译案例分析…………………………123
　　单元小结………………………………………………………………………127

第六单元　航空航天纪录片的翻译……………………………………………138
　　第一节　纪录片概述…………………………………………………………138
　　第二节　纪录片的语言及其翻译要点………………………………………143
　　第三节　《你好！火星》汉英字幕翻译案例分析……………………………148
　　第四节　Planes That Changed the World 英汉翻译案例分析……………168
　　单元小结………………………………………………………………………174

第七单元　航空航天新闻专题片的翻译………………………………………187
　　第一节　语言特点……………………………………………………………187
　　第二节　翻译原则……………………………………………………………195
　　第三节　《神舟十四号载人航天任务》专题片的字幕翻译（汉译英）………198
　　第四节　NASA's SpaceX Crew-5 专题片的字幕翻译（英译汉）……………208
　　单元小结………………………………………………………………………218

第八单元　航空航天电影改编的符际翻译……………………………………230
　　第一节　符际翻译的概念和种类……………………………………………230
　　第二节　符际翻译与电影改编………………………………………………234
　　第三节　小说改编成电影的难点……………………………………………238
　　第四节　《你一生的故事》电影改编的符际翻译案例分析…………………241
　　单元小结………………………………………………………………………251

附录　练习的参考答案…………………………………………………………254
　　第一单元………………………………………………………………………254
　　第二单元………………………………………………………………………254
　　第三单元………………………………………………………………………255
　　第四单元………………………………………………………………………258
　　第五单元………………………………………………………………………267
　　第六单元………………………………………………………………………275
　　第七单元………………………………………………………………………286
　　第八单元………………………………………………………………………295

第一单元　视听翻译概论

要探讨航空航天视听翻译研究,首先需要了解什么是视听翻译。近年来,视听翻译(Audiovisual Translation,简称 AVT)作为翻译研究的新领域,引起了国内学者的关注。与传统的翻译研究不同,视听翻译突破了单一模态的限制,将图像、音效、灯光、文字等融为一体,形成了多模态文本。20 世纪上半叶,电影翻译在欧洲等西方国家逐步展开,与之相关的视听翻译研究也随之兴起。早期视听翻译研究范畴主要包括电影和电视节目的译制,后来随着传播媒介的更新以及全球化进程的推进,视听翻译的研究对象变得更加丰富,视听翻译的研究领域也在不断拓宽。视听翻译在近年来得到了快速发展,并作为一个独立的研究领域得到了学术界的普遍认可,但仍存在专业术语定义不统一、翻译分类标准虽繁复但仍有缺漏等问题。本单元拟对视听翻译做出概述,介绍视听翻译的概念及基本分类、视听翻译的主体和客体、视听翻译的特殊性及视听翻译的发展史。

第一节　视听翻译的概念和基本分类

随着传播媒介的更新以及全球化进程的推进,视听翻译发展迅速,并成为翻译研究的一个重要课题。那么何谓视听翻译?业界对视听翻译的界定并不统一。本节拟对视听翻译的基本概念和视听翻译的类型进行讨论,重点关注视听翻译的定义及其流变过程,并剖析推动其定义演进的原因。

一、视听翻译概念的界定

视听翻译是集文学、美术、音乐、摄影等为一体的跨学科翻译活动,是一种对媒体制作的视听产品的翻译转换。随着科技的发展,人们对视听翻译的认知在不断加深,认为其工作对象不仅仅局限于单一的文字文本,还应包括声音、肢体语言、信息载体(文字、图片、音频、视频)、环境等多模态文本。视听翻译的诞生和发展与电影技术以及其他媒体技术的发展息息相关,自 19 世纪末电影出现以来,人们就开始投入视听翻译的实践中。20 世纪 90 年代中期,随着数字化的发展和大量视听产品的涌现,该领域开始受到学界的重视,并获得大量拥趸[1]。科技的大众化和互联网的推广普及,使得多模态信息传播变得随处可见。皮拉尔·奥雷罗(Pilar Orero)指出,视听翻译

---

[1] Cintas J D, Remael A. Subtitling: Concepts and Practices [M]. London: Routledge, 2020: 1.

是通过多种媒体或格式制作影视节目的语言翻译或符际翻译活动,也包含听障者字幕(Subtitling for the Deaf and Hard of Hearing)、视障者口述影像(Audiodescription)①。莫娜·贝克(Mona Baker)将视听翻译定义为"将多模态、多媒体的文本转化到另一种语言或文化的翻译研究分支"②。姜学龙认为视听翻译是对多模式(Multimodal)、多媒质(Multimedia)文本进行跨文化转换的翻译活动,它既是语言层面的编码与解码,又是异质文化直接参与本土文化叙事建构的重要途径③。由此可以看出多媒体、多模态、语言转换、文化转换在视听翻译语言转换或符号转换活动中的作用。

综上所述,本单元将视听翻译界定如下:视听翻译是一项在多媒体、多模态介入下的特殊的语言转换、符号转换活动,同时也是一项文化构建活动。

由此可见,本书的研究范围有所拓宽,翻译类型除了语际翻译,还包括符际翻译;选取的语料来源于电影、电视以及互联网;个案分析包括电影故事片、电视纪录片、新闻专题片等。需要说明的是,由于涉及版权问题,本书选取的视听材料均来自合法的官方网站,如CCTV官网、NASA官网等。

二、视听翻译概念的演变

随着媒介形态的变迁和翻译实践的推进,视听翻译作为术语在欧洲历经了多次演变。从早期的"电影翻译"(Film Translation)到"影视翻译"(Film and TV Translation),再到视听文本数字化后的"屏幕翻译"(Screen Translation)和"多媒体翻译"(Multi-media Translation)以及"多模态翻译"(Multimodal Translation)。据此,可将视听翻译的研究分为四个阶段:视听翻译的诞生(电影翻译)、视听翻译的扩展(屏幕翻译)、视听翻译的成熟(视听翻译)和视听翻译的更新(多媒体翻译)。国内对该术语的界定也经历了一系列变化,如电影翻译、影视翻译、影视转换、视听改编、屏幕翻译、媒体翻译、多媒体翻译等。国内学界长期以来习惯使用"影视翻译"一词来指代该领域的所有研究,近年来"视听翻译"这个术语已开始被接受。视听翻译名称的演变过程折射了其动态的发展趋势,每一次新名称的出现都具有前瞻性,意味着技术的革新、研究范畴有所改变或扩展,以及传媒新技术的高科技特征④。

视听翻译概念的流变不仅反映了新时代传媒科技的不断进步,也折射出学者们对该学科持有开放和灵活的态度。那么,随之而来的问题就是概念之间的界限变得愈发模糊,内容之间存在重合。视听翻译早期的研究主要聚焦于电影,涉及范围包括

---

① Orero P. Topics in Audiovisual Translation [M]. Amsterdam: John Benjamins Publishing Company, 2004: Ⅷ.

② Baker M, Saldanha G. Routledge Encyclopedia of Translation Studies[M]. 2nd edition. Shanghai: Shanghai Foreign Language Education Press, 2009: 13.

③ 姜学龙. 影视翻译理论与实践[M]. 长春:吉林大学出版社,2020:45-47.

④ 刘大燕. 析AVT名称演变:从电影翻译到多媒体翻译[J]. 上海翻译,2010(4):61-65.

电影脚本、配音和字幕翻译,但并未涉足电视领域、真人秀、专题纪录片等产品类型。到了影视翻译时期,工作对象扩展到电视节目、新闻、纪录片、专题片等视听产品。随着视听产品的日渐丰富,以往概念的命名已无法涵盖新兴的视听模式,屏幕翻译的概念便油然而生。屏幕翻译用来强调呈现视听文本的媒介,并试图涵盖所有通过屏幕放映的产品。屏幕翻译最初源于欧洲视听翻译研究协会(European Association for Studies in Screen Translation,简称 ESIST),指电视屏幕、电影屏幕及电脑屏幕上视听产品的翻译,不包含舞台、歌剧字幕翻译[1]。如今,在视听翻译时代,其研究范围更为广泛,包括为电视、电影、录像和 DVD 所做的语内翻译和语际翻译,还包括为戏剧或广播所做的翻译、广播话语覆盖、为电影做的同声传译及手语口译。最后,多媒体翻译概念的出现进一步打破了该领域的界限,其研究内容涵盖电影、电视、屏幕翻译、戏剧、歌剧的翻译、互联网的翻译、脱机产品和服务的翻译等[2],但由于界定范围过于宽泛,该术语的使用在国内并不普遍。

过去,国内视听翻译研究对象的重点是电影和电视的译制,因此"影视翻译"这个术语的使用很普遍。影视翻译的研究范围仅限于"电影和电视剧",随着新媒体的发展和新科技的进步,该术语的弊端已逐步显现。从广义上来讲,"视听翻译"是针对一切以视频和音频为文本载体的产品所进行的翻译活动,狭义上的理解是主要针对电影、电视剧所进行的翻译活动。以前,国内的视听翻译研究以"影视翻译"为主,只是伴随着互联网和传媒科技的发展,"视听翻译"这一术语的使用更为频繁。因此,需要说明的是本书中的"影视翻译"概念等同于"视听翻译"。

三、视听翻译的基本分类

随着传媒科技的发展,视听形式日趋丰富多样,人们对视听翻译的认知也在逐渐深入。此前的分类标准不足以涵盖当前新兴的视听形式,于是便出现了复合分类的手法。比如,按语言代码可分为语际影音翻译与语内影音翻译;按工具类型可分为影音口译与影音笔译及影音手语翻译;按受众特点可分为大众影音翻译与视听障碍者影音翻译等种类。尽管分类标准繁复多样,但翻译课堂上更常见、更易理解的是以视听文本载体作为分类标准,本节将重点介绍弗雷德里克·肖姆(Frederic Chaume)对视听翻译类型的分类标准,并对该标准下的术语定义进行逐一阐释。肖姆把视听翻译模式分为"为影视文本增添口语翻译"(Revoicing)和"为影视文本插入文字翻译"(Captioning)两种,如图 1-1 所示。

根据肖姆的分类标准,配音翻译主要包括配音(Dubbing)、叠加配音翻译(Voice-

---

[1] 王红芳,乔孟琪. 视听翻译、多媒体翻译与多模态翻译:辨析与思考[J]. 外国语文研究,2018(6):95-104.

[2] Gambier Y, Gottlieb H eds. (Multi) Media Translation [M]. Amsterdam: John Benjamins Publishing Company, 2001: xi.

over)、同声传译(Simultaneous interpretation of film)、解说(Free commentary)、粉丝配音(Fandubbing)、口述影像(Audiodescription)。字幕翻译主要包括常规字幕(Subtitle)、歌剧字幕(Surtitling)、基于复述的实时字幕(Respeaking)、听障者字幕(Subtitling for the deaf and hard of hearing)、粉丝字幕(Fansubbing)。

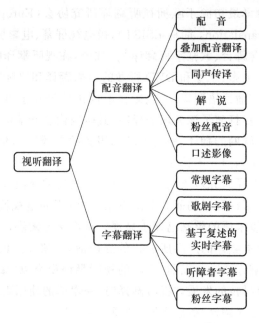

图 1-1 视听翻译分类简图①

(一) 配音翻译

配音翻译下辖的子类均含有"翻译"和"配音"两个元素。"配音"是指用目的语口语完全替换原口语,该翻译模式自 20 世纪 40 年代末到 80 年代中期一直在我国占据主流地位,通过该模式译制而成的作品最早被称为"翻译片"、"翻版片"或"译制片"。"叠加配音翻译"则是将目的语口语部分覆盖原声,使其在降低源语言音量的基础上,实现双语共存。该配音类型常见于纪录片和现场采访中,配音演员往往在源语言开始后几秒内开始配音,并且也会在源语言结束前几秒结束配音。

术语译名的统一是一个重要问题。比如,国内通常将 dubbing 译为"配音""替换配音""配音翻译""配音译制"等,部分学者认为将 dubbing 简单译为"配音"不足以将该译制形式与其他形式区分开来。dubbing 和 voice-over 均有完全或部分替换源语言语音的情况,故译为"替换配音"也不能凸显该译制形式的特点,但鉴于其唇音同步的特点(lip-sync),学者邓微波建议将其译为"唇同译配"。同样,voice-over 一词的

---

① Chaume F. The Turn of Audiovisual Translation: New Audiences and New Technologies [J]. Translation Spaces,2013(1):107-114.

翻译也存在争议,对于 voice-over 这种包含译文和原文两个叠置声道的译制模式,学者邓微波建议该术语可译为"叠音译配"[①]。

"同声传译"指在电影放映时,译员将演员台词通过麦克风同步翻译给观众。译员在电影放映前可以拿到剧本或者看过影片,并提前为翻译做准备。但有时译员没有机会做译前准备,只能凭借临场发挥。在这种译配模式下,译员可能要一人分"饰"多角。为了避免观众出现听觉疲劳,译员需要具备一定的模仿能力,以期最大程度还原电影原音频多角度共鸣的视听效果。此种译配模式很少被采用,更常见于电影节或者某些俱乐部的电影活动中。

"解说"可谓是对原视听文本改编最大的一种译配模式,配音员可随意发表自己的看法,或者补充细节。该译配模式可以在极大程度上减少观众因教育背景不同而产生的理解困难。

"粉丝配音"是指出于对某部影视作品的喜爱,配音爱好者从网上下载原视听材料后,删除原音频文件,再插入自己录制的配音音频。该模式的出现和发展与互联网的进步息息相关,使非专业人士也有机会加入配音员的行列。

"口述影像"服务于视力有障碍的观众,该模式关注的是演员服饰、动作、形态等非语言模态成分,以便帮助视力残障人士更好地理解故事情节。在电影没有对白时,配音人员须主动介绍电影画面中对情节推动有用的事物或声音。

(二)字幕翻译

字幕翻译包括常规字幕、歌剧字幕、基于复述的实时字幕、听障者字幕及粉丝字幕。"歌剧字幕"常服务于戏剧、歌剧表演,其将演员的对话投射到舞台悬浮的幕布上,以便观众能通过阅读字幕更好地跟上故事主线,因而该字幕类型也被称为"悬浮字幕"。如果观众视野受阻,工作人员也会在观众席椅子后背安装小屏幕,将演员台词投射到小屏幕上,以供阅读。

"基于复述的实时字幕"通常借助语音识别软件,译员须边听原视听文本边进行口译。语音识别软件在识别译者声音后,再转录成文字字幕。该译配模式对环境要求和译员的口音要求极高,因为噪声、杂音或者口音都会对语音识别的精准度造成影响。

"听障者字幕"是语内翻译的一种,主要服务于听力有障碍的观众。译员须将部分非演员台词、但有助于情节推进的声效用字幕表现出来,这类字幕通常置于屏幕上方,并且不同演员的台词须标以不同的颜色,以便观众区分。鉴于观众可能对阅读字幕和理解信息存在障碍,该模式的字幕在屏幕上的停留时间稍长。"粉丝字幕"与上文"粉丝配音"的定义基本相似,指的是字幕爱好者制作的视频字幕,该模式常见于日漫影视产品。

---

① 邓微波.影视翻译研究之术语统一亟待行[J].电影文学,2019(2):75.

肖姆没有针对字幕翻译板块明确提出具体分类标准,其优势在于关注到了听障者这一特殊受众以及字幕的专业性这两个要素。关于字幕翻译,其他学者也曾做过科学分类,下面拟对爱德华·巴托尔(Eduard Bartoll)的字幕分类法进行概述,以示补充(详见表1-1)。巴托尔提出以排版、组成、定位、移动性、选择性、时间、须配字幕的视听产品、播放渠道或方式、色彩九个参数为标准对字幕翻译进行分类。

表1-1 巴托尔的字幕分类(2004)[①]

标 准	字幕类型
排 版	居中型和不居中型字幕
组 成	内嵌型和外挂型字幕
定 位	普通字幕(Subtitles)、默片对白字幕(Intertitles)和歌剧唱词字幕(Surtitles)
移动性	移动字幕和固定字幕
选择性	可选择(外挂型)字幕和不可选择(内嵌式)字幕
时 间	预录字幕和同声字幕
须配字幕的视听产品	电影、电视、录像、DVD、激光影碟、只读光盘、电脑游戏、互联网(流媒体)和现场表演等
播放渠道或方式	通过视听产品本身的压印、通过图文电视、在(电子的)显示器上、投影(在产品上方或附近屏幕上)、通过同步播放的字幕
色 彩	区别各对话者的字幕、根据影片是黑白或彩色来区别的字幕、根据要配字幕的产品来区分的字幕

如表1-1所示,该分类方法关注到了"技术"这个元素,并根据内嵌字幕与外挂字幕的区别,提炼出"组成""选择性""播放渠道或方式"这三个参数。内嵌字幕即通过压印技术,将字幕和视频压制成一体。视频播放时,字幕也同时出现在视频内,并且不可对字幕进行修改,因而内嵌字幕是不可选择的;而外挂字幕则是将字幕以另一种文件形式保存,和视频是相互独立的状态。播放视频时,视频中没有字幕,需要借助专门的播放软件将字幕外挂,并且可根据个人喜好对字幕进行调整,因而外挂字幕是可选择的。由此可以发现,某个字幕类型可能兼具多个参数,体现了字幕的多维性。

不难发现,新的视听形式的出现让人们开始重新界定视听翻译,巴托尔字幕分类的先进性在于其通过多个维度对字幕类别进行定性,并拓宽了视听翻译的研究范围。例如,该分类标准中"播放渠道或方式"以及"须配字幕的视听产品"中包含了诸如电脑游戏、影碟、电子显示屏、歌剧唱词这类新传媒介。但巴托尔对视听障碍人士的字幕特点关注较少,只在"色彩"一列中提到视听障碍人士字幕须标以不同颜色以区

---

① Bartoll E. Parameters for the Classification of Subtitles [C] //Pilar Orero (ed.). Topics in Audiovisual Translation. Amsterdam: John Benjamins Publishing Company, 2004: 55-57.

别不同的说话者。巴托尔的字幕分类法很细致,同时也保留了一定的开放性,但其视听翻译的分类无法面面俱到,难免会有疏漏,有待今后的补充。

第二节 视听翻译的主体和客体

视听翻译由电影翻译、屏幕翻译等概念发展而来,是伴随着媒介形式的飞速扩展衍生而出的概念,在当今新媒体时代下是一种相当重要的翻译类型。本节拟对视听翻译的主体与客体进行探讨,分析主体与客体各自的定义与特点,以期为视听翻译的研究提供有益的借鉴。基于对视听翻译的概念性认识,本节首先探讨视听翻译的主体,由翻译主体的多元定义推导出视听翻译主体的多元性,介绍并解释影音译员、译制导演、配音演员等视听翻译主体;随后讨论视听翻译的客体,即各类视听材料的源语文本部分与译文部分,以及它们各自具有的不同特点。

一、视听翻译的主体

要了解视听翻译的主体,首先要理解翻译主体的概念。对于翻译主体,学界内部有着不同的定义。一种观点认为,主体是参与实践活动的人,翻译主体与哲学概念的主体应是普遍与特殊的关系,因此翻译主体只能是亲身参与了翻译活动的译者[①]。另有相当一部分学者意见与此相左,认为翻译主体的概念应当更加广阔。学者陈大亮认为,文学翻译的主体是作家、翻译家和读者,原著和译本是他们之间进行思想和感情交流的工具或载体[②]。学者李明认为,翻译是两种语言文化之间的对话、交流与协商的过程,在这种对话、交流与协商的过程中,原文、原文作者、译者,有时还有翻译发起人、出版商或赞助人等,都会参与到翻译活动中来,都是翻译过程中的主体[③]。

与传统翻译的概念不同,视听翻译面对的不是传统意义上的单一文本,而是由图像、画面、声音、色彩等特殊的表意符号所融合而成的多重符号文本,既包括了语言文字的翻译,又包括了声音和图像的翻译。如此繁多的表意符号与转换内容,注定了视听翻译不会是仅译者一方参加的实践活动,必定牵涉多方的主体。一切视听翻译活动中的翻译参与者,都可被视为视听翻译的主体。视听翻译最常见的两种形式为配音翻译与字幕翻译,多见于影视译制中。配音翻译由译者、译制导演、配音演员等承担翻译的主体。同时,随着现代媒体技术的不断成熟,视听翻译的主体也在不断扩大。

---

① 赵娟.论翻译主体与翻译客体[J].牡丹江教育学院学报,2009(1):64-65.
② 陈大亮.谁是翻译主体[J].中国翻译,2004,25(2):3-7.
③ 李明.从主体间性理论看文学作品的复译[J].外国语,2006(4):68.

(一) 影音译员

参与视听翻译的译者既有专业影音译员，又有业余影音翻译[1]。在进行影音文本的再制作前，首先由译者翻译原视听文件的文本内容。由于视听翻译的特殊属性，译者在进行视听翻译时，除了达到最基本的忠实、通顺的要求外，还需要遵守视听翻译的特殊要求，以形成与影音素材表意的协调统一。

进行配音翻译时，影音译员翻译的是人物对话的口语，因此，翻译语言首先要力求易读上口，像是平常人们说的话，做到口语化、生活化，若翻译成生硬的书面语，配音内容就会过于书卷气，缺乏生活气息，违背了影音传播通俗化、大众化的本意。其次，需要注意配音与人物的口型吻合。配音翻译的台本语言要最大限度地贴近人物口型，做到译制语言和视觉人物开口、闭口时间长短一致。译者需要把握好发音口型、字数、节奏等后期配音要素，从而方便后期译制配音具有更加自然的观感[2]。

进行字幕翻译时，影音译员将视觉文字信息转换成相应的目标语视觉文字信息(即字幕)，其翻译内容相应地也就包括视觉与听觉两种。字幕译制片实际上就是在对原片的视觉文字信息进行全部或部分的目标语文字替换时，再加入用以直观阐述听觉信息的视觉文字信息。译员应依据其与影片主题或情节的关联程度或者对视觉空间的占用程度对原影片内容进行摘译，同时注意好时空限制、字画同步等要求，服务于译制影片整体的表达效果[3]。

需要注意的是配音翻译与字幕翻译都需要关注影音内核与人物形象。影音作品要塑造人物形象，而人物形象则是通过个性化的语言展现的。作为正式制作前的台本制作人员，影音译员在翻译时应注意用语是否为原影音的内核与影音中的人物形象。例如，以城市生活为基调的电影，翻译影音文本时应避免使用带有强烈农业风格的目标语。影音译员在翻译时需要反映人物个性，翻译用语要符合影音内核，符合对应人物的性格、身份、职业等要求，这样才能做到文本与影音的协调，避免使受众产生"分裂感"。

(二) 译制导演

译制导演是译制片的统帅和领军人物，是艺术质量的总负责人。作为视听翻译的主体之一，译制导演从以下两个层面参与了视听翻译过程。

一方面，在配音翻译中，译制导演对翻译台本进行润色与修改，相当于根据演绎的实际情况对原文本进行再创作。译员完成翻译工作后，由导演根据原片对台词进行校对和润色，并根据剧情要求组织配音演员、分配角色。导演根据原片确定译制构

---

[1] 张修海. 影音翻译的策略与方法[M]. 北京：中国电影出版社，2015：175-176.
[2] 杨和平，麻争旗. 当代中国译制[M]. 北京：中国传媒大学出版社，2010：5.
[3] 张修海. 影音翻译的策略与方法[M]. 北京：中国电影出版社，2015：176.

思和创作意图,对原片的时代特点、主题风格、角色的性格特征、语言特点、人物间关系、故事的情节发展等进行全面的分析,从而加深对作品的理解,更好地对配音演员进行角色分配,并在实录时给配音演员导戏,力争让每一个语句都渗透出应有的表现力,使之打动人心。

另一方面,在字幕翻译中,译制导演负责统筹实现由视听画面到文字符号的转移,实际在一定程度上构成了符际翻译的译者角色。罗曼·雅各布森曾提出符际翻译的概念,认为符际翻译是一种符号与另一种符号之间的相互转换,包括语言符号系统和非语言符号系统,如小说与电影、文字与图画之间的转换[①]。文字符号具有抽象性、随意性,读者需要通过想象将抽象的语言转化成为现实的感受;电影由光线、声音、镜头等视听符号组成,直接作用于人的感官,比文字符号更形象、更易接受[②]。译制导演在充分理解原影片与台本内涵的基础上,通过字幕对影片进行再制作,力求译员的字幕翻译在与影片结合时,能尽可能完整地表达原作内涵。译员的台本以文字为表现形式,译制导演再将其转化为声音与画面,这就是将翻译台本的抽象文字符号转换为译制影片的具象视听符号的过程。

(三) 配音演员

配音演员在拿到各自的台本后,经过与导演的磨合与自身的演绎,最终将台本的文字转换成配音。配音是译本文字的声音化和具体化,一旦配音演员选定了某一种声音表现形式,就实现了抽象性的译本文字信息向具象性的影片视听信息的转化,译制作品呈现给观众的风格和样态随之确定。因此,在影视译制中,配音演员承担着翻译台本向译制成果转换的实践者角色。按照符际翻译的理论,配音演员负责将文字符号翻译为听觉符号,同样可以作为影视翻译的主体。

配音演员工作的本质就是通过声音对翻译文本的演绎,使人物视觉形象与语言形象高度统一,即把字面文字语言转化为画面形象视听语言,让语言不但忠实地传达出原片人物的性格,而且在每一过程中体现出细节的真实感。二者的转化越自然、越滴水不漏,受众越容易接受并欣赏译制片。配音演员要做好文字符号向声音符号的转化工作,需要注意译配口型的贴合、动作状态与剧中人物的贴合、表意与意群重点的贴合、人物性格与身份的贴合等内容[③]。总而言之,配音演员作为推动文字符号向声音符号转变的实践主体,需要在多方面与原作品达成吻合,最终做好符号的转换,生动准确地用自己的声音对原文本进行翻译。

---

① Jakobson. On Linguistic Aspects of Translation [M]. Chicago:University of Chicago Press, 1992:44-151.
② 王晨爽. 符际翻译视角下的《喜福会》电影改编研究[J]. 东北大学学报, 2017, 19 (3):325-330.
③ 杨和平, 麻争旗. 当代中国译制[M]. 北京:中国传媒大学出版社, 2010.

二、视听翻译的客体

翻译的客体包括原文、译文与读者,其中原文与译文应是译者作为主体最应关注的客体。对应至视听翻译的概念里,它们分别是原视听材料与译后视听材料。对于视听翻译而言,不同视听材料的原文与译文有着不同的特点。从最传统的配音译制片,到21世纪初开始流行的网络字幕片,到智能手机时代的电子游戏,再到依托前沿技术的各色各样的视听产品……日新月异的社会科技水平使得视听材料日益丰富,也为视听翻译的原文与译文赋予了新的特点。

(一) 原 文

原文是译者翻译的对象,而视听翻译的"原文"并不单纯指原影片的台词文本,而是由听觉、视觉、语言、图像、声音、动作等多种形式和符号资源共同搭建的语义文化体系[1]。对于视听翻译而言,要理解其原文,尤其需要关注以下三点。首先,应充分了解原视听材料的内涵与题材,包括创作背景、主要情节、特色语言等,从而结合原视听材料的内容深入透彻地理解。其次,由于视听材料本身具有多重符号性,单纯的文本信息无法完整反映原材料的完整内涵,它的完整内涵是由声音、画面、声画组合次序、声画播放环境等多要素共同组成的,脱离了任何一个要素,原材料的内涵都将有所减损。最后,特定视听材料诞生于特定社会环境,由于视听产品是媒介发展的产物,因此其建构的符号体系也可以看作社会发展的某一横截面。这既包括特定历史阶段的文化背景,又包括特定科技发展阶段的社会现象;既可以是某一视听材料的个性特点,又可以是某一类视听材料的共性特点。

以电影《阿凡达》为例,该影片的核心主题是人类文明的探索、扩张与生存,其中星际航行、飞行太空的过程离不开其中研发的一架叫作瓦尔基里的航天飞机(Valjyrie Shuttle),有了它,人类得以从"仰望天空"迈向"飞越太空",探索太空中无限的未知与可能。首先,影片以人类飞往遥远的星球潘多拉开采资源为背景,通过男主人公的星际探险与爱情故事,展开了人类与外星人星际战争的剧情,而在剧情的展开过程中便包含了一些科技术语与文化词,若要充分理解原片语言,便需要充分理解在原片内涵的框架中特定词汇的含义。其次,电影《阿凡达》的主体内容不单只以剧情文字反映,还配合了磅礴绚烂的画面与特效、生动鲜明的配音演绎、扑朔迷离的镜头语言、3D技术的观影效果。这几个要素共同组成了电影《阿凡达》的"原文",失去其中任何一个要素,"原文"的意义都将有所损耗。最后,《阿凡达》代表了电影技术的高峰与好莱坞价值体系的渗透。《阿凡达》中对3D摄像机的成熟运用是世界电影正式进入3D时代的象征,而其传递的精英主义与个人英雄主义价值观,是21世纪新媒体技术爆炸式发展之下美国视听产品价值内核尤为典型的特征。通过以上三个维

---

[1] 张德禄. 多模态话语分析综合理论框架探索[J]. 中国外语,2009,6(1):24-30.

度对电影《阿凡达》进行多视角审视,有助于更好地理解《阿凡达》的价值内核,即更全面地理解该视听原材料的语义价值体系。

(二) 译　文

译义是译者翻译的结果,是译者对原文再创造的产物。不同的视听翻译类型,其译文特点也有所不同。

译制片作为最传统、最主流的视听翻译种类,其译文可分为译后配音与译后字幕。其中配音片是最传统的译制片类型,主要由配音演员录制翻译台本进行译制,先由影音译员将原版影片的对白翻译成另一种需要的语言,再由导演根据台本具体内容组织安排配音演员进行录制,后由配音演员按照原版片画面中人物的思想感情,用逼真的语调、口型录制音频,然后与原版片的音乐、音响效果声带进行混录,完成最后的制作工作[①]。字幕片则先对原文本进行翻译,再保留原声为原影片添加译后字幕。字幕不是单纯的文本转译,由于电影中的字幕是与声音与画面等互文释义的译文,因此译后字幕往往会采用归化、异化、省译等翻译策略,从而形成与电影声音画面的协调统一。

电子游戏翻译是随着移动智能手机与传播多元化的发展而新兴的视听翻译种类。针对电子游戏的视听翻译相比配音翻译与字幕翻译仍有众多相近之处,其中还涉及游戏本地化的概念。如互动游戏《原神》[②]中会配有相应的配音包与文字包,玩家可选择配音包和文字包进行下载。若下载配音包,则角色会采取目标语说话,游戏内剧情文字与声音的组合画面有着表演型配音翻译的特征;玩家若下载文字包,互动游戏的故事剧情与背景便会采用目标语字幕表述,游戏内原声音与翻译字幕的组合有着剧情字幕翻译的特征。由于游戏用户大多都为年轻群体,且除特定游戏外,绝大部分游戏受众不具备很高的外语水平,因此电子游戏的译文首先应做好本地化,即通过归化翻译进行通顺易懂的翻译,尽量做到口语化、通俗化,至于具体风格则根据游戏风格决定。

此外,随着人们对"无障碍传播"的关注,视听翻译也扩展到为听障人士制作的字幕翻译与手语翻译、为视障人士制作的口述影像等形式。其中,听障人士由于无法接受来自听觉的声音文本信息,字幕信息缺乏相应的声音作为补充,故针对听障人士的字幕译文将额外传达原声音文本的信息。这无疑增加了字幕的信息量,因此为听障人士设置的字幕也更加注意可读性与视觉宜人性。视障人士由于无法接受来自视觉的画面信息,只能通过听觉接受文本内容。因此,口述文本的目的是帮助受众接受原

---

① 张修海. 影音翻译的策略与方法[M]. 北京:中国电影出版社,2015:175-176.
② 《原神》是由上海米哈游网络科技股份有限公司制作发行的一款开放世界冒险游戏,游戏发生在一个被称作"提瓦特"的幻想世界,在这里被神选中的人被授予"神之眼",可以导引元素之力。玩家将扮演一位名为"旅行者"的神秘角色,在自由的旅行中邂逅性格各异、能力独特的同伴们,和他们一起击败强敌,找回失散的亲人,并逐步发掘"原神"的真相。

本通过视觉传达的信息,通过口语描述角色的动作、肢体语言、面部表情、场景以及服装等,穿插在人物对话的间隔中,不与重要音效重叠[1]。这就对口语译文的长度与复杂度有了一定限制,需要在自然语速下完成朗诵。值得一提的是,近年来随着前沿科技成果进一步的跨越式发展,此类视听翻译逐渐与人工智能、大数据科技等前沿技术融合,出现了如 AI 手语、语音合成口述影像等由人工智能主导的视听翻译。此类视听翻译的译文或依托于人工智能技术,通过数字驱动引擎,较少译者主观参与,或通过非真人语音片段的收集重组进行影像合成,不再需要提前录制与人工读稿。从技术中性论的视角来看,无障碍视听翻译的译文并未因前沿科学技术的介入而出现明显的质量下滑,自动化的生产不仅提高了产出数量,还大大提升了译文的丰富性。乐观来看,这将大大提升无障碍视听翻译的普惠性与便捷性,以更多质量过关的视听译文造福广大视障听障人士。

视听翻译是传统翻译与新媒体技术融合发展的产物,了解并熟悉视听翻译主客体的内容,既可对视听翻译领域的相关研究提供概念基础,又有助于推动翻译实践在新媒体领域的发展。从最初的电影翻译,逐步发展到当今时代的视听翻译,而视听翻译的主体与客体随着社会与科技的发展而不断丰富发展。作为翻译实践者与翻译研究者,我们既要脚踏实地,准确把握传统视听翻译的客观规律,建立好基本的专业知识框架,又要与时俱进,顺时而变,牢牢跟紧前沿科技发展的步伐,以译者的身份站立在科技时代的浪潮中,拥抱各类新兴的视听翻译形式。

第三节　视听语言的特殊性与翻译标准

与其他文学语言相比,视听语言具有一定的特殊性。本节在讨论视听语言特殊性的基础上,进而总结视听翻译的翻译标准。

一、视听语言的特殊性

钱绍昌是国内影视翻译研究的先驱,根据对国内外影视作品语言运用的理性分析,他总结了影视语言的基本特点[2],对影视翻译研究产生了一定影响。基于钱先生的观点,本书将视听语言的基本特点归纳为:聆听性、符号性、即时性、通俗性。

---

[1] 陈霞,王淑婷,鄢秀.语言服务促翻译人才培养,口述影像助翻译多维研究[J].西北成人教育学院学报,2023(3):70-76.

[2] 钱绍昌.影视翻译:翻译园地中愈来愈重要的领域[J].中国翻译,2000(1):61-62. 在该文中,钱绍昌先生将影视语言的基本特点归纳为聆听性、综合性、瞬间性、通俗性和无注性,此观点得到了学界的广泛认同。

(一) 聆听性

视听语言不仅仅包括声音,还包括演员的表演(即肢体语言)以及屏幕上的画面变换、设备的音响效果,等等。视听翻译涉及文字符号,同时还有诸如声音、图像、动作、空间、手势、技术等非语言符号之间的转换。欣赏视听作品,不能只用眼睛去观看,还要用耳朵去聆听。好的配音是传神的,不但让观众能听得懂,还听得舒服。配音译制强调的是声音和听觉感受,需要配音说得情深意切、生动有趣。

(二) 符号性

多元符号性是视听语言区别于其他语言的显著特征。视听作品由多个符号系统组成,包括视觉符号、声音符号、文字符号。以电影为例,视觉符号包括影片中的色彩、场景、光线、人物、服装、道具等非文字符号;声音符号由台词、音乐、歌曲、声效等组成;文字符号指的是字幕中出现的书写物(如路标、杂志等)。视听语言是一门有声艺术,观众需要通过画面和声音去理解和欣赏作品。影视作品的画面和语言相辅相成,二者缺一不可。如果单纯地以为与影视翻译实践相关的只有文字符号,而视听符号无足轻重,那就大错特错了。画面语言同样具备叙事能力,这也是早期的默片之所以存在的原因。当然,画面语言的叙事功能是有限的,默片也需要字幕给予补充,而人物语言也不能失去画面语言而单独存在。目前,人们对影视翻译的研究,大多集中在电影语言的文字符号,对于非文字符号的关注度还不够。虽然非文字符号不是影视翻译的主要内容,但非文字符号极其重要,与文字符号相辅相成,构成了电影的多元符号系统[①]。

(三) 即时性

视听语言的即时性特点是由其媒介的特殊性决定的。不同于书面创作,影视作品中的字幕会以滚动的形式在屏幕下方和人物语言同时出现,并转瞬即逝。观影和读书不同,即使漏掉了一句台词或一个镜头,也只能继续观看,不可能像阅读书籍一样,翻来覆去,仔细推敲。这就需要观众快速捕捉画面,并迅速观看字幕或听懂对白。在文学作品中,遇到读者感到困惑的地方,可以通过注解加以说明。但如果字幕添加过多的注释,不但会受到字幕空间的制约,也会使观众应接不暇,不知所云。即时性的特点意味着字幕的出现必须和演员说话在时间上保持一致,避免出现提前或者延迟。在空间上,为了配合即时性特点字幕的出现,应该采取压缩策略,通过删减或者浓缩等策略,使句子变得简练、易懂。

---

① 朴哲浩.影视翻译研究[M].哈尔滨:黑龙江人民出版社,2008:53-55.

(四)通俗性

作为大众娱乐产品,影视作品具有通俗性,要取得良好的观影效果,只有使用大众化的语言才能更容易被大众所接受。人物对白和旁白是影视语言的重要组成部分,如何能做到通俗易懂,这就需要表现出口语化的特点,即多使用日常口语、网络用语、俗语等,而非咬文嚼字。影视语言的通俗性对影视翻译提出了要求,为了让观众能在短时间内看懂对白,翻译必须以目的语观众为中心,生动感人,贴近作品风格,符合普通大众的欣赏水平,做到简洁有趣,老少皆宜,雅俗共赏。

二、视听翻译的基本标准

翻译需要有个标准,它是翻译需要遵循的原则。但是没有一个翻译标准能够一统天下,翻译标准是多元化的。学者们提出了不同的翻译标准,形成了百花齐放的盛况。比较常见的翻译标准有严复的"信达雅"学说、傅雷的"神似说"、钱钟书的"化境论"、许渊冲的"三美论"。由于视听语言具有一定的特殊性,以上翻译标准并不适用于视听翻译。根据视听语言具有的聆听性、符号性、即时性、通俗性特点,下面拟从声画同步原则、综合性原则、口语会话原则、个性化原则四个方面来讨论视听翻译的基本标准。

(一)声画同步原则

视听语言的多元符号性在一定程度上给影视翻译带来了挑战,这势必要求在译制时不能只专注于文字翻译,要总揽全局,做到"声画配合"。以前,视听翻译产品的生产端和消费端界限分明;如今,随着媒体和数字化的发展,多模态信息传播方式成为家常便饭,也降低了进入字幕翻译的门槛。人人都可以参与译制并上传网络,与人分享。其实,字幕翻译并非易事。字幕和配音一样,也要跟画面中人物的动作、神态、情绪保持同步,做到"字画"统一,人物到哪里,字幕就跟到哪里,这相当于配音的口型化。与配音相比,字幕虽然不能发出声音,但观众可以听到剧中人物的原声,并根据理解在内心模拟出自己的节奏,当然这种体会是因人而异的。但是好的字幕翻译读起来是朗朗上口、富有节奏感的,跟听配音的感受相同,能够让观众与剧中塑造的人物形象"对号入座"[1]。字幕翻译的难点还在于要考虑字幕与画面的协调性问题,译员应根据画面的光线和颜色等,调整字幕的位置、形式和形态。

相比于字幕翻译,配音翻译会受到一定技术层面的制约。对口型是配音翻译的技术难题。配音演员很难忠实于译文,因为口型无法与台词完全对应。出色的配音演员会根据画面来增减词语或调整节奏,来尽量弥补口型配合的缺憾。有时两种语言的发音有显著差异,配音的口型问题无法在技术上实现,难免存在缺憾。此外,配

---

[1] 麻争旗. 译制艺术导论[M]. 北京:光明日报出版社,2020:10.

音译制片普遍存在"翻译腔",但对于这种"洋味儿"中国话,观众们并不排斥,甚至很享受这种"异国情调"。相反,如果配音都是地道的北京话,就好比把美国布鲁克林黑帮的街头故事搬到自家小区的后院,这似乎违背了观看译制片的初衷。然而,配音往往因为缺乏适应场景变化的距离感而失真,使得无论是室内还是室外,在陆地还是水中,配音的声音似乎都没有太大变化,造成译制片的声音效果不佳。

(二) 综合性原则

视听翻译应遵循综合性原则,这要从视听翻译的本质属性说起。人们对视听翻译的认识经历了阶段性的发展,早期学者将影视文学列为文学的范畴,认为影视翻译是文学翻译的一个特殊分支,符合文学翻译的基本规律。"文学性"是影视文学的本质属性,影视作品的创作依托于文学剧本。从狭义角度来讲,影视文学就是影视剧本。以电影的制作流程为例,第一步就是编写剧本,然后导演根据剧本指导演员拍摄,这是对剧本的再创作过程。以电影和小说为例,电影是由导演指导,演员们进行表演,并通过视听符号的运用来塑造银幕形象;小说则是作者通过构思,利用文字符号书写故事、塑造文学形象的。电影和小说兼具"文学性"及相似的叙事手法,由于影视和文学两者之间存在的共性,使一些文学作品的电影改编成为可能。电影改编是将小说的文字符号系统转化为电影的视听符号系统的过程,很显然,这是一种符际翻译,也是视听翻译的研究范畴(详见第八单元)。视听翻译的文学性是毋庸置疑的,但是,随着应用型视听文本的出现,结合其技术背景和多元符号的表达方式,视听翻译更偏向于应用型翻译。

鉴于视听文本的多元符号性对译制的辅助作用,以及当今视听作品类型(涉及不同体裁的故事片、纪录片、专题片、直播节目)的不断丰富与更新,有学者提出应将视听翻译作为一个单独的研究领域独立出来,避免和文学翻译混为一谈,这为视听翻译多元化特质提供了有益的思考。必须提及的是,把视听翻译作为一个特殊领域进行讨论,这并不意味着将视听翻译与文学翻译割裂开来,而是便于对影视翻译进行深入研究和探讨,总结其不同于文学翻译的独特规律[①]。综上,视听翻译具有多元化特征,符合传统翻译、文学翻译、符际翻译、应用翻译等翻译规律,因此,在进行视听翻译实践的过程中,译者应根据实际情况采用综合性翻译原则。

(三) 口语化原则

影视语言通常言简意赅,不拖沓,这就要求字幕译文自然流畅,具有可读性。在配音译制时,译文需要配合演员口形,在演员说话停顿处,译文也应有停顿;在演员停止说话时,译文也应及时结束。但是做到字幕和画面完全同步是比较困难的。由于字幕停留的时间短暂,当演员以缓慢语速说话时,字幕能够做到与画面同步;但是当

---

① 董海雅. 情景喜剧幽默翻译的多元视角[D]. 上海:上海外国语大学,2007:16.

说话密集,语速较快时,就需要对字幕进行删减和调整。由于屏幕空间有限,译者不可能对字幕进行过多的注释。但在实际操作中,对于影片字幕中的文化负载词或者观众不知晓的概念,译者可以在屏幕的上方进行简短的解释性说明。对于屏幕上关键的书写物,比如演员手机屏幕上的文字、街上的路标、商店的名字等,译者也需要根据情况译制成阐释性字幕。

(四) 个性化原则

视听语言虽然具有通俗性,但是艺术来源于生活而又高于生活,影视语言应该是精心提炼过的、能够产生一定戏剧效果的艺术语言,并不都是千篇一律地照搬大众生活。影视作品塑造的人物形象往往千差万别,因此译制时要遵循人物的个性化原则,提高作品的艺术性和观赏性。很多时候,影视作品中的人物语言是晦涩难懂的,这是由剧中的人物性格决定的。比如,银屏上塑造的"科学家"形象,往往讲话会使用专业性的、有哲理的、深奥的词汇。当对其人物语言进行译制时,要符合人物的性格特征与身份地位,做到言如其人。此外,有些电影语言是艰深难懂、逻辑复杂的,因为其定位的目标观众是文化水平较高的知识分子,这是由作品的自身特点决定的。因此,译文是通俗还是高雅,译者需要根据实际情况去进行个性化处理[①]。译制是一种艺术,不能因大众化而使译作苍白无力、缺乏底蕴,这无疑是对视听翻译艺术性的削弱。

第四节 视听翻译的发展史

影视作品的译制形式主要有两种,即配音和字幕,也就是人们熟知的配音片与字幕片。这两种译制形式对影视翻译的要求有所不同,都在我国视听翻译史中经历了不同的发展阶段。对字幕片与配音片的发展历史及现状进行梳理有利于帮助把握当代中国的视听翻译实践发展。

一、字幕翻译的发展史

字幕翻译是视听翻译的主要模式之一,适用于包括电影、电视、网络视频等在内的多种视听产品。通俗来讲,字幕翻译就是对视听作品中出现的字幕进行翻译,不同学者对其进行了不同的界定,例如,杨洋认为"字幕翻译的对象主要是电影、电视剧和所有需要加字幕的视频节目或文件等。字幕是视原节目的需要,在后期通过技术手段加在屏幕上的图片文字,是对原节目的一种解释性的说明"[②];张修海提出:"字幕翻译是在保留影音原声的情况下,将影音文本(即视听文本)从源语言转换成目标语

---

① 朴哲浩.影视翻译研究[M].哈尔滨:黑龙江人民出版社,2008:44.
② 杨洋.电影字幕翻译述评[J].西南交通大学学报(社会科学版),2006(4):94.

言,并叠印在屏幕下方的字幕区域。①"由此可知,字幕翻译是以文本的形式,通过技术手段将视听产品中的源语言信息转换为目标语信息的过程。当下,国内外文化交流密切,字幕翻译已然成为我国观众欣赏国外视听作品的重要方式之一。我国字幕翻译的发展历程大致经历了以下几个阶段。

(一)初显山水——打印字幕的出现

20世纪初,"西洋影戏"等外国电影传入我国,以电影翻译为开端的视听翻译实践也在我国兴起。在早期的默片时代,电影制作方使用一种名为"字幕卡"的手段,将重要对白或说明以浅色字体打在铺满整个屏幕的深色背景上,再插入电影当中②。20世纪20年代,外片进口量大幅增长,为提高电影译制效率,以字幕卡为基础的打印字幕应运而生。1922年,当时的孔雀电影公司聘请一位留美华人为"译片者",以打印字幕的形式译制了第一部电影《莲花女》。"孔雀"先例一开,仿效者竞相纷起。不少影院采用此法,聘请懂外文的华人担任译片者,较为著名的有陈寿荫、潘毅华、顾肯夫等。译配中文字幕一时成为风尚,即使在20世纪30年代初引进有声电影后,打印字幕仍被沿用了一段时间。

然而,由于缺乏专业译者和相关机构,当时的字幕翻译准确率普遍偏低,且常有因技术操作不当造成的中英文冲突问题出现③。此外,当时我国文盲、半文盲人口数量庞大,观众读写能力较差,加上中华人民共和国成立后专业译制厂和配音人才的出现,到20世纪50年代初译制片都变成了译配片,即有中文配音的外国电影,此时字幕翻译的发展暂时告一段落。

(二)东山再起——盗版影视带来的复苏发展

20世纪80年代初,港台电影以录像带的方式传入了内地,录像厅一时间在各城市遍地开花,到了90年代,DVD、VCD等新型数码传播技术出现,录像厅也改用碟片取代录像带,普及度进而达到巅峰,这对传统院线造成了严重打击。这一趋势间接刺激了影视字幕翻译的复苏,具体表现如下:

首先,不同于专业影院,录像厅多为私人机构且在小县城中尤为普及,因而版权意识较弱,不少录像厅的老板为了牟取暴利,在放映港台电影的同时,开始私下放映盗版影片、色情影片等,有的甚至还公开进行放映。其次,这一时期国家间交流增加,外国影片大量涌入,自然受到了文化生活、物质生活都极度匮乏的人们的追捧,盗版光碟因而泛滥一时,自此盛行了近20年之久。盗版光碟的发展程度令人咋舌,不少

---

① 张修海.影音翻译的策略与方法[M].北京:中国电影出版社,2015:10.
② 肖维青.英汉影视翻译教程[M].上海:华东理工大学出版社,2017:92.
③ 邓微波.从电影翻译到视听翻译:国内视听翻译实践的历史与现状探究[J].中国翻译,2016,37(1):80-84.

外国电影都是直接在国外影院进行盗录后刻制成光碟在国内发行,盗版经销商也因此要承担译制的任务。相较于耗时耗力的配音译制,制作时间短、成本低的字幕翻译显然更受经销商的青睐,沉寂了近半个世纪的字幕翻译也自此开始复苏。据悉,"DVD 配有多字幕的技术,字幕文件兼容性强,可提供多种字幕帮助观众理解原文"[1]。值得一提的是,盗版经销商更追求销售量与利润,从事字幕翻译的工作者也并非专业人员,因而最终成品多为粗制滥造,字幕翻译质量往往经不起推敲。但由于观众庞大的观影需求,字幕翻译在这一时期站稳了脚跟,同时获得了一批较为稳定的年轻受众。

(三)蓬勃发展——网络时期的逐步繁荣

21 世纪后,录像厅受"家庭影院"和打击盗版力度的影响开始走向消亡,我国逐渐步入互联网时代,各类影视下载网站发展至鼎盛,字幕翻译也随之走向高潮。"2010 年前后,随着大陆互联网应用的日用化和世俗化,电脑几乎完全取代了 VCD 和 DVD 的电影播映功效"[2],外国影视的获取变得轻而易举,进而催生了"全民翻译"的热潮。字幕翻译省时省力,技术门槛低,除专业的译制厂外,各种民间字幕组和个人字幕翻译用户为外国影视在国内网络的传播做出了巨大贡献。

近十年来,尤其是随着 4G 时代的来临以及 5G 技术的发展,互联网自媒体短视频呈迸发式发展,YouTube、TikTok 等国外平台视频也被搬运至国内。各种网络课程、视频层出不穷,字幕翻译以其高效率的优点成为互联网视频译制的首选,然而仅凭官方逐一审核、译制、出版,显然无法满足互联网用户的需求。以"人人字幕"为代表的民间组织则在一定程度上起到了文化交流的作用。复旦大学中文系教授严锋曾把字幕组视为"中国历史上第四次改变文化的大规模翻译活动"。当然,字幕翻译在网络时代备受青睐的一个重要原因还在于我国人口素质的不断提升,外语学习者数量增多,盗版光碟盛行时期培养了一批受众,人们对字幕翻译的接受度也更高,开始追求更加"原汁原味"的影视作品。

综上,如今译制艺术已进入了字幕时代,网络字幕片开始大行其道,字幕片已成为青年一代观看国外影视作品的首选方式。院线引进的外国影片通常同时提供字幕片和配音片两种版本供观众选择。值得一提的是,一些好莱坞大片字幕版本的排片场次往往力压配音片,也更受观众偏爱。此外,除了官方字幕,民间字幕组在影视和网络视频上更加活跃,但由于门槛低,具备一定外语基础的译者均可参与字幕翻译工作,因此造成翻译水平的参差不齐,译文中常出现一些错误以及语言不规范的现

---

[1] 马增. DVD 及相关技术在电视节目制作领域的应用浅析[J]. 电视字幕(特技与动画),2005(2):33-36.
[2] 袁庆丰. 1949 年后外国译制片在中国大陆的传播[J]. 现代中文学刊,2015(5):114-119.

象①。而且,字幕组获取和发布影视资源的行为也常伴有侵权风险,需要加以规范。

二、配音翻译的发展史

配音翻译是影视产品的另一种译制形式,实际上"配音片"与"译制片"两者的概念在早期是相同的,都是"将外国原版影片加工成中文配音的影片,经过剧本翻译、配音、字幕、录音等加工手段,把一种语言的影片用另一种语言表现出来"②,也就是"让外国明星说中国话"。与字幕翻译不同,我国配音译制实践活跃并繁荣于20世纪,发展完整、专业性高,在国内外影视文化交流上起着不可磨灭的积极作用,我国的配音翻译发展大致经历了以下几个阶段。

(一) 前身——现场口译和译意风小姐

20世纪初,国内影院在放映外国影片时为确保观众可以理解剧情,会聘请相关人员进行现场口译,对默片中出现的英文字幕进行解释说明,这些现场口译者曾被称作"活的说明书",然而这种方法不仅效率低下,质量和效果也都差强人意,因而很快被其他方式取代。1939年,大光明影院首次使用了一套名为"译意风"的设备:影院每个座位上配有一个听筒,议员在隔音室内对影片对白进行翻译,观众通过听筒收听,担任翻译的女士被影迷们称为译意风小姐。这两种方式可以被看作对外国影片进行翻译配音的早期尝试,但并不算真正的译制。

(二) 17年初创发展——电影译制的活跃

1949年,长春电影制片厂完成了苏联电影《普通一兵》的译制,这是我国真正意义上的第一步译制片,基本确立了我国译制的创作模式。此后的17年间,长春电影制片厂和上海电影制片厂等专业机构在袁乃晨、陈叙一等人的带领下,培养出了大批优秀的配音演员,配制了来自苏联、朝鲜、越南等国的多部影片。据统计,1949—1965年,我国的电影译制发展平稳,"译制片总数达775部,年均45部左右"③。

这一时期,上海电影制片厂作为我国唯一一家专门从事电影译制的厂家,以其精良的制作赢得了全国亿万观众的喜爱,涌现了邱岳峰、毕克、李梓等深受大众喜爱的配音演员,为后续译制事业的发展奠定了人才基础。

(三) 10年大萧条——"文革"中的"内需片"

"文革"时期(1966—1976年),中外文化交流中断,译制片的发展也有所停滞。

---

① 陈曦. 论我国影视字幕译制的三种工作模式[J]. 当代教育理论与实践,2014,6(8):159-161.
② 李国顺. 十七年中国电影译制片创作历史研究再思考[J]. 艺术百家,2010,26(S1):259-262.
③ 肖维青. 英汉影视翻译教程[M]. 上海:华东理工大学出版社,2017:28.

受政治环境影响,该时期译制影片数量少,片源国家数量也十分有限,"文革"期间对外公映的外国电影不超过40部,且都来自当时的与中友好国家。尽管如此,上海电影制片厂的译制工作却并没有中断,译制"内参片"成了这些译制人员的主要任务。

"内参片"是"内部参考影片"的简称,是指不能对外公映、仅供业界内部学习参考的影片。十年"文革"期间,我国译制的外国影片约为117部,供内部批判用的"内参片"占绝大多数,如最著名的《罗马之战》。除朝鲜等社会主义国家的影片外,这些译制的"内参片"还包括大量的美国影片,如《简·爱》《音乐之声》等经典影片,"文革"时期译制的美国电影约20部,在所有外国译制影片中位列第二①。

这些"内参片"在一定程度上延续了我国配音译制事业的发展,由于其本身的特殊性,这类影片往往对配音质量的要求严格。受版权问题影响,"内参片"通常没有原文剧本,要靠译员听译,当时的上海电影制片厂厂长陈叙一"既要把经过多名翻译的译稿进行校阅和统一,又要担任译制导演"②。这种严苛的工作模式进一步完善了我国的配音程序,并产出了大量熟练优秀的配音人才。

(四) 改革开放大发展——电影电视"双开花"

改革开放后,中外交流进一步密切,外国影片的来源国家也呈多元化发展,以美国为首的资本主义国家的电影开始涌入,先前积累的配音技术与人才在这一阶段大放光彩,据统计,"到80年代中期,上海电影制片厂共译制了电影600余部;长春电影制片厂共译制了电影700余部"③,其中包括大量诸如《佐罗》《追捕》《虎口脱险》等的世界级经典影片。

除电影译制外,电视译制事业也逐渐兴起。早在1958年,我国就引进了包括《动物世界》在内的一系列电视译制节目。电视译制节目是指"把其他国家和民族的电视节目通过翻译和配音解说后,播放给本国的电视观众收看的节目"。1979年,我国第一部电视译制片菲律宾故事片《我们的过去》在中央电视台播出,同年,中央电视台国际部成立了专门译制外国电视剧和电视影片的译制组,后各地方台也纷纷效仿,可以说"1979年是我国电视译制片的开始"④。这一时期,八一电影制片厂、中央电视台国际部译制片组、各地方电视台与音像出版公司都相继活跃起来,积极进行影视译制,成为中国与世界的文化传播窗口。

(五) 世纪末的转变——电视译制的空前繁荣和电影译制的衰败

从20世纪90年代末到21世纪初,国内电视事业的兴盛发展带动了电视译制的

---

① 袁庆丰.1949年后外国译制片在中国大陆的传播[J].现代中文学刊,2015(5):114-119.
② 曹雷."文革"中神秘的"内参片"[J].档案春秋,2010(8):18-21.
③ 杜志峰,李瑶,陈刚.基础影视翻译与研究[M].杭州:浙江大学出版社,2013:3.
④ 杨和平,麻争旗.当代中国译制[M].北京:中国传媒大学出版社,2010:6.

繁荣。"1979年全国仅有电视台32座,但截至2002年年底,全国已有电视台360座,广播电视台1300家,电视节目套数2058套"[1],这些数字背后蕴含的是电视观众的强烈需求。为应对电视节目短缺的难题,大量译制节目开始在电视上放映,其中外国影片的译制更是格外受到观众欢迎。一方面,这一时期的电视译制节目得到了长足的发展,专门的译制栏目层出不穷,片源多元化,涵盖英、美、日、韩、泰等多个国家,《阿波罗13号》《急速迫降》等作品深受国内观众的喜爱,各种精品栏目不断涌现,极大地丰富了我国文化事业的发展。另一方面,正如前文所说,这一时期的电影配音译制受盗版产品以及网络的冲击,一家独大的局面日渐消亡。随着当时80后、90后受教育水平的提高和对网络潮流的追逐,看译制电影在年轻人中常被认为是"老土"的表现,院线的配音电影受到了一定的冲击。BBC新闻节目、TED演讲这类国外带字幕的节目也已走入大众视野。

配音片在我国经历了相当辉煌的发展时期,如今仍在视听产品传播方面发挥着重要作用。CCTV电影频道在播放外国影片时仍以配音片为主,动画电影的国语版本也显然更受院线青睐。到了互联网时代,各种民间配音人士对网络视频、影片等进行配制的话题屡屡冲上热搜,越来越多的年轻人开始关注配音这一行业。

综上,字幕翻译和配音翻译作为我国视听翻译实践的两种形式,分别经历了不同的发展过程,字幕翻译受新数字技术的影响得以复苏,又在网络时代蓬勃发展;配音翻译在新中国成立后经历了辉煌而完整的发展历程,进入互联网时代后稍有衰败,但作为中国特色译制事业的一部分仍屹立不倒。当下,字幕片与配音片呈交相辉映之势,对于追求影视作品原有"韵味"的观众,字幕片往往是首选。当然也有不少观众对当下字幕的翻译质量颇有不满,认为配音片更加传神,对于文化程度不高的人群如儿童等,配音片的存在十分有必要。

单元小结

本单元是视听翻译的概论部分,聚焦视听翻译的概念及分类、视听翻译的主体与客体、视听翻译的特殊性及视听翻译的发展史。视听翻译的概述为后面的章节航空航天影视翻译的深入展开奠定了坚实的基础。本单元首先对视听翻译的概念进行界定,分析了概念的演进过程以及推动演进的因素。随后,基于肖姆的分类标准,介绍了视听翻译的基本分类,基于巴托尔的字幕分类法介绍了字幕类型,希望能为后续的相关研究提供学习和借鉴。基于以上概念性认识,本单元还对视听翻译的主体进行了阐释,视听翻译的主体包括影音译员、译制导演、配音演员等。视听翻译的客体包

---

[1] 邓微波. 从电影翻译到视听翻译:国内视听翻译实践的历史与现状探究[J]. 中国翻译,2016,37(1):80-84.

括各类视听材料的源语文本部分与译文部分,以及它们各自具有的不同特点。本单元讨论的重点是视听语言的特殊性,即聆听性、符号性、即时性、通俗性,并根据视听语言的基本特点,总结了视听翻译的四个翻译标准:声画统一原则、综合性原则、口语化原则、个性化原则。最后,本单元对国内字幕翻译和配音翻译的发展史进行了回顾,呈现了不同时期视听翻译的不同特点。对历史的回顾和对现状的审视是对我国视听翻译进行研究的一个必不可少的环节,对两种译制形式的历史进行梳理有助于了解我国视听翻译发展的脉络,从而进一步推进后续的视听翻译实践,为我国视听翻译研究提供借鉴。

练 习

一、基础练习

思考题

1) 什么是影视翻译?
2) 什么是视听翻译?
3) 视听语言有哪些特殊性?
4) 视听翻译的翻译标准是什么?
5) 中国配音的发展经历了几个阶段?每个阶段的特点是什么?

二、拓展练习

名词解释

1) 声画同步
2) 巴托尔的字幕分类

第二单元　航空航天视听翻译策略与方法

　　航空航天领域是世界科技发展的前沿领域，涉及的知识和技术不仅专业性强，而且更新速度快，对翻译者的要求极高。然而，高质量的航空航天视听翻译是推动我国航空航天科技发展、推动世界航空航天科技交流的重要途径，因此具有重要的实践意义。本单元将系统介绍航空航天视听翻译的策略与方法，包括翻译策略、方法与技巧，航空航天视听翻译的特点和难点，背景知识获取策略，以及航空航天术语的翻译策略与方法。本单元的目标是使读者深入理解航空航天视听翻译的策略与方法，掌握各种翻译工具和资源的使用，从而提高航空航天视听翻译的质量和效率。

第一节　翻译策略、方法与技巧

　　翻译策略、方法与技巧构成了翻译实践的核心，它们共同指导译者如何将源语言文本有效地转化为目标语言文本。在这个过程中，每一个环节都承载着特定的目标，从整体的翻译方向选择，到具体语言现象的处理，再到翻译问题的解决，都需要译者运用恰当的策略、方法和技巧。在本节，我们首先对这三种说法进行区分说明，然后重点介绍几种翻译方法与技巧。

　　首先，翻译方法是翻译过程的宏观指导，它决定了译者对待整篇文本的总体态度和方式。翻译方法往往与翻译的目标和文本类型密切相关。例如，当翻译的目标是尽可能忠实于源文的形式和内容时，译者可能会选择直译，也就是按照源文的字面含义和语序进行翻译。直译强调原文的忠实度，试图在保留原文语言形式的基础上传达信息。另一方面，当翻译的目标是在目标语言中有效地传达源文的意义和情感时，译者可能会选择意译，也就是根据目标语言的表达习惯和读者的文化背景，对原文进行必要的调整和重构。意译强调目标语言的流畅性和自然性，以及对原文意义和情感的准确传达。

　　在具体的翻译实践中，直译和意译并非完全对立，而是相辅相成的。实际上，大多数的翻译工作都需要译者在直译和意译之间找到一个恰当的平衡，既保留源文的特性，又满足目标语言和读者的需求。因此，选择合适的翻译方法是每一个译者面临的重要决策。

　　其次，翻译技巧是译者在翻译过程中用来处理具体语言现象和解决具体翻译问题的手段。与翻译方法相比，翻译技巧通常更具体，更关注具体的词汇、语法和修辞等语言现象。例如，译者可能会使用增译、省略、调整语序等技巧来处理源文的双关语、谚语、典故、隐喻等特定语言现象,以适应目标语言的表达习惯和读者的理解习惯。翻译技巧的运用需要译者具有深厚的语言功底和敏锐的语言感知力,也需要译者对源语言和目标语言文化有深入的理解。

在诸多翻译方法与技巧的分类当中,黄忠廉(2009)[①]在其《翻译方法论》中所提出的分类系统性最强,具有代表性,影响较大。他以译作与原作的相似程度为准,将翻译区分为全译与变译,而这两者所对应的方法是全译方法和变译方法。全译方法所包括的翻译技巧包括7类:对译、转译、换译、增译、减译、分译、合译;其中,对译是直译方法所采用的典型技巧,读者可以比较容易地看出词对词或短语对短语的痕迹,其他六类翻译技巧则对应着意译方法,译者保持原文的宏观语言结构,调整其微观语言结构。变译有12种形式:摘译、编译、译述、缩译、综述、述评、译评、译写、改译、阐译、参译、仿作;每种形式都有相应的方法与技巧。

最后,翻译策略是译者为解决特定翻译问题而采用的整体思路和步骤。翻译策略通常涉及对源文的理解和分析,对目标语言的生成,以及对翻译效果的评估和修正等多个环节。例如,译者可能会用预读策略来对源文进行全局的理解和分析,用对等策略来寻找源语言和目标语言之间的对等表达,用评估策略来检查和修正翻译的效果。翻译策略的选择和运用直接影响到翻译的质量和效率,也是译者在翻译实践中不断学习和提高的重要方向。

翻译方法、技巧和策略并不是独立存在的,它们在翻译过程中相互关联,相互影响。译者需要灵活运用这些方法、技巧和策略,以应对各种翻译问题和挑战。例如,当面对一篇具有复杂语言现象和文化背景的源文时,译者可能需要首先确定一个总体的翻译方法,然后运用各种翻译技巧来处理源文的具体语言现象,最后通过翻译策略来解决翻译过程中出现的问题和困难。在这个过程中,翻译方法、技巧和策略相互作用,共同塑造了最终的译文。

下面我们将重点介绍八种翻译方法与技巧。

一、对译法(Direct Translation)

对译法也称为直译,即按照原文的字面含义和结构,尽可能地进行精确、直接的翻译。这种翻译方法通常适用于以下几种情况:1)原文的语言结构和词汇在目标语言中具有直接对应的表达方式;2)需要准确传递原文的专业术语或具体信息。

例1:The astronaut is performing a spacewalk.

译文:宇航员正在进行太空行走。

分析:在这个例子中,"The astronaut is performing a spacewalk."被直译为"宇航员正在进行太空行走。"对于熟悉航天领域的读者来说,这样的翻译能够准确地传达原文的信息。

---

① 黄忠廉. 翻译方法论[M]. 北京:中国社会科学出版社,2009.

例 2：这架飞机的燃料已经耗尽。

译文：The fuel of this airplane has run out.

分析：在这个例子中,原文的结构和词汇在译文中都得到了直接对应。由于原句的语境和信息都相对简单清晰,对译策略可以很好地传递原文的意义。

二、转译法(Transposition)

转译法是指改变原文的句法结构,如改变词序或词性,以便更好地适应目标语言的语法和习惯。这种技巧通常适用于源语言和目标语言的语法结构存在明显差异的情况。

例 3：The spacecraft is designed to operate in extreme temperatures.

译文：这艘宇宙飞船的设计能够在极端温度下运行。

分析：在这个例子中,英文的被动语态句子"The spacecraft is designed to operate in extreme temperatures"被转译为汉语的主动语态句子"这艘宇宙飞船的设计能够在极端温度下运行",因为汉语中更常使用主动语态。

例 4：这颗行星上发现了生命的迹象。

译文：Signs of life have been discovered on this planet.

分析：在这个例子中,英语常用的被动语态(如"have been discovered")在汉语中没有直接对应。所以在翻译时,我们将源文中的"发现了"(主动语态)转译为"have been discovered"(被动语态)。

三、换译法(Modulation)

换译法是指在保持原文含义的同时,通过改变视角、语气或逻辑关系,使译文更符合目标语言的表达习惯和文化特性。换译法常被用于处理源语言和目标语言的表达习惯存在较大差异的情况。

例 5：Space exploration opens new frontiers for human knowledge.

译文：太空探索拓宽了人类知识的领域。

分析：在此例中,源文中的"opens new frontiers"被换译为"拓宽了领域"。此换译使得译文在情感色彩、语气和视角上更贴近汉语的表达习惯,使之在意义上与源文保持一致。

例 6：星际飞行的时间很长,人类必须解决食物和氧气的问题。

译文：Interstellar travel takes a long time, posing challenges for food and oxygen supplies for humans.

分析：在此例中,源文中的表达方式"必须解决食物和氧气的问题"被换译为"posing challenges for food and oxygen supplies"。这种换译更符合英语的表达习惯,使之在情感色彩、语气和视角上与原文保持一致。

四、增译法（Addition）

增译法通常用于在译文中增加一些原文没有明确表达的信息，以帮助目标语言的读者或观众更好地理解和接收信息。这种翻译技巧通常在原文的文化、历史背景或专业术语对目标语言读者来说较为陌生的情况下使用。

例7：The module is designed for deorbit burns.

译文：这个舱段是为了执行脱离轨道的推进燃烧而设计的。

分析：在这个例子中，"deorbit burns"这个专业术语被翻译为"脱离轨道的推进燃烧"。对于不熟悉航天术语的中文读者来说，直接将"deorbit burns"翻译为"脱轨燃烧"可能难以理解。因此，增译策略被用来解释"deorbit burns"即"用于使航天器脱离原先轨道的推进器燃烧"。这样可以帮助中文读者更清楚地理解这个概念。

例8：那是长征五号火箭。

译文：That's the Long March 5 rocket, China's heaviest.

分析：在这个例子中，对于可能对中国的火箭类型不熟悉的英语观众，我们在翻译中添加了"China's heaviest"以阐明"长征五号火箭"的重要性和特殊性。这种增译策略可以帮助英语观众更好地理解和欣赏这一信息。

五、减译法（Reduction）

减译法主要用于在不改变原文主要信息和意图的情况下删除某些内容。在以下几种情况下通常使用减译法：1）原文中含有过多冗余信息，译文需要进行精简；2）原文中含有目标语言读者可能难以理解的文化背景或历史背景信息；3）在视听翻译（如电影字幕翻译）中，由于时间和空间的限制，需要对字幕进行精简。

例9：The SpaceX Dragon capsule, also known as Dragon 1 or Cargo Dragon, was the first spacecraft developed by SpaceX.

译文：SpaceX的龙飞船是该公司研发的第一款航天器。

分析：在这个例子中，我们删除了"also known as Dragon 1 or Cargo Dragon"的部分，因为这些信息对理解整句话并不是必要的，并且可能会让字幕变得过于冗长。在此情况下，减译策略的应用可以使字幕更为精简，更适合在电视或电影中显示。

例10：那是由我们中国自主研发并成功发射的嫦娥五号月球探测器。

译文：That's Chang'e 5, a lunar probe developed and launched by China.

分析：在这个例子中，"自主研发并成功发射的"被简化为"developed and launched"。这样可以在不改变信息主旨的情况下，使译文更为精简，更适合作为电影或电视节目的字幕。

六、改编法（Adaptation）

改编法是指在翻译过程中根据目标语言和文化的特性，对原文进行必要的修改和调整，以使译文更符合目标读者的语言习惯和文化背景。这种技巧常常用于处理文化特定的元素、习语、惯用语等。在航空航天视听翻译中，改编策略可以帮助译者有效地处理专业术语、行话、背景知识等问题，以提高译文的可理解性和可接受性。

例11： The Mars Rover is about to land on the red planet.

译文： 火星漫游车即将登陆火星。

分析： 在这个例子中，"the red planet"是对火星的常用别称，直接翻译为"红色星球"可能会让不熟悉这一别称的中国观众感到困惑。因此，这里采用改编策略，将"the red planet"改编为更通俗易懂的"火星"，以增强译文的可理解性。

七、注释法（Annotation）

注释法主要用于处理在目标语言和文化中可能无法直接找到对应词汇或表达方式的源语言文本内容，涉及在译文中添加注释或者解释，以帮助读者理解原文中的特定信息或者文化背景。该法通常用于以下几种情况：1）原文中有一些与特定文化、历史、地理等有关的信息，而这些信息对于理解原文的含义非常重要，但在目标语言中可能没有相应的对应词汇或表达方式。2）原文中有一些专业术语、行话、缩略语等，需要译者进行解释，以便目标读者理解。

例12： The spacecraft will enter a Hohmann transfer orbit.

译文： 飞船将进入霍曼转移轨道。（注：霍曼转移轨道是一种在两个运行轨道之间转移的最节能的方式。）

分析： 在这个例子中，"Hohmann transfer orbit"是一个专业术语，直接翻译为"霍曼转移轨道"可能让不熟悉这个术语的观众感到困惑。因此，我们在译文中添加了一个注释，解释了"霍曼转移轨道"的意义。

例13： 这艘飞船将使用中国的神舟式推进系统。

译文： This spacecraft will use the Shenzhou-style propulsion system from China. (Note: The Shenzhou is a series of spacecraft developed by China for its manned spaceflight program.)

分析： 在这个例子中，"神舟式"是一个专有名词，直接翻译为"Shenzhou-style"可能让非中国的观众不明所以。通过使用注释，我们可以提供有关"神舟"的额外信息，以帮助观众理解这个词的含义。

注释法在使用时也需要谨慎，过多的注释可能会打断读者的阅读或者观众的观看，影响阅读或观看体验。此外，注释的内容和形式也应根据具体的翻译目标和目标读者的需求进行适当的调整。

八、改译法（Transcreation）

该法不仅注重语言文字的转换，更注重文化、语境以及目标读者感知的综合转换。它允许译者对源文进行大量的改动，甚至重新创作，以便将源语言的信息、情感和风格有效地传达给目标语言的读者。改译法尤其适用于涉及文化、历史、习俗、俚语等内容的翻译中,因为这些内容通常在不同的语言和文化中没有直接对应的翻译。对于航空航天视听翻译,当遇到特定的文化、历史背景或技术语言时,改译法能够更好地传达信息和情感。

例 14:Failure is not an option.

译文:绝不能失败。

分析:这句话出自美国 NASA 飞行总监吉恩·克兰兹(Gene Kranz),是他在阿波罗 13 号危机中的名言。虽然原文的字面含义是"失败不是一个选项",但在汉语中,这种表达可能会让读者感到困惑。因此,使用改译法,将其翻译为"绝不能失败",更能体现出原文的决心和坚定。

例 15:天道酬勤。

译文:Hard work pays off.

分析:这是中国的一句谚语,字面上的含义是"天道会赏赐勤奋的人"。然而,这种表达在英文中并不常见,直接翻译可能会导致读者理解困难。因此,可以使用改译法,将其翻译为"Hard work pays off",这是英文中常用的说法,能够有效地传达原文的意思。如果这句话出现在某部介绍中国航天人的辛勤工作和取得的成就的纪录片中,这样的翻译将会更符合目标观众的接受习惯。

第二节 航空航天视听翻译的特点和难点

航空航天领域是科技进步的前沿,其涉及的知识面广泛,从基础科学理论到复杂的工程实践,从物理学到计算机科学,从材料科学到电子工程等。因此,航空航天领域的视听翻译工作具有极高的专业性和技术性。本节将探讨航空航天视听翻译的特点和难点。

一、专业性

航空航天视听翻译是一个专业性极强的领域,其中包含大量的专业术语和技术性语言。这些术语和语言对于普通观众来说可能比较陌生,但对于专业观众来说却是非常重要的。因此,翻译时需要准确理解并翻译这些术语和语言,同时也要考虑到普通观众的理解能力。

例如,在一部关于宇航员训练的影片中,可能会出现"EVA"这个术语,它是"extravehicular activity"的缩写,指的是宇航员在宇宙飞船外部进行的活动。这个术语在英文中是常见的,但在中文中没有对应的常用词汇。在这种情况下,译者可以选择对译法,将"EVA"翻译为"舱外活动",这是一个准确且被广泛接受的译法。如果目标语言读者对这个译法不熟悉,译者还可以在首次出现这个术语时添加一个注释,如"EVA(舱外活动)",以帮助读者理解。

再如,在一部关于我国火箭发射的纪录片中,可能会出现"太阳同步轨道"这个术语。这是一个专门的航天术语,用来描述某种特殊的卫星轨道,使得卫星在经过地球同一地点时总是能看到相同的照明条件。在中文中,这个术语非常常见,但是对于非专业的英语观众来说可能是个陌生的概念。在这种情况下,译者可以将"太阳同步轨道"直接翻译为"Sun-synchronous orbit",这是一个在英文中广为接受的准确翻译。如果观众对这个术语不熟悉,译者还可以在首次出现这个术语时添加一个注释,如"Sun-synchronous orbit (a special type of orbit where a satellite always sees the same lighting conditions when passing over the same spot on Earth)",以帮助观众理解。

二、实时性

实时翻译在航空航天领域的视听翻译中扮演着重要角色,尤其是在航天任务的实时直播、新闻发布会和技术研讨会等环节中,译者需要及时准确地翻译飞行员、地面控制中心和科学家的对话。这要求译者具备快速理解和反应的能力,以确保翻译的准确性并尽量减少延迟。

实时翻译中需要特别注意的是语言形式的转换。比如,火箭发射过程中常见的表述"The countdown starts. T minus 10, 9, 8…"在英语中非常简洁明快,但若直接译为中文可能会显得冗长。因此,译者可以选择意译,将其翻译为"倒计时开始,还有 10 秒, 9, 8……"。这样的翻译在保留源语言信息的同时,更符合中文的表达习惯,能更好地帮助观众理解。

再以 1962 年 2 月 20 日美国宇航员约翰·H·格伦(John H. Glenn)环球飞行时的报告为例:"I am go, I am in good shape, Roger. Zero Gs and I feel fine. Capsule is turning around. Oh, that view is tremendous."翻译时,译者需要理解格伦的俚语和非正式语言,阐释他的专业术语(如,"零重力"和"太空舱正在翻转"),并在不偏离格伦原意的基础上,将其转化为观众易于理解的语言。可能的翻译是:"我准备好了,状态良好,罗杰。我感到零重力,感觉良好。太空舱正在转向,哦,这视野实在是太美了。"这样的翻译在保持原意准确的同时,也适应了中文的表达习惯,更能迅速传达给听众。值得一提的是,据说台湾地区的电视台有一次在转播美国电视台的宇航员发射实况时,将宇航员的话"We are in good shape."翻译成"我们的三围很好。"

实时翻译的挑战主要在于,译者需要在短时间内理解源语言并产出目标语言,同时还须持续接收新的源语言信息。这要求译者具有极高的专注力和反应能力。长时间的实时翻译可能会使译者感到疲劳和压力增大,从而影响翻译质量。因此,如何在保证翻译质量的前提下,降低译者的压力和疲劳,是航空航天视听翻译领域面临的重要挑战。此外,处理不确定性也是实时翻译中的难题。在翻译过程中,译者可能会遇到他们不熟悉的专业术语或不明确的语境。在这种情况下，译者需要迅速决策，选择最佳的翻译策略。这就需要译者具有丰富的专业知识、灵活的思维，以及冷静的判断力。

三、通俗性

航空航天视听作品在对话和交流中往往使用特定的语言形式，这些形式在源语言中可能是常见的，但在目标语言中却没有对应的常用表达。这就需要译者在保持源语言表达意义的同时，进行语言形式的转换，使译文既符合目标语言的表达习惯，又能够准确传达源语言的信息。这是一项相当大的挑战，需要译者具有丰富的语言知识和灵活的翻译技巧。

例如，在一部关于航天器发射的影片中，可能会出现这样的对话："Copy that, Houston. We're go for launch."在这个对话中，"Copy that."是航天通信中的常用语，表示接收到并理解了对方的信息，"We're go for launch."则是航天领域特有的表达，表示准备就绪，可以进行发射。这些表达在英文中是常见的，但在中文中没有对应的常用表达。在这种情况下，译者可以选择意译法，将"Copy that, Houston. We're go for launch."翻译为"收到，休斯敦。我们准备发射。"这样的译文虽然没有完全保留源文的字面表达，但却准确地传达了源文的意义，而且符合中文的表达习惯。

再如，在一则关于我国航空航天计划的电视报道中，可能会出现类似这样的一句话："航天员们正在进行严格的太空服穿戴训练，以适应在太空中的生活。"在这个句子中，"太空服穿戴训练"可以翻译成"spacesuit fitting training"，但英文中有一个更通俗易懂的表达方式——"spacesuit training"；"适应在太空中的生活"可以翻译成"acclimating to life in space"，但翻译成"adapt to life in space"更符合英文表达习惯。所以，整个句子可以被翻译为"The astronauts are undergoing rigorous spacesuit training to adapt to life in space."

这样的翻译，即使在源语言和目标语言的表达方式有所不同的情况下，也能够确保信息的精确传递，同时保持易于理解和自然的语言表达。

四、跨文化性

航空航天视听作品通常涉及多国文化和语言。翻译时需要处理好不同文化和语言之间的关系，既要尊重各国文化和语言的特点，又要保证译文的流畅性和可读性。这需要译者具有丰富的跨文化交际经验和深厚的语言功底。

例如，在一部关于美国航天历史的影片中，可能会出现"Apollo program"这个短语，它指的是美国国家航空航天局在1961—1972年之间进行的一系列载人登月任务。这个短语在英文中是特定的文化符号，代表了美国的航天成就和冒险精神，但在其他语言和文化中可能没有对应的含义。在这种情况下，译者可以选择保留法，将

"Apollo program"直接保留为原文,如"阿波罗计划"。如果目标语言读者对这个词汇不熟悉,译者还可以添加一个注释,如"阿波罗计划(美国在 1961—1972 年进行的载人登月任务)",以帮助读者理解。

除了文化的考量,译者还需要解决单位换算的问题。在视听作品中,常出现需要将英制单位转换为公制单位的情况。例如,当出现"The rocket's velocity is 6 miles per second."这样的句子时,译者需要将"miles"换算为千米,即"火箭的速度是每秒约 9.7 千米"。这样的单位换算不仅要准确,还要符合目标语言的习惯表达方式。译者应该具备一定的科学和数学背景知识,同时也需要运用准确的换算公式和技巧。

五、多媒体性

由于航空航天视听作品常常会以字幕或配音的形式呈现给观众,这给翻译带来了额外的挑战。字幕翻译需要在有限的时间和空间内传达尽可能多的信息,而且需要考虑到视觉和听觉的配合。

配音翻译则需要在保留源语言信息的同时,考虑到语音的韵律和情感。例如,在一部关于宇航员的电影中,可能会出现这样的对话:"That's one small step for (a) man, one giant leap for mankind."这是尼尔·阿姆斯特朗在 1969 年首次登月时说的话,是美国乃至全世界航天历史上的一句名言。这句话在英文中有很强的韵律感,但如果直译为中文"这是一个人的一小步,却是人类的一大跃进",可能会失去这种韵律感。在这种情况下,译者可以将这句话翻译为"这是我个人的一小步,但却是人类的一大步"。这样的译文既保留了源文的信息和情感,又符合中文的语音韵律。

总的来说,航空航天视听翻译是一个充满挑战的领域,它需要译者具有深厚的专业知识、灵活的翻译技巧,以及对多国文化和语言的深入理解。面对这些挑战,译者可以运用各种翻译策略和技巧来进行应对,以确保译文的准确性、流畅性和可读性。

第三节 视听翻译背景知识获取策略

在航空航天视听翻译的过程中,一个重要的步骤是获取和理解相关的背景知识。由于航空航天领域是一个高度专业化、技术化的领域,因此其涉及的概念、术语、原理等往往需要相当丰富的背景知识才能准确理解。例如,对于一个专门讨论航天器推进系统的电影片段,如果译者对航天器推进系统的工作原理、常用术语等不甚了解,那么他们很可能无法准确地理解和翻译这个片段。因此,获取背景知识是航空航天视听翻译不可或缺的一部分。

然而,获取航空航天领域的背景知识并不是一件容易的事情。这个领域的知识往往分散在各种各样的资源中,包括专业书籍、科研论文、技术报告、专家讲座、在线课程等。而这些资源的质量、可获取性、易理解性等方面差距很大。另外,即使找到了合适的资源,如何从中提取、理解、应用知识也是一个需要技巧的过程。

因此,本节将介绍一些实用的背景知识获取策略,包括使用ChatGPT、Google进行信息检索,利用学术论文和报告获取专业知识。这些策略可以帮助译者更有效、更系统地获取和理解航空航天领域的背景知识,从而提高他们的翻译质量和效率。

这些策略不仅适用于航空航天视听翻译,也适用于其他专业领域的视听翻译。对于任何一个专业领域,获取相关的背景知识都是一项基本的翻译能力。因此,掌握这些策略,将对译者的整个翻译生涯产生深远影响。

一、ChatGPT 的应用

ChatGPT 是一款由 OpenAI 开发的人工智能语言模型,它可以在背景知识的获取过程中提供巨大的帮助。除了 ChatGPT 外,还有一些其他的人工智能语言模型,例如,Google Bard、百度的文心一言、讯飞星火等,它们同样可以在获取背景知识方面提供帮助。以下我们以 ChatGPT 为例进行介绍。

(一) 获取航空航天知识

ChatGPT 可以提供详细的航空航天信息。例如,你可以向它提问:"抬头显示器 (HUD) 在飞行中有何作用?"ChatGPT 会尽其所能地提供准确的答案,并提供相关的资源链接。下文即是 ChatGPT 的一个回答:

抬头显示器 (Head-Up Display, HUD) 在飞行中有以下作用:

① 提供关键信息:HUD 将飞行相关的关键信息投影到飞行员的视线范围内,使其无须将视线从前方飞行航线转移,可以同时观察飞行器状态和环境。

② 飞行参数显示:HUD 可以显示飞行参数,如飞行速度、高度、姿态、航向、气速、垂直速度等,使飞行员能够实时了解飞机的状态和动态变化。

③ 导航指引:HUD 可以提供导航指引,包括航线、导航点、目标点、地形和障碍物警告等信息,帮助飞行员准确定位和导航飞行器。

④ 系统状态监控:HUD 可以显示飞行器各个系统的状态,如发动机参数、燃油状态、电力系统状态等,帮助飞行员监控飞行器的运行情况。

⑤ 集成警告系统:HUD 可以与飞行器的警告系统集成,提供紧急情况下的警告和提示,使飞行员能够及时做出反应。

⑥ 增强视觉:通过 HUD 显示的信息在飞行员视线中直接叠加在真实景象之上,使得飞行员可以同时获得环境外界和重要飞行信息的视觉信息,提高视觉感知和注意力分配能力。

通过 HUD,飞行员可以获得实时的关键信息,并将注意力集中在前方视野,减少转移视线的需求,提高飞行的安全性和效率。HUD 被广泛应用于民航和军用飞机,为飞行员提供重要的辅助信息,改善飞行体验和操作效果。

此外，你还可以使用 ChatGPT 来理解航空航天的复杂概念。例如，你可以向它提问："火箭方程是如何工作的？"或者"如何理解伯努利方程在飞行动力学中的应用？"ChatGPT 可以用通俗易懂的语言来解释这些概念，帮助你深入理解。

（二）进行深度对话

ChatGPT 的另一个重要特性是它能进行深度对话。这意味着你可以向 ChatGPT 提出一系列关联的问题，并获取连贯和详细的回答。例如，你可以首先问："什么是太阳帆？"在获得答案后，你可以进一步提问："太阳帆如何工作？"然后再问："已经有使用太阳帆的航天器了吗？"这样，你就可以深入了解某个话题，而无须在不同的资源中跳跃寻找。

（三）获取详尽的解释

如果你觉得 ChatGPT 的回答太简洁，或者想要更深入的了解，你可以直接向它要求更详细的解释。例如，你可以问："可以详细解释一下喷气发动机的工作原理吗？"ChatGPT 会尽可能详细地解释，包括气流在发动机中的路径，以及各个部件的作用等。

（四）引导 ChatGPT 提供资源

除了直接获取信息，你还可以引导 ChatGPT 提供其他资源。例如，你可以问："你可以推荐一些关于航空航天工程的书籍吗？"或者"你能推荐一些有关火箭科学的在线课程吗？"这样，你可以获得一系列相关的资源，更全面地掌握背景知识。

总之，ChatGPT 等人工智能语言模型是一个强大的工具，它们能够帮助你获取航空航天领域的知识以及其他相关信息。使用它们时，关键是明确你的问题，把握你想要了解的具体方面，这样可以获取最准确和最相关的答案。同时，记住 ChatGPT 等工具是一个机器学习模型，它们并不是万能的，对于一些特别复杂或者尖端的问题，它们可能无法给出准确的答案，这时你可能需要查阅其他专业的资源。

二、Google 检索的使用方法

在当前的信息时代，网络中充斥着大量的信息和知识，而搜索引擎作为我们获取这些信息的工具，其重要性不言而喻。信息检索是一门艺术，更是一项技能。它要求我们具备批判性思维，能够精准定义信息需求，能够合理使用检索工具，并能够有效评估和管理检索结果。这些都需要通过学习和实践来提高。本部分将重点介绍如何使用 Google 进行信息检索，以便我们能够更有效地获取所需信息。

（一）Google 基础检索技巧

Google 搜索引擎是一个强大的工具，帮助我们搜索和获取大量信息。无论是找寻学术研究资料，还是获取航空航天相关的最新动态，Google 的检索技巧都是必备的。接下来我们将探讨一些基本而重要的 Google 搜索技巧,并以航空航天领域的例子来进行说明。

1. 单复数和大小写

Google 在进行英文检索时,会区分单复数形式。例如,搜索"rocket"和"rockets"会产生不同的结果,前者着重在单个火箭,而后者可能提供更多是关于火箭技术或多种火箭的信息。然而,Google 不区分大小写,输入"rocket""Rocket",或"ROCKET"会产生同样的搜索结果。

2. 关键词顺序

Google 的搜索算法认为你输入的第一个词最重要,最后一个词最不重要。因此,"Mars exploration"和"exploration Mars"可能会产生不同的结果。前者可能更多是关于对火星的探索活动,而后者可能更侧重于探索活动本身,火星只是其中的一部分。

3. 精确搜索

使用英文双引号" "可以进行精确搜索。例如,你想找有关"rocket engine combustion"(火箭发动机燃烧)的资料,将此短语放入英文半角双引号内,Google 将返回包含该短语的结果。

4. 布尔逻辑运算符

Google 支持布尔逻辑运算符,包括 AND(并且)、OR(或者)、NOT(不包含)。默认情况下,Google 认为输入的多个关键词之间是 AND 关系。OR 运算符必须显示出来,且可用竖线|代替。对于 NOT,我们需要使用减号(-)来代替。例如,如果你想查找关于火箭的信息,但不包含"model rocket"(模型火箭),可以搜索"rocket-model"。

5. 语义分析

Google 会自动进行语义分析,将检索范围扩大到同义词。例如,你搜索"spacecraft",返回的结果可能也包含"spaceship"这个同义词。如果你希望只检索"spacecraft",可以在关键词前加上加号,或者将关键词放在英文双引号内,例如"+spacecraft"或"spacecraft"。如果你希望 Google 检索包括近义词的结果,可以在关键词前加上波浪号,例如"~ spacecraft"。

6. 通配符

Google 支持使用星号*作为通配符来代替一个单词。例如,你记得一句有关火箭的名言,但是忘记了其中的一个词,可以用星号来代替,如"Failure is not an*"。

7. 图片搜索

Google 图片搜索是一个非常有用的功能,它可以帮助我们更直观地获取信息。有时候,文字描述可能难以准确描绘某种具体的事物,这时候,图片就能更生动、更形象地展示。例如,如果我们想了解火箭的具体结构或外形,只须在 Google 图片搜索中输入"rocket",就可以看到各种火箭的实物图片,包括发动机、燃料罐、导向系统等各个部分的具体形状和布局。

除此之外，图片搜索也可以用于找寻某个具体事物的设计图、说明图等。例如，如果你想找火箭的设计图，你可以在图片搜索中输入"rocket blueprint"，这样就能找到各种火箭设计图的高清图片。这对于理解复杂的技术概念或者获取具体的视觉参考都非常有帮助。

要进行图片搜索，只须在 Google 的搜索框中输入关键词，然后点击搜索结果页面顶部的"图片"选项，就可以看到与关键词相关的各种图片。如果你想找到更具体的图片结果，可以使用已经介绍的搜索技巧，如精确搜索、布尔逻辑运算符、通配符等，以优化你的图片搜索结果。

以上就是一些关于 Google 搜索引擎的基础使用技巧。掌握这些技巧，可以帮助我们更有效地获取到所需信息。

(二) Google 高级检索技巧

经过基础检索技巧的学习，我们已经了解到如何利用 Google 进行基础的信息查询，包括使用标点符号、运算符和关键词排序等方法优化搜索结果。然而，对于一些更专业、更深入的信息查询，如航空航天视听翻译中的专业术语检索、相关文献查找等，我们还需要掌握 Google 的一些高级检索技巧。

首先，我们可以通过点击 Google 首页的"高级搜索"(Advanced Search)，进入高级搜索页面，如图 2-1 所示。

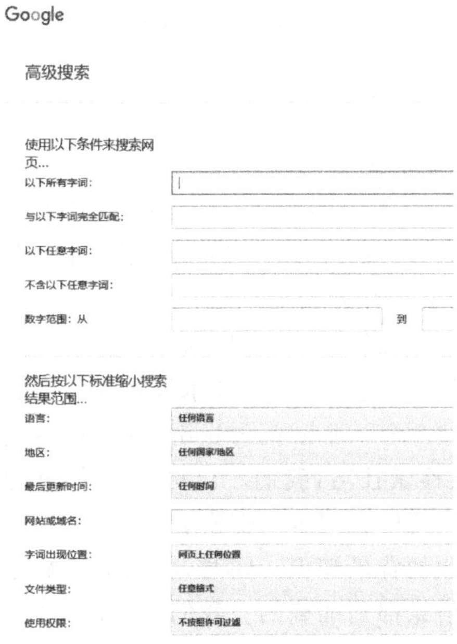

图 2-1　Google 高级搜索界面

在这个页面中,"搜索结果"项下的四类从上到下分别对应 AND、英文双引号" "、OR、减号-。我们在基础检索技巧中已经介绍过这些,就不再赘述。对于航空航天的搜索来说,使用语言筛选和文件格式筛选可以大大提高搜索效率。例如,当我们搜索"rocket propulsion"(火箭推进)时,可以选择搜索语言为英语,这样可以避免出现不相关的中文内容;如果我们需要找一份关于火箭推进的专业演讲 PPT,那么我们就可以选择仅检索 PPT 格式的文件,这样就可以快速找到相关的资源。

此外,Google 还支持限定搜索的时间范围,这对于追踪航空航天领域的最新进展非常有用。例如,如果我们想知道最近一年内关于"space debris"(空间碎片)的最新研究情况,我们就可以设置搜索时间为"过去一年内"。

除了使用高级搜索页面进行检索外,我们也可以直接在 Google 首页的搜索框中通过输入命令来实现高级搜索,包括 filetype、site、intitle、inurl 等。

1. 使用"site:"限定搜索范围

如果你想在特定的网站或域名范围内搜索信息,可以使用"site:"运算符。例如,你想在 NASA 的网站上搜索火星探测器,你可以输入"mars rover site:nasa.gov"。

2. 使用"filetype:"搜索特定类型的文件

如果你想找到特定类型的文件,例如,PDF 格式的科研论文或报告,你可以使用"filetype:"运算符。例如,你可以输入"space exploration filetype:pdf",这将返回与空间探索相关的 PDF 文件。

3. 使用"related:"寻找相关网站

如果你已经找到了一个对你有用的网站,你想找到与之相关的其他网站,可以使用"related:"运算符。例如,你可以输入"related:nasa.gov",Google 会返回与 NASA 官网相关的其他网站。

4. 使用"define:"获取定义

如果你想得到某个词或短语的定义,你可以使用"define:"运算符。例如,你可以输入"define:quantum entanglement",Google 会返回量子纠缠的定义。

5. 使用 Google 学术进行学术研究

Google 学术是 Google 提供的一个搜索服务,它可以搜索全文或摘要的学术文献,包括论文、书籍、学位论文、会议论文、技术报告等。例如,你可以在 Google 学术中搜索"effects of microgravity on human body",找到有关这个话题的学术文献。

通过掌握这些高级检索技巧,我们不仅可以更快、更准确地获取需要的信息,更可以从更深层次、更广角度去理解和探索航空航天这个专业领域,为我们的视听翻译提供更充足、更专业的背景知识。同时,我们也需要注意,尽管 Google 能提供大量信息,但并非所有信息都是准确的。我们仍须运用批判性思维,对得到的信息进行筛选和验证。在航空航天领域,权威的科研机构和学术期刊是获取准确信息的重要来源。

第四节　术语翻译策略与方法

航空航天领域是充满专业性和技术性的学科,其术语翻译的重要性不言而喻。术语翻译不仅要求翻译者具有良好的语言技能,同时还要具备丰富的专业知识和理解能力,才能准确地理解和传递专业信息。准确、一致的术语翻译,无疑可以显著提高文本的质量和可读性,降低读者理解的难度。因此,我们在本节将深入探讨航空航天术语的翻译策略与方法。

一、术语翻译的基本原则

术语是特定领域或学科中使用的一组专业词汇。这些词汇通常有特殊的含义。例如,"lift-off"在航天领域指的是火箭或航天器从发射台上升至空中的过程,中文译作"发射"或"点火起飞";在体育领域,如篮球比赛中,它可能指运动员起跳。再如,"payload"在航天领域指的是载入火箭或其他发射设备中准备送入太空的有效载荷,如卫星、科学实验设备等,中文译作"有效载荷";在网络安全领域,它指的是恶意软件或攻击代码中实施具体攻击行为的部分,中文译作"攻击负载"。

术语翻译是翻译工作中极为重要的一部分,尤其是在专业技术领域,比如航空航天。在这一领域内,有许多复杂的专业术语,对其精确、准确的翻译尤为重要。以下将详述术语翻译的基本原则,即准确性、一致性和清晰性。

(一) 准确性

准确性是术语翻译的首要原则。由于航空航天领域涉及的专业知识深度广度均较大,术语的翻译必须能够精确地表达原语的专业含义。在翻译过程中,我们应当努力理解专业术语的内涵,充分利用各类工具书籍、网络资源,查阅相关文献,以确保译文准确无误。

例如,在翻译"thrust vectoring"这个术语时,不可直译为"推力矢量",而应根据其实际含义,翻译为"推力矢量控制",这样才能准确表达源语言的含义。

(二) 一致性

一致性也是术语翻译的重要原则之一。无论是在同一篇文章中,还是在同一主题的不同文章中,对同一术语的翻译应当保持一致。这不仅有助于读者理解和记忆,同时也能避免混淆和误解。

例如,对"combustion chamber"这个术语,我们应始终一致地将其翻译为"燃烧室",而不能在不同的上下文中使用"燃烧腔"或"燃烧箱"等不一致的译名。

(三) 清晰性

清晰性则要求翻译出的术语应当易于理解，语言表达清晰，没有模棱两可的地方。这一点对于航空航天领域的术语翻译尤为重要，因为这个领域的专业术语往往具有高度的技术性和专业性。

例如，对"geostationary orbit"这个术语，直译为"地球静止轨道"可能会让人感到困惑，不明其意。更为清晰的翻译应为"地球同步轨道"，因为这个术语实际上指的是卫星在轨道上的运动状态与地球的自转保持同步，即卫星相对于地面某点看起来是静止的。

总的来说，进行术语翻译时，我们必须秉持准确性、一致性和清晰性这三大原则，准确理解术语的含义，统一术语的译名，清晰表达术语的内容。只有这样，我们的翻译工作才能达到应有的专业标准，满足读者的阅读需求，同时也有利于航空航天领域知识的传播和交流。

二、术语的翻译方法

航空航天术语是航空航天领域的专业语言，它是该领域知识、技术、理念等的重要载体。航空航天术语具有精确性、一致性和系统性的特点。精确性是指每个术语都有明确、精确的含义，不能随意替换。一致性是指同一术语在同一领域内的使用必须保持一致。系统性是指航空航天术语是一个庞大的系统，各个术语之间存在密切的联系。

针对航空航天术语的特点，我们可以采用以下几种翻译策略与方法。

(一) 对译法

对译法是一种常用的航空航天术语翻译方法，即直接将源语言的术语翻译为目标语言的对应术语。这种方法的优点是简单直接，易于理解，但前提是译者必须对该领域的术语有深入的了解，并且目标语言中必须有对应的术语。

例 16：aileron→副翼。这是一个描述飞机控制表面的术语，英文和中文都有对应的术语，可以直接进行对译。

例 17：神舟飞船→Shenzhou spacecraft。这是航天领域的基本术语，中文和英文都有对应的术语，可以直接进行对译。"神舟"是我国的载人航天项目的名称，类似于美国的阿波罗项目。在英文中，通常被称为"Shenzhou spacecraft"或者简单的"Shenzhou"，其中"Shenzhou"保留了原来的中文拼音形式，以尊重其文化和国家的重要性。

分析：对译法适用于目标语言中已经有相应术语的情况，这种方法直接、简洁，能快速准确地传达术语的意思。但前提是译者对该领域的术语有深入的了解，并且目标语言中有对应的术语。

(二) 注释法

注释法是在译文中添加解释性的注释,以帮助读者理解专业术语的含义。这种方法适用于目标语言中没有对应术语或者对应术语不够准确的情况。

例18:ramjet→冲压发动机(ramjet 是一种没有压气机和涡轮,靠迎面高速气流减速来实现空气的压缩过程的喷气发动机)。

例19:payload→有效载荷(有效载荷指的是飞行器除了自身所必需的燃料和设备以外,可以携带的有效载物)。

分析:注释法适用于目标语言中没有对应术语,或者对对应术语的理解不够准确或者不够广泛的情况。通过在译文中添加解释性的注释,可以帮助读者更好地理解专业术语的含义。然而,这种方法可能会使译文变得较长,译者需要在传达足够的信息与保持译文简洁之间找到平衡。

(三) 借译法

借译法是指在译文中直接使用源语言的术语,通常会在术语的首次出现时提供注释。这种方法适用于目标语言中没有对应术语,而且源语言的术语已经被广泛接受的情况。

例20:GPS→GPS。在中文中,我们直接使用英文缩写 GPS 来指全球定位系统(Global Positioning System)。

例21:天眼→FAST。"天眼"是我国的 500 米口径球面射电望远镜(FAST)的昵称,其在英文中通常被称为"FAST",这是"Five-hundred-meter Aperture Spherical radio Telescope"的缩写。当然,也可以译为"Sky Eye(FAST)",这样能更好地反映出其中文名称中的寓意。

例22:东方红一号→Dong Fang Hong I。这是我国第一颗人造地球卫星的名字。在英文中,我们通常使用"Dong Fang Hong I"这个名称,而不是直接使用"China 1"或者"PRC 1"。因为"Dong Fang Hong I"已经在国际上被广泛接受,有其特殊的历史文化含义。然而,根据具体的文本和语境,也可能会使用"China's first artificial satellite"这样更具描述性的翻译。

分析:借译法适用于源语言的术语已经被广泛接受,或者源语言的术语对理解文本具有关键意义的情况。这种方法保留了源语言的术语,有助于保持术语的国际通用性,同时也可以反映源文的文化特色。

(四) 意译法

意译法是将源语言的术语翻译为目标语言的近义词或者解释性的语句。这种方法适用于目标语言中没有对应术语,而且源语言的术语对目标语言读者来说比较陌生的情况。

例 23：fly-by-wire→电传操纵。"fly-by-wire"原意是"通过电线飞行",意指飞行器的操纵信号通过电线传输,但在中文中我们通常将其意译为"电传操纵"。

例 24：Gimbal lock→万向节死锁。"Gimbal lock"原意是万向节锁定,是指当飞行器的三个旋转轴线对齐时,会失去一个自由度,导致无法控制的情况。在中文中,我们将其意译为"万向节死锁"。

分析：意译法适用于目标语言中没有对应术语,而且源语言的术语对目标语言读者来说比较陌生的情况。这种方法通过转换表达方式,使译文更符合目标语言的表达习惯,更易于读者理解。

(五) 创新法

创新法是在译文中创造新的术语,以表达源语言的术语的含义。这种方法适用于目标语言中没有对应术语,而且源语言的术语对目标语言读者来说非常陌生的情况。

例 25：scramjet→超燃冲压发动机。"scramjet"是 Supersonic Combustion Ramjet 的缩写,指的是一种能在超音速条件下进行空气燃烧的冲压喷气发动机。在中文中,我们创造了"超燃冲压发动机"这个新的术语来表达这个概念。

例 26：astrodynamics→航天动力学。"astrodynamics"是 astronomy 和 dynamics 的合成词,指的是研究天体运动和控制的学科。在中文中,我们创造了"航天动力学"这个新的术语来表达这个概念。

分析：创新法适用于目标语言中没有对应术语,而且源语言的术语对目标语言读者来说非常陌生的情况。这种方法通过创造新的术语,为目标语言的发展做出贡献,但可能需要一定的时间和努力才能使新的术语被广泛接受。

在具体的翻译实践中,译者需要根据具体的语境和读者需求,灵活运用各种翻译策略与方法。例如,对于一些已经被广泛接受的航空航天术语,可以直接使用对译法或借译法;对于一些较为复杂或陌生的术语,可以使用注释法或意译法;对于一些全新的术语,可以考虑使用创新法。无论采用哪种翻译策略与方法,译者都应该注重语言的准确性和流畅性,尽量使译文既忠实于源文,又易于理解。

三、专业词典和数据库的使用

在航空航天视听翻译中,对术语的精准翻译尤其关键。专业词典和数据库是翻译人员在寻找准确术语翻译时的重要工具。随着科技的发展,网络上的资源日益丰富,其中许多专业词典和数据库不仅提供单词的翻译,还附带了术语的定义、使用场景等信息,为译者提供了更为全面的参考。

首先,我们要明确的是,专业词典的使用并不仅仅是查找单词的意思,更多的是对术语的理解和应用。当我们在翻译航空航天术语时,如果遇到不熟悉的词汇或者是复杂的技术名词,我们可以利用专业词典进行查询,获取术语的准确含义,以及它在特定语境中的应用方式。这样，我们才能确保翻译的准确性和专业性。

其次，专业数据库也是一个不可或缺的资源。诸如 NASA 的官方数据库、IEEE Xplore、ScienceDirect 等科技文献数据库，提供了大量的专业文献和最新的研究成果。在这些数据库中，我们可以找到术语在实际应用中的具体表述和上下文语境，帮助我们更好地理解和翻译这些术语。

在中文方面，最权威的术语信息服务平台应该是"术语在线"（termonline.cn）。它由全国科学技术名词审定委员会主办，聚合了全国科技名词委权威发布的审定公布名词数据库、海峡两岸名词数据库和审定预公布数据库等近百万条规范术语，覆盖基础科学、工程与技术科学、农业科学、医学、人文社会科学、军事科学等各个领域的100余个学科。通过在术语在线的搜索框内输入关键词，系统就会返回与该关键词相关的术语，包括中英文对照、定义、来源等信息。例如，输入"astrodynamics"，选择左侧学科分类中的"航天科学技术"，系统将返回"航天动力学"，如图 2-2 所示。

图 2-2 "术语在线"搜索示例

另外一个术语翻译平台是 CNKI 学术翻译（dict.cnki.net），相关界面如图 2-3 所示。在"学科领域"中选择"航空航天科学与工程"，在"学术词典"类，我们就会看到其译文为"航天动力学"等。

无论是专业词典、数据库，还是"术语在线"这类术语信息服务平台，都是我们在进行航空航天术语翻译时的重要参考资源。在翻译过程中，我们应当充分利用这些资源，以确保翻译的准确性和专业性。

图 2-3 CNKI 学术翻译搜索示例

四、Google 专业术语检索

Google 是获取专业术语信息的重要工具之一。尤其是在翻译涉及具体领域知识的专业术语时，Google 能为我们提供海量的原生语料参考，有助于更准确、更自然地翻译。在这一节中，我们将详述如何利用 Google 进行航空航天专业术语的检索。

（一）利用 Google 的基本搜索功能

以"太空电梯"为例，我们可以直接在 Google 的搜索栏中输入"太空电梯 英文"，点击搜索。这个术语在航空航天领域指的是一种理论上的交通系统，可以无需火箭就把物体送入太空。点击搜索后，搜索结果中就会显示出这个术语的英文译文"space elevator"。

另外一种有效的检索方法是将术语及译文中大概率会包括的一个单词一并输入到 Google，然后检索。以"离心力"为例，我们可以直接在 Google 的搜索栏中输入"离心力 force"，点击搜索，搜索结果中就会显示出这个术语的英文译文"centrifugal force"。

（二）利用 Google Translate 进行初步翻译

虽然 Google Translate 的翻译结果可能不完全准确，但是它可以作为一个快速获取术语翻译的工具。例如，我们可以尝试将"exoplanet"这个术语输入 Google

Translate。"exoplanet"是一个在航空航天领域常见的英文术语,它指的是绕其他恒星运动的行星,简单来说就是太阳系之外的行星。将这个词输入 Google Translate 后,它可能会给出中文翻译"系外行星",这是在航空航天领域广泛接受的译文。

需要注意的是,无论是利用 Google 的哪种搜索功能,我们都需要具备批判性思维,对搜索结果进行判断和筛选,而不能盲目接受。同时,我们也需要配合使用其他工具和资源,如专业词典、数据库等,以确保翻译的准确性和专业性。最后,我们需要不断学习和熟悉航空航天领域的知识,这样才能更好地进行专业术语的翻译。

五、术语管理工具的使用

术语管理工具是专业翻译人员的重要助手,能有效地帮助翻译者整理、管理和查询专业术语。它包括术语提取软件、术语库管理软件、术语搜索软件等。其中,术语提取工具会统计每个词在文本中出现的频率,并进行 n-gram 分析以寻找可能的多词术语。然后它会提取可能表明一个词或词组是术语的特征,例如,词的长度、位置、词频等,这些特征可以用于训练机器学习模型以更准确地识别术语。然而自动提取的术语可能包含噪声,因此需要人工筛选,以确保只保留真正有用的术语。术语库管理软件提供了管理和存储术语的功能。用户可以在其中添加新的术语,编辑已有的术语,为每个术语添加多种语言的译文。术语搜索软件通常集成于计算机辅助翻译软件(如 Trados、memoQ)中,允许用户在翻译过程中使用术语库自动搜索相关术语,这对于确保翻译的一致性非常重要。

本节以语帆术语宝为例,介绍如何使用这些工具处理航空航天术语。

语帆术语宝(termbox.lingosail.com)有术语提取功能,可以从单语材料或双语材料中自动提取术语,其界面如图 2-4 与图 2-5 所示。

图 2-4 语帆术语宝术语提取界面 1

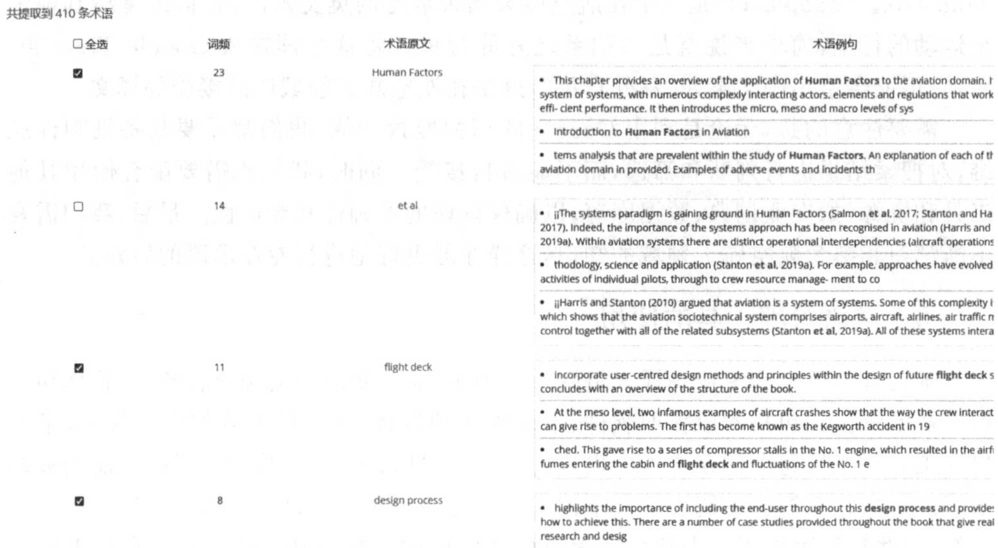

图 2-5 语帆术语宝术语提取界面 2

　　这些提取出来的术语可以以 CSV 或 TBX 的格式直接下载到本地电脑。在提取出术语后，我们需要对术语进行翻译。这时，我们可以参考已有的术语库、使用 Google 或其他搜索引擎进行查询，或者咨询专业人士。在得到翻译后，我们应该请相关领域的专家进行核准，以确保翻译的准确性。

　　术语库的更新和维护是一个持续的过程。我们应该定期对术语库进行更新，添加新的术语和翻译，删除错误或过时的术语和翻译。同时，我们还应该定期备份术语库，以防数据丢失。

单元小结

　　本单元深入探讨了航空航天视听翻译的策略与方法，为读者提供了一系列具体、实用的翻译技巧和资源，旨在提高航空航天视听翻译的质量和效率。

　　在翻译策略、方法与技巧部分，我们介绍了八种不同的翻译方法，包括对译法、转译法、换译法、增译法、减译法、改编法、注释法和改译法。这些方法各有特点，能够应对各种不同的翻译难题。理解和熟练运用这些策略和方法，对于提高翻译的准确性和流畅性，保持原文的信息和语境，具有重要的作用。

　　在航空航天视听翻译的特点和难点部分，我们探讨了航空航天翻译的五大特点：专业性、实时性、通俗性、跨文化性和多媒体性。这些特点使得航空航天视听翻译相较于其他领域的翻译更为复杂，需要译者不仅具备扎实的航空航天知识，还要具备良好的翻译技巧和文化适应能力。

在视听翻译背景知识获取策略部分，我们详细介绍了如何利用 AI 技术（如 ChatGPT）和互联网检索工具（如 Google）获取和深化航空航天知识。在这个信息爆炸的时代，善用这些工具对于提高翻译效率，确保翻译的准确性，具有至关重要的作用。

最后，在术语翻译策略与方法部分，我们讨论了术语翻译的基本原则，包括准确性、一致性和清晰性，以及具体的翻译方法，如对译法、注释法、借译法、意译法和创新法。同时，我们还介绍了专业词典和数据库的使用，Google 专业术语检索，以及术语管理工具的使用。术语的准确翻译对于保证航空航天视听翻译的专业性和准确性意义重大。

本单元的内容为读者提供了一套全面而深入的航空航天视听翻译的策略和方法，这些策略和方法不仅有助于读者提高翻译技能，而且能够提升读者对航空航天领域的理解和应用能力。希望通过本单元的学习，读者能够在实践中发现其价值，更好地服务于航空航天领域的国际交流与合作。

练　　习

一、基础练习

1. 汉译英

请将以下中文短文译成英文。

中国载人航天工程自 1992 年启动以来，已经历了"神舟"系列飞船、空间站和月球探测三个阶段。首次载人飞行于 2003 年成功实施，使中国成为世界上第三个独立实现载人航天飞行的国家。2011 年，中国成功发射了首个空间实验室"天宫一号"，进一步推动了航天科技的发展。2021 年，中国的空间站核心舱成功发射并在轨运行，标志着中国载人航天工程进入了新的历史阶段。展望未来，中国载人航天工程将继续探索未知，为人类进军宇宙贡献中国智慧和力量。

2. 英译汉

请将以下英文短文译成中文。

The Hubble Space Telescope, launched by NASA in 1990, is one of the most significant astronomical observatories in history. It was named in honor of astronomer Edwin Hubble, whose discoveries led to the creation of the extragalactic astronomy and transformed our understanding of the universe. Positioned above the atmosphere, which distorts and blocks the light that reaches our planet, Hubble captures high-resolution images in visible, ultraviolet, and near-infrared spectra, contributing greatly to many fields of astronomy.

Since its launch, Hubble has made over a million observations, which have led to more than 15,000 scientific papers. It has measured the rate of expansion of the universe, provided evidence for the existence of dark energy, helped confirm the age of the universe, and much more. Furthermore, its stunning images have awakened a deep public interest in astronomy.

However, like all good things, Hubble's mission must eventually come to an end. Its successor, the James Webb Space Telescope, is set to take up the mantle in the next couple of years. But the Hubble Space Telescope's extraordinary contributions to science and the popularization of astronomy will be remembered for generations to come.

3. 术语翻译

请将下列英文术语译为中文，将中文术语译为英文。

1) launch vehicle
2) mission control center
3) orbit injection
4) reentry module
5) launch escape system
6) attitude control
7) docking mechanism
8) space telescope
9) solar panel
10) telemetry
11) microgravity
12) propulsion system
13) thermal protection
14) space debris
15) launch window
16) 天宫空间站
17) 长征火箭
18) 返回舱
19) 太空人
20) 轨道补给
21) 航天医学
22) 空间服
23) 空气动力学
24) 月球车
25) 载人飞船
26) 机械手臂
27) 无人驾驶飞行器
28) 推进器
29) 太空测绘
30) 空间站

二、拓展练习

1. 术语管理

利用术语管理工具，比如语帆术语宝，创建一个自己的小型航空航天专业术语库，包含至少 30 个术语及其译文，保存为 CSV 格式。

2. 实时口译模拟

在 Bilibili 上查找一段与航空航天相关的视频，比如"国际航空航天科普视频大赛宣传片"，模拟进行同声传译。

第三单元 航空航天视听翻译技术

掌握和运用视听翻译的技术,对于提高翻译效率和质量,促进全球航空航天知识的传播和交流具有重要的实践意义。本单元将系统介绍视听翻译技术的现状,包括视听翻译技术的发展历程,现有技术的分类和特点、应用领域和场景,以及未来的技术发展趋势和预期。同时,本单元还将详细描述视听翻译的流程,包括前期准备、初译、翻译修订和优化、时间码对齐、后期制作以及质量检查和最后修改等环节。

在视听翻译过程中,自动化翻译工具和人工翻译辅助工具起着关键的支持作用。本单元将深入探讨这两类工具的功能、优点和缺点,以及它们在未来的发展趋势。字幕编辑工具作为视听翻译的重要组成部分,本单元也会对其进行详尽的介绍,包括常见的字幕编辑工具,以及如何选择和使用字幕编辑工具。本单元的目标是使读者深入理解视听翻译技术的现状,掌握视听翻译的流程,熟悉各种翻译工具的使用,提高航空航天视听翻译的质量和效率。

第一节 视听翻译技术现状

一、视听翻译技术的发展历程

视听翻译,尤其是在航空航天领域,是一个动态变化的领域,其技术发展历程表明了其不断适应和响应新的媒体环境的需求。下面我们将详细探讨视听翻译技术的发展历程。

(一)初期的视听翻译技术

早期视听翻译主要依赖于译者的语言技能和专业知识,人工进行翻译工作。无论是翻译电影字幕、电视节目,还是翻译会议发言,译者需要仔细听取并理解原始音频,然后口译或笔译成目标语言。这种方式翻译的质量严重依赖于译者的个人能力,且时间和成本较高。然而,由于缺乏自动化工具,这一过程往往效率低下。

(二)技术的发展和进步

随着计算机技术的发展,视听翻译开始利用数字化技术和软件工具进行辅助。例如,使用计算机辅助翻译(CAT)工具可以帮助译者更有效地处理大量文本,同时保证译文的一致性。同时,时间码对齐软件也使得字幕的创建和编辑变得更加简单。

此外,一些简单的语音识别技术也开始应用于视听翻译中,帮助自动转录音频内容。

(三)最新的技术趋势

进入 21 世纪,尤其是近十年,人工智能和深度学习技术的突破给视听翻译带来了革命性的变化。现在的机器翻译系统,如 Google 翻译和 DeepL,已经可以提供相当高质量的翻译结果,大大提高了翻译的效率。自动语音识别(ASR)技术的发展使得音频和视频的自动转录成为可能,而自然语言处理(NLP)技术则帮助机器更好地理解和生成语言。更进一步,人工智能技术也被用于语音合成和虚拟人技术,可以用于自动生成配音。

然而,尽管技术发展迅速,但当前的视听翻译技术仍面临着许多挑战。例如,机器翻译和语音识别技术的准确性尚需提高,特别是在处理专业领域(如航空航天)的内容时。同时,尽管人工智能可以生成语言,但其生成的内容可能缺乏人类的情感和创造性,这在艺术和创造性的视听内容翻译中尤为重要。

总的来说,视听翻译技术的发展历程体现了我们如何利用科技提高翻译的效率和质量,同时也揭示了新技术带来的挑战和可能性。展望未来,我们有理由期待视听翻译技术将继续进步,为我们提供更高效、更优质的翻译服务。

二、现有技术的分类和特点

视听翻译技术在不断发展和变化中,根据使用的工具和方法的不同,可以大致分为三类:自动化翻译技术,半自动化翻译技术和手动翻译技术。以下我们将详细探讨这三种技术的分类和特点。

(一)自动化翻译技术

自动化翻译技术,通常被称为机器翻译,是利用计算机程序将源语言文本直接翻译为目标语言。这种技术的优点在于可以快速翻译大量文本,极大地提高了翻译效率。然而,尽管近年来机器翻译的质量有了显著提高,但仍然无法达到人工翻译的水平。这是因为机器翻译系统通常缺乏对上下文和文化背景的理解,可能无法准确翻译含义复杂或特定文化相关的表达。尤其是在航空航天领域,专业术语的准确翻译至关重要,而机器翻译往往无法达到这一要求。

(二)半自动化翻译技术

半自动化翻译技术结合了人工智能和人工翻译的优势。一方面,利用人工智能技术(如自然语言处理和机器学习)自动翻译文本或语音;另一方面,译者对机器翻译结果进行审查和修订,确保翻译的准确性和流畅性。这种技术的优点在于既提高了翻译的速度,又保证了翻译的质量。目前,这种技术被广泛用于专业翻译服务,如字幕翻译和同声传译。

(三）手动翻译技术

手动翻译技术是指完全由人工进行的翻译，通常由专业的译者或译者团队完成。这种技术的优点在于翻译的准确性和质量，因为译者能够理解和处理复杂的语言和文化问题，而机器则无法做到。同时，译者可以根据具体情况灵活调整翻译策略，以适应不同的目标受众和翻译目的。然而，手动翻译的效率低，成本高，且难以处理大规模的翻译任务。

每种翻译技术都有其优点和局限性。在实际应用中，我们需要根据具体的翻译需求和条件，灵活选择和组合这些技术，以达到最佳的翻译效果。未来，随着人工智能和计算机技术的进一步发展，我们期待出现更高效、更准确的视听翻译技术。

三、视听翻译技术的应用领域和场景

视听翻译技术在各个领域都有广泛的应用，无论是在娱乐、教育还是商业领域，都有其独特的应用场景和需求。以下我们将探讨几个主要的应用领域和场景。

（一）电影和电视剧的字幕翻译

电影和电视剧是视听翻译的主要应用领域之一。由于语言和文化的差异，观众需要通过字幕来理解对话和情节。在这个过程中，译者不仅要确保译文的准确性，还需要考虑到时间限制和阅读速度，使字幕既易于阅读，又能与对话和画面同步。此外，译者还需要处理各种语言和文化问题，如方言、俚语、文化引用等，使译文既忠实于原文，又符合目标语言和文化的习惯。当前，许多翻译软件和平台提供自动字幕生成和翻译功能，极大地提高了字幕翻译的效率。

（二）会议和讲座的同传翻译

会议和讲座是另一个重要的视听翻译应用场景。在这些场合，同传翻译（即实时翻译）是最常用的翻译方式。同传翻译的难度较高，因为译者需要在理解讲话内容的同时进行翻译，而且还需要与讲话者的语速和节奏保持同步。因此，同传译者需要具备出色的语言能力和反应速度。随着人工智能和语音识别技术的发展，现在有许多工具都可以提供自动或半自动的同传翻译服务，但由于识别和翻译的准确性仍有待提高，人工同传翻译仍然是主流。

（三）教育和培训视频的翻译

教育和培训视频是视听翻译的又一个重要应用领域。在这些视频中，除了对话和讲解的翻译，还常常需要翻译图表、示意图和其他视觉元素的文字内容。这就需要译者具备一定的专业知识和技能，以准确地翻译这些专业内容。此外，由于教育和培训视频通常需要反复观看和学习，因此对翻译的准确性和清晰性要求更高。目前，许多在线教育平台和企业都提供专业的视频翻译服务,以满足不同语言的学习者的需求。

四、未来的技术发展趋势和预期

随着科技的持续进步和人们对视听翻译领域的不断探索,未来的技术发展趋势及预期也愈发明晰,彰显出巨大潜力。在继续深化现有成果的基础上,我们可望看到更为先进、智能和人性化的视听翻译技术应用。

首要的发展方向无疑是人工智能和机器学习的进一步应用。人工智能(AI)与机器学习的潜力在视听翻译领域已经得到了证明,但仍有大量提升空间。预计在未来,更为精细和强大的自然语言处理(NLP)模型将会问世,能更好地理解和处理复杂的语言和语境,为视听翻译提供更为精确的翻译结果。例如,对比喻、幽默等非文字语言的理解,对于源语言文化和情境的洞察,以及对译文可读性和自然度的优化都可能得到显著提升。

第二个重要的发展趋势是用户体验的优化。未来的视听翻译工具预计将更加注重用户体验,力求让翻译过程更加便捷、直观和高效。为了达到这个目标,人机交互设计、界面布局、操作逻辑等方面可能会得到深入的优化和改革。例如,翻译过程中的实时反馈、多模态交互方式,以及更为人性化的错误纠正和建议功能都有可能得到加强和创新。

第三个发展趋势是伦理和隐私保护的重视。随着大数据和人工智能的深入应用,数据安全和隐私保护成了新的重要议题。未来的视听翻译技术需要在提供优质翻译服务的同时,保护用户的隐私和数据安全。这可能会推动相关的技术和政策进行进一步的完善和更新,比如在数据收集和使用过程中的透明度的提高,以及在知识产权保护方面的法规制定和执行。

展望未来,我们对视听翻译技术抱有高度预期/充满希望。我们期待这些技术能够进一步提升视听翻译的效率和质量,同时兼顾用户体验和数据安全。我们也期待,伴随着技术的进步,视听翻译不仅能够助力语言的传播和交流,也能推动文化的互鉴和共享,构建一个更为开放和包容的世界。

第二节 视听翻译流程

在航空航天视听翻译的世界里,技术精确和文化敏感性的平衡至关重要。译者必须精确地解读和转译技术术语和概念,同时还须理解目标受众的文化背景和语言习惯,以确保译文的质量和易理解性。由于航空航天内容的专业性和复杂性,其视听翻译过程通常涉及多个步骤,每个步骤都需要专门的技能和注意事项。

一、前期准备工作

翻译流程的第一步,也是至关重要的一步,就是前期的准备工作。在这个阶段,译者需要深入了解源视频的上下文,明确翻译的目标受众,并详细分析和研究原始视频材料。以下是前期准备工作的具体步骤和策略。

首先,理解源视频的上下文是至关重要的。在航空航天视听翻译中,这意味着译者需要全面观看和理解视频内容,熟悉视频中的场景,理解角色之间的互动,把握视频的主题和主线,了解视频的风格和语调。源视频中可能包含大量的专业术语和概念,这就需要译者具备或者熟悉相应的航空航天知识。同时,视频中可能包含一些文化参照、历史背景,甚至是幽默元素,这些都是译者需要注意和理解的。对这些元素的理解将帮助译者在翻译过程中保持信息的准确性和连贯性,同时保持视频的观赏性。

接下来,确定目标受众是前期准备的重要组成部分。目标受众的特性和需求将直接影响翻译的策略和方式。如果目标受众是航空航天领域的专业人士,那么在翻译过程中就需要尽可能地保留原文的专业术语和表达方式。如果目标受众是一般的公众,那么译者就需要使用更加通俗易懂的语言,可能还需要对一些专业的术语和概念进行解释和解读。在确定目标受众的过程中,译者需要考虑受众的年龄、教育背景、语言能力等因素,以确保翻译的内容和形式能够满足他们的需求。

分析和研究原始视频材料是前期准备工作的另一个重要环节。在这个阶段,译者需要深入了解视频的内容,研究视频中出现的专业术语和概念,理解和把握视频的结构和逻辑,确定视频中可能出现的翻译难点和挑战。译者还需要考虑如何处理视频中的语言特点和文化元素,如何在保持原始信息的同时,使译文符合目标语言的表达习惯和文化背景。在航空航天视听翻译中,这可能还包括对相关的航空航天知识的研究,以便更好地理解和翻译视频中的专业内容。

在前期准备工作的最后,译者需要制定详细的翻译计划,确定翻译的步骤和时间安排,以及可能需要的翻译工具和资源。这可能包括字幕编辑软件、翻译记忆工具,以及专业词典和参考资料等。

二、初 译

经过前期的准备工作,译者已经对源视频有了深入的理解,也明确了目标受众的需求,现在可以开始初译了。这一步骤涉及选择合适的翻译策略,以及使用哪些工具和资源来帮助翻译。以下是初译的具体步骤和建议。

首先,根据前期准备工作的结果,译者需要选择合适的翻译策略。在航空航天视听翻译中,可能需要采用对译法、转译法、换译法、增译法、减译法等不同的翻译策略,具体选择哪种策略取决于视频内容的特性,以及目标受众的需求。例如,对于包含大量专业术语和概念的内容,可能需要使用直译法或意译法来保证专业性;对于文化参照、习语、口语等元素,可能需要使用改译法或改编法来保证翻译的通俗易懂和文化适应性。在选择翻译策略的过程中,译者需要全面考虑信息的准确性、易理解性、连贯性、观赏性等因素。

其次,译者需要利用各种工具和资源来帮助翻译。对于视频的翻译,首先需要使用字幕编辑软件来添加和编辑字幕。在选择字幕编辑软件时,译者需要考虑软件的功能、操作性、稳定性等因素。在翻译过程中,译者还需要使用词典、参考资料、网络资源等工具来查证专业术语、文化参照等元素。对于一些复杂或模糊的内容,译者可能还需要咨询专家或同行,或者参考其他相关的翻译作品。

在翻译的过程中,译者需要时刻关注字幕的长度和阅读时间。一般来说,一个字幕的显示时间应该足够让观众阅读两遍。字幕的长度也应该在一定的范围内,以保证观众可以在短时间内阅读完。这可能需要译者在保证信息准确性的同时,进行必要的缩减或重构。

初译的过程可能需要反复修订。译者在初次翻译后,需要反复查看和修改译文,以保证翻译的准确性和连贯性,以及符合目标语言的表达习惯。在这个过程中,译者需要保持对源视频的理解和对目标受众需求的关注,以指导翻译的修订。

在初译的过程中,译者也需要做好时间管理,合理安排翻译的进度。翻译是一项需要专注和耐心的工作,译者需要根据自己的能力和翻译的难度,制定合理的翻译计划和时间安排。

总的来说,初译是翻译流程中的重要一步,是将源视频内容转化为目标语言表达的过程。在这个过程中,译者需要结合前期准备工作的结果,选择合适的翻译策略,利用各种工具和资源,创作出既符合目标受众需求、又保证信息准确性和观赏性的译文。

三、翻译修订和优化

完成初译后,译者需要进入翻译修订和优化的阶段。这个阶段的主要任务是对初译文进行细致的检查和改进,包括语言的校对和审校,以及处理复杂或模糊语境的策略。以下是这一阶段的具体步骤和建议。

首先,译者需要对初译文进行语言的校对。这包括检查语法、拼写、标点等基本语言规则,以及确认译文的表达是否准确、流畅和符合目标语言的表达习惯。在这个过程中,译者可能需要利用词典、语法书、风格指南等工具进行查阅和参考。译者还可以通过阅读译文或大声朗读译文来检查和改进译文的语言表达。

其次,译者需要进行审校,也就是检查译文是否准确、完整地传达了源视频的内容和意图,以及是否符合目标受众的需求和预期。在这个过程中,译者需要对比源视频和译文,确认所有的信息都已经被翻译并且没有被误解或被误导。译者还需要检查译文的连贯性和一致性,确认译文的各部分都能够流畅地连贯起来,并且同一概念或术语在译文中的翻译是一致的。在审校的过程中,译者也需要关注译文的格式,如字幕的时间对齐、行数和行宽等。

在修订和优化的过程中，译者可能会遇到复杂或模糊的语境，这时需要采取特殊的策略来处理。例如，对于源视频中的模糊或不确定的内容，译者需要根据上下文和常识来推测其最可能的含义，并在译文中以清晰的方式表达出来；对于源视频中的文化参照或习语，译者需要寻找目标语言中的相应表达，或者使用注释、解释等方式来帮助目标受众理解。处理这些复杂或模糊语境的策略需要译者具有高超的语言技能和深厚的文化知识。

翻译修订和优化的过程可能需要反复进行，直到译者对译文满意为止。在这个过程中，译者需要保持对源视频的理解和对目标受众需求的关注，以指导译文的修订和优化。

四、时间码对齐

在视听翻译中，一个重要的步骤是将翻译内容与视频进行精确对齐，这就是时间码对齐。这个过程涉及一些具体的软件工具和技术，以及需要注意的问题。以下是这一阶段的具体步骤和建议。

首先，要了解什么是时间码。时间码是用来确定视频中某一特定时间点的编码，通常表现为"小时:分钟:秒钟:帧"的形式。在视听翻译中，每一条字幕都需要有一个开始和结束的时间码，以确定它在视频中出现和消失的时间点。

对齐字幕与音频的关键是要理解并尊重语言的自然节奏。一般来说，观众需要足够的时间来阅读并理解字幕。因此，译者在设置字幕的时间码时，需要考虑到阅读速度，避免字幕出现或消失的过快，以免影响观众的观影体验。

对于如何进行时间码对齐，译者需要借助专门的字幕编辑软件，如 Aegisub、人人译视界等。这些软件具有强大的功能，可以帮助译者准确地设置字幕的时间码。在使用这些软件时，译者需要按照音频的起止时间，设置字幕的开始和结束的时间码，并确保字幕的内容与音频的内容一致。

在进行时间码对齐时，译者需要注意一些问题。例如，避免字幕的切换速度过快，这可能会使观众难以跟上阅读；避免字幕的内容跨越场景的切换，这可能会使观众感到困扰；避免字幕出现在没有对应音频的时间段，这可能会使观众感到迷惑。

其次，时间码对齐也涉及字幕的可读性。一般来说，字幕的长度应保持在一定的范围内，以便于观众的阅读。字幕的行数也应该限制在一到两行，以避免屏幕上出现过多的文字。字幕的位置通常设置在屏幕的底部中央，但如果有需要，也可以根据视频的内容和视觉效果进行调整。

五、后期制作

在视频翻译的整个流程中，后期制作是一个至关重要的环节。这个阶段的工作主要包括创建字幕和录制配音，确保翻译准确无误地传达给观众。下面就这两个主要环节进行详细介绍,并讨论可能遇到的问题及解决方法。

(一) 创建字幕

在创建字幕的过程中,我们首先需要导入我们已经完成的翻译文本。在这个阶段,我们需要注意的是,不同的播放设备可能需要不同的字幕文件格式,如 SRT、ASS 等。所以,我们需要了解我们的视频将在哪些设备上播放,从而选择合适的文件格式。

当我们导入翻译文本后,接下来就是调整字幕的时间轴,使其准确匹配视频中的对话或者旁白。这个步骤在前面的"时间码对齐"中已经详细讨论过。

在调整完时间戳后,我们需要再次检查我们的翻译,确保没有错别字,语义没有偏差,并且阅读流畅。此外,还需要确保每条字幕的长度适中,不会超过屏幕的宽度。

(二) 录制配音

如果我们的任务包括配音,那么在制作字幕的同时,我们也需要进行配音的录制。在录制配音的过程中,我们需要注意以下几点。

首先,我们需要选择合适的配音员。配音员的声音需要符合视频的风格和内容,比如,一个科幻电影可能需要一个深沉而充满神秘感的声音,而一个儿童动画片可能需要一个活泼而富有亲和力的声音。

其次,我们需要确保录音的质量。这就需要我们使用高质量的录音设备,在安静的环境下进行录音,并对录音进行适当的后期处理,比如消除噪声、调整音量等。

最后,我们需要将配音与视频准确对齐。这就需要我们在录制配音的时候,仔细听取视频中的对话或者旁白,根据他们的语速和停顿来调整我们的配音。

六、质量检查和最后的修改

经过一系列复杂的步骤,从前期准备到后期制作,我们的视频翻译项目似乎已经接近尾声。然而,任何优质的翻译工作都离不开仔细的质量检查和最后修改。这个阶段是检验翻译质量、保证项目成功的关键,而且也可以提供重要的反馈,有助于我们在未来的工作中改进和学习。接下来,我们将详细讨论这个阶段的标准、流程,以及如何进行最后的修改和校对。

(一) 质量检查标准

质量检查的主要目标是确认翻译的内容和表达都准确、清晰,并且符合目标语言的文化习惯和表达方式。在此过程中,我们需要检查以下几个方面:

① 翻译的准确性:翻译内容是否忠实于源文的意思,没有遗漏、误解或者增添。
② 语言的流畅性:翻译文本是否读起来自然、流畅,没有生硬、拗口的地方。
③ 文化适应性:翻译内容是否符合目标语言的文化习惯,没有引起文化冲突或

者误解的地方。

④ 字幕和配音的同步性：字幕和配音是否与视频中的对话或者旁白准确同步，没有延迟或者提前的地方。

(二) 质量检查流程

质量检查通常需要由第三方进行，也就是说，这个阶段的工作最好由一个没有直接参与翻译过程的人完成。这样可以更容易发现问题，因为他们对项目没有预设的理解或者偏见。

质量检查流程通常包括以下几个步骤：

① 全面阅读翻译文本，检查语法、拼写和标点符号等基本问题。

② 与视频一起检查字幕或者配音，确认其与源文的同步性，以及视听之间的一致性。

③ 针对上述提到的质量标准进行检查，找出需要改进或者修改的地方。

④ 记录所有发现的问题，以便后续的修改和校对。

(三) 最后的修改和校对

在质量检查过程中发现的问题，需要在这个阶段进行修改和校对。这是一个反复的过程，可能需要多次修改和校对才能确保所有的问题都得到解决。在这个过程中，我们不仅需要修正错误，还需要优化表达，提高翻译的质量。

第三节 自动化翻译工具

随着科技的不断进步，自动化翻译工具在航空航天视听翻译中扮演着重要角色。这些工具利用计算机技术和人工智能，能够快速准确地将一种语言转换为另一种语言，提高翻译的效率和质量。本节将介绍自动化翻译工具的概述、常见工具以及未来发展趋势，展望其在航空航天领域的前景。

一、自动化翻译工具的概述

随着科技的不断进步，自动化翻译工具已经变得越来越先进，它们在很多领域，包括航空航天领域，都发挥着至关重要的作用。自动化翻译工具，简单来说，就是利用计算机技术和人工智能进行语言翻译的工具。它们可以帮助我们将一种语言快速准确地转换为另一种语言，提高翻译的效率和质量。

自动化翻译工具的核心通常是一个被称为"机器翻译引擎"的系统，它使用各种算法和大量的语言数据进行训练，以实现自动化的翻译。这些机器翻译引擎可以大致分为基于规则的系统、基于统计的系统和基于神经网络的系统。基于规则的系统依赖于语言学家制定的详细语法规则和词典;基于统计的系统则通过分析大量的人工翻译文本来学习如何翻译;而基于神经网络的系统,如神经机器翻译(NMT),则使用深度学习技术来进行翻译。

自动化翻译工具在航空航天领域有广泛的应用。例如,它们可以用于翻译技术手册、操作指南、设计文档等重要文档;也可以用于翻译国际会议的发言,帮助来自不同语言背景的专业人士进行交流。此外,自动化翻译工具还可以用于翻译航空航天相关的教育和培训材料,帮助全球的学习者获取知识。

二、常见的自动化翻译工具

自动化翻译工具在全球语言服务中起着关键作用,无论是在线翻译平台还是内部翻译服务,都离不开这些工具的支持。以下我们将讨论一些常用的自动化翻译工具。

首先是 Google 翻译,作为全球最大的公共翻译工具,它支持超过 100 种语言之间的翻译。基于神经网络机器翻译(NMT)技术,Google 翻译引擎能处理大量的文本数据,且翻译速度快、准确性高。在航空航天领域,Google 翻译可以快速提供技术文件、研究报告、新闻报道等内容的初步翻译。对于使用者来说,Google 翻译提供了简洁明了的用户界面。你只需要输入或粘贴你想要翻译的文本,选择源语言和目标语言,然后点击"翻译"按钮,即可得到翻译结果。值得注意的是,Google 翻译还提供了"检测语言"选项,可以自动识别源语言。此外,Google 翻译也支持语音和图片输入,对于视听翻译来说,这是一个很有用的功能。

其次,是 DeepL,这是德国开发的一款自动翻译工具,以其翻译的准确性和自然性闻名。DeepL 使用的是深度学习算法,特别适合处理含有复杂语境和专业术语的文本。在航空航天领域,DeepL 可以提供高质量的技术文件和报告翻译。DeepL 的使用方法和 Google 翻译类似。不过,DeepL 提供了更多的语言设置和配置选项,可以帮助用户优化翻译结果。例如,你可以选择不同的语言风格和语域,以适应不同的翻译需求。

最后,是由 OpenAI 开发的 ChatGPT。这是一款基于大规模预训练的生成模型,能够理解和生成自然语言文本。在航空航天领域,ChatGPT 可以作为一种辅助工具,帮助翻译人员理解和表达复杂的航空航天术语和概念。使用 ChatGPT 进行翻译时,你可以像和一个真人对话一样输入你的请求。例如,你可以输入"请把这段英文翻译成中文",然后粘贴你想要翻译的英文文本。ChatGPT 会理解你的请求,并提供翻译结果。此外,由于 ChatGPT 的对话能力,你还可以进一步询问和讨论翻译的内容和问题。

百度翻译是中国最大的在线翻译平台,拥有大规模的中英文科技文本语料库,以及先进的神经网络机器翻译技术。在航空航天领域,百度翻译可以有效处理中英文的技术文件翻译。百度翻译的使用方法与 Google 翻译和微软必应翻译类似,同时也提供了语音和图片输入的功能。

以上这些自动化翻译工具各有优点,都可以在不同程度上支持航空航天领域的专业翻译工作。然而,需要注意的是,尽管这些自动翻译工具在语言翻译上已经取得了显著的进步,但由于航空航天领域的专业性和复杂性,依然需要人工翻译的参与和校对,以确保翻译的准确性和专业性。因此,这些自动化翻译工具应被视为人工翻译的辅助工具,而非替代品。

三、自动化翻译工具的优点和缺点

伴随着人工智能和计算机科学的飞速发展,自动化翻译工具为我们的日常生活和专业工作带来了巨大便利,但同时,它们也存在着一些不足。这一节将探讨使用自动化翻译工具在航空航天视听翻译中的优缺点,并给出相应的解决方法。

(一)优　点

① 快速和高效:自动化翻译工具能够迅速地处理大量的文本,并在几秒钟内提供翻译结果。例如,Google 翻译和 DeepL 等工具都能提供几乎实时的翻译,大大提高了翻译的效率。

② 广泛的语言支持:大多数自动化翻译工具支持多种语言之间的翻译,使其成为处理多语种翻译的理想工具。例如,Google 翻译支持超过 100 种语言的翻译。

③ 持续的学习和进步:许多自动化翻译工具,如 ChatGPT、Google 翻译和 DeepL 等,都基于神经网络和深度学习技术,能够持续学习和改进其翻译能力。

④ 易于使用:自动化翻译工具通常提供了简单易用的界面,使得即使是没有技术背景的用户也能快速上手。

(二)缺　点

① 翻译质量的不稳定:尽管自动化翻译工具在提供初步翻译和处理大量文本方面具有优势,但它们的翻译质量往往得不到保证。特别是在处理专业术语、复杂语境和长句时,它们可能会出现误译或无法翻译的问题。

② 对上下文和文化背景的理解不足:自动化翻译工具往往在理解上下文和文化背景方面表现不佳,尤其是在处理具有丰富文化内涵和复杂语境的文本时,如诗歌、广告和口语等。

③ 处理专业和特定领域的文本时存在困难:在处理航空航天等专业领域的文本时,自动化翻译工具可能会遇到困难,因为这些领域的文本通常包含大量的专业术语和复杂概念。

(三)解决方法

① 结合人工翻译和自动化翻译:在使用自动化翻译工具时,一定要结合人工翻

译,以保证翻译的准确性和专业性。人工翻译能够理解上下文,适应各种语境,处理复杂的语法和句型,解决机器翻译无法处理的问题。

② 利用专业词典和术语库:为提高专业文本的翻译质量,可以结合使用专业词典和术语库。这些资源可以帮助翻译工具更准确地理解和翻译专业术语。

③ 持续学习和调整:作为使用者,应持续关注自动化翻译工具的更新和进步,学习使用新的功能,调整使用策略,以最大限度地利用这些工具的优点。

四、自动化翻译工具的未来发展

作为航空航天领域重要的技术之一,自动化翻译工具有着巨大的潜力和广阔的未来。它不仅可能为我们的工作提供更大的便利,还可能引领新的科技潮流。下面,我们将对自动化翻译工具在航空航天视听翻译领域的未来发展进行展望,包括可能出现的新技术和新趋势。

(一) 语义理解的提升

自动化翻译工具的核心挑战之一是理解和处理语义。目前的工具虽然已经能够进行基本的语义分析,但在处理复杂语境、专业术语以及理解上下文方面仍然存在较大的困难。随着自然语言处理技术的进步,我们期待未来的自动化翻译工具能够更深入地理解语义,更准确地处理复杂的语境和术语。

(二) 个性化翻译

随着大数据和人工智能的发展,个性化翻译可能成为未来的一个重要趋势。自动化翻译工具可以通过学习用户的翻译历史和偏好,提供更贴近用户需求的翻译。例如,如果一个用户经常翻译航空航天相关的文本,工具可能会学习到相关的专业术语和表达方式,从而提供更准确的翻译。

(三) 实时多媒体翻译

随着5G和6G通信技术的发展,实时多媒体翻译可能会成为现实。未来的自动化翻译工具可能不仅可以翻译文字,还可以翻译音频和视频。例如,用户可以在观看外语电影或听取国际会议时,实时获得翻译的字幕或语音。这将大大提高航空航天领域的国际交流效率。

(四) 更强大的机器翻译引擎

随着计算机科学和人工智能的发展,我们期待更强大的机器翻译引擎的出现。例如,OpenAI 的 GPT 系列已经在自然语言处理领域取得了显著的成就。以 GPT-4 为基础的 ChatGPT 已经在很多情况下表现出超越传统机器翻译模型的能力。未来,我们期待看到更高级的版本,能够更准确地理解和翻译航空航天领域的专业文本。

(五) 人工智能和人类的协作

尽管自动化翻译工具的能力在不断提高,但人工翻译在可见的未来仍然不可或缺。人工翻译能够理解复杂的语境,适应各种语言和文化背景,处理复杂的语法和句型。未来,我们期待看到更高级的人工智能和人类的协作模式,使得自动化翻译和人工翻译能够更好地结合,共同提高翻译的效率和质量。

第四节 人工翻译辅助工具

一、人工翻译辅助工具的概述

在全球化的今天,翻译在跨文化交流和全球信息流动中起着至关重要的作用。尽管机器翻译的技术在近些年已取得巨大的进步,但在诸多情况下,人工翻译仍是更优选择。特别是在航空航天领域,大量的专业术语和严谨的技术规范需要译者具有专业知识和高度的语言技能。在这种背景下,人工翻译辅助工具应运而生,成为译者工作中的得力助手。

人工翻译辅助工具,通常被称为计算机辅助翻译(CAT)工具,是指利用计算机软件来帮助译者提高翻译效率和质量的工具。这些工具通常提供了一系列功能,如词汇数据库管理、翻译记忆、术语管理,以及文本对比等,使得译者可以更快更准确地完成翻译任务。

在航空航天领域,人工翻译辅助工具的应用是广泛的。例如,它们可以帮助译者存储和查找航空航天专业术语,确保术语的一致性。对于长篇的技术文档,人工翻译辅助工具可以利用翻译记忆技术,帮助译者回忆和复用以前的翻译,从而大大提高翻译的效率。

在今天的航空航天领域,许多重要的技术文件、操作手册、合同、研究报告等都需要进行多语种翻译,以满足全球化运营的需求。在这种情况下,人工翻译辅助工具发挥了关键作用,它们既保证了翻译的质量,也提高了翻译的效率。

值得注意的是,尽管人工翻译辅助工具带来了许多好处,但它并不意味着可以完全替代译者。人的理解和判断仍是翻译过程中不可或缺的。人工翻译辅助工具只是工具,它的目标是提升翻译效率,提高翻译质量,而不是替代人工翻译。

二、计算机辅助翻译工具

在视听翻译中,CAT 工具发挥着重要的作用。它们有助于提高翻译效率,保证翻译质量,以及实现跨平台的协作。以下是一些在翻译中常用的CAT工具。

① Trados Studio：Trados是世界上使用最广泛的CAT工具之一,它提供了一整套的翻译解决方案。Trados的强大之处在于其记忆库(Translation Memory,TM)功能。记忆库可以存储之前翻译过的句子或段落,当遇到相似的内容时,可以直接调用,大大提高了翻译的效率。同时,Trados的术语库功能也能保证专业术语的一致性,这对于航空航天领域的翻译尤为重要。

② MemoQ：MemoQ也是一款非常流行的CAT工具。它提供了许多高级功能,如实时预览、质量保证、在线协作等。在航空航天视听翻译中,MemoQ的实时预览功能可以让译者立即看到翻译结果在最终输出中的效果,这对于时间码和格式问题的处理尤其有用。同时,MemoQ的在线协作功能也可以支持多人同时进行翻译和审校,大大提高了翻译的效率。

③ YiCAT：YiCAT是一款基于云的CAT工具,由上海一者信息科技有限公司研发。YiCAT支持在线协作,可实现实时同步,使得多人同时进行翻译和审校成为可能。它的记忆库和术语库功能,可以帮助译者提高翻译的效率,保证翻译的质量。此外,YiCAT还具有译者云端协作和管理的特色功能,使得整个译制流程更加顺畅。

三、在线协作工具

随着互联网技术的发展,在线协作工具在航空航天视听翻译中发挥了越来越重要的作用。这些工具提供了实时的文档共享、编辑和版本管理功能,使得团队成员可以在不同的地点、不同的时间进行协作工作。以下是一些常用的在线协作工具：

① Google Docs：Google Docs是一款流行的在线文档处理工具。译者可以在其中创建、编辑、分享文档,并实时查看和跟踪其他成员的修改。此外,Google Docs还提供了强大的版本控制功能,可以轻松地回滚到任何之前的版本,保证了翻译的安全性。

② Office 365：Office 365是微软推出的一套在线办公套件,包括了Word、Excel、PowerPoint等应用。它提供了与Google Docs类似的在线协作功能,同时还可以与本地的Office软件无缝集成,方便了译者的工作。

③ 腾讯文档：腾讯文档是腾讯公司推出的一款在线文档处理工具,与Google Docs和Office 365类似,它也提供了实时协作和版本控制功能。其与微信、QQ等腾讯服务的紧密集成使得译者可以更便捷地进行协作。

④ 金山文档：金山文档是金山软件推出的一款在线文档处理工具。它支持文档的创建、编辑、分享和协作,并提供了丰富的模板和插件,可以满足译者的多种需求。

这些在线协作工具大大提高了翻译的效率。它们不仅使得译者可以远程协作,而且通过版本控制和任务分配功能,保证了翻译质量和进度。然而,使用这些工具时也需要注意网络安全和隐私保护,确保翻译内容的安全。

四、术语管理工具

在处理具有高度专业性和技术性的航空航天视听翻译内容时,术语管理工具是译者的重要辅助工具。它们能够帮助译者管理和查询专业术语,提高翻译的准确性和一致性。以下是一些常用的术语管理工具。

① MultiTerm:MultiTerm 是 Trados Studio 的重要组成部分,可以帮助译者创建、编辑和管理术语库,使得专业术语的翻译在不同的翻译项目之间保持一致。它支持多种格式的术语库导入和导出,包括 Excel、CSV 和 XML 等。此外,MultiTerm 还提供了强大的查询功能,译者可以通过关键词、词根或词缀等多种方式查找术语。

② 语帆术语宝:语帆术语宝是一款由国内开发的术语管理工具,它专注于提供高质量的中文术语服务。语帆术语宝包括了多个领域的专业术语库,其中就包括航空航天领域。译者可以通过在线搜索、浏览或下载的方式获取需要的术语。除此之外,语帆术语宝还支持用户自行添加和编辑术语,使得术语库能够持续更新和扩展。

③ TermBase:TermBase 是一款集成在 MemoQ 中的术语管理工具。它支持多语种的术语管理,可以帮助译者处理复杂的多语种翻译项目。TermBase 的优势在于其与 MemoQ 的深度整合,译者在使用 MemoQ 进行翻译时,可以实时查看和使用 TermBase 中的术语。这无疑为译者提供了极大的便利。

航空航天视听翻译中,专业术语的准确翻译对于信息传递的准确性至关重要。术语管理工具为译者提供了强大的支持,使得译者可以更加专注于翻译的本质工作。然而,同样需要注意的是,尽管术语管理工具可以提供大量的参考,但译者仍然需要根据具体的上下文和目标语言的习惯来进行术语的选择和翻译。

五、质量控制工具

翻译质量是每一位译者都必须关注的问题,更何况是在高度专业化、技术化的航空航天视听翻译中。为了保证翻译质量、提高翻译一致性,一些质量控制工具成为译者的得力助手。以下是一些常用的质量控制工具。

① QA Distiller:QA Distiller 是一款由 Yamagata Europe 公司开发的质量检查工具。它可以帮助译者发现和修复许多常见的翻译错误,如遗漏、拼写错误、一致性问题等。QA Distiller 支持多种文件格式,并且可以与主流的 CAT 工具(如 Trados 和 MemoQ)进行整合。通过使用 QA Distiller,译者可以在翻译过程中持续进行质量检查,从而提高翻译的质量。

② ErrorSpy:ErrorSpy 是一款由 D. O. G. GmbH 开发的质量检查和管理工具。它可以自动检查翻译中的各种问题,如遗漏、格式问题、拼写错误等。同时,ErrorSpy 还可以生成详细的错误报告,帮助译者了解和改进自己的翻译质量。此外,ErrorSpy 还提供了一个项目管理功能,使得译者可以更好地管理自己的翻译项目。

在航空航天视听翻译中，质量控制工具提供了对翻译质量的重要保障。它们可以帮助译者发现并修复翻译中的问题，提高翻译的准确性和一致性。然而，值得注意的是，虽然这些工具可以提供很大的帮助，但译者仍然需要依靠自己的专业知识和判断来进行最终的质量把控。因此，对航空航天领域的深入理解，以及严谨、细致的工作态度，仍然是高质量翻译的关键。

第五节 字幕编辑工具

一、字幕编辑工具概述

字幕编辑工具，简单来说，是用于创建、编辑、同步视频与字幕的软件工具。它们在视听翻译中的应用相当广泛，因为无论是翻译电影、电视剧、纪录片、新闻报道，还是在线课程、讲座等，字幕都是连接原视频内容与目标语言翻译的重要桥梁。

字幕编辑工具的核心功能包括文本编辑、时间轴同步和字幕格式转换。首先，文本编辑功能使译者可以在工具中直接输入翻译文本，工具会自动将文本分割成适合显示的字幕块。其次，时间轴同步功能使译者可以精确地控制每个字幕块的显示和隐藏时间，以使其与视频画面的对话或解说内容保持同步。最后，字幕格式转换功能使译者可以根据需要，将字幕文件导出为各种常见的字幕格式，如 SRT、ASS、SSA、SUB 等，以便在不同的播放平台上使用。

在航空航天视听翻译中，字幕编辑工具的作用尤为重要。航空航天领域涉及的专业知识复杂、专业术语众多，而且常常需要通过视频这种视听材料来进行科普和教学。在这种情况下，译者不仅需要对航空航天知识有深入的理解，还需要能够熟练使用字幕编辑工具，以确保翻译内容的准确性和易读性。

然而，每种字幕编辑工具都有其独特的特性和适用场景。例如，有些工具可能擅长处理大量的字幕数据，适合用于长篇电影或系列电视剧的翻译；而有些工具则可能更注重易用性和灵活性，适合用于短视频或单个课程的翻译。因此，译者需要根据实际的翻译任务和个人的使用习惯，选择最适合自己的字幕编辑工具。

二、常见的字幕编辑工具

目前国内常用的字幕编辑工具包括人人译视界、Aegisub、ArcTime、Subtitle Edit、DD 烤肉机和 Jubler 等。下面我们简单介绍一下它们的主要功能、优点和适用场景，以帮助译者更好地理解和选择字幕编辑工具。

① 人人译视界：人人译视界是一款功能强大的国产专业字幕编辑软件。它提供了丰富的快捷键和高度可自定义的用户界面，让用户能够根据个人喜好进行操作。该软件具备强大的批处理能力，无论是从视频中提取音频还是进行精确的时间轴对齐，都能提供出色的用户体验。此外，人人译视界还提供翻译记忆库和术语库功能，

对于处理航空航天领域的专业术语非常有帮助。同时,人人译视界还集成了视频后期工具,使用户能够在一个软件中完成字幕制作、翻译/校对、视频合并/切割以及视频压制等任务,提高了工作效率。

② Aegisub:Aegisub 是一款免费、开源的字幕编辑软件,广受全球译者的青睐。其优点在于功能强大,可以进行高级的字幕编辑操作,如字幕样式修改、字幕效果添加等。同时,Aegisub 的时间轴编辑界面直观易用,能快速进行字幕的时间同步。然而,对于初学者来说,Aegisub 的学习曲线可能相对较陡。

③ ArcTime:ArcTime 是一款简单易用的字幕编辑软件,适合初学者和轻度用户。它的界面设计简洁明了,核心功能一目了然。对于简单的字幕创建和编辑任务,ArcTime 完全足够。然而,对于需要进行高级编辑操作的用户,ArcTime 可能会显得功能不足。

④ Subtitle Edit:Subtitle Edit 是一款功能全面、操作简便的字幕编辑工具。它提供了许多实用的功能,如音波形显示、拼写检查、谷歌翻译接口等。此外,Subtitle Edit 还提供了一种半自动同步功能,能在设定的范围内自动调整字幕的显示时间,极大地提高了工作效率。

⑤ DD 烤肉机:DD 烤肉机是一款专为烧录硬字幕设计的软件,适用于需要将字幕烧录到视频中的任务。其烧录效果优良,对于颜色、位置、透明度等参数的调整十分灵活。

⑥ Jubler:Jubler 是一款免费、开源的字幕编辑软件,其界面设计简洁明了,操作直观。它支持多种字幕格式,同时提供了拼写检查、字幕合并、字幕拆分等功能。不过,Jubler 的时间同步功能相较于其他软件来说略显简单,可能不太适合需要进行精细时间轴编辑的任务。

上述的字幕编辑工具各有特色,适用于不同的使用场景和用户需求。在选择字幕编辑工具时,译者需要根据自己的翻译任务和个人习惯,综合考虑工具的功能、易用性、稳定性、价格等因素。不论选择哪款工具,熟练掌握并充分利用工具的功能,都是提高翻译效率和质量的关键。

三、字幕编辑工具的使用方法

下面我们以人人译视界为例介绍如何为视频创建双语字幕。

① 下载客户端:打开 1sj.tv 网站,下载客户端,有 Windows 和 Mac 两个版本。

② 登录充值:打开人人译视界,首先登录,进入充值中心进行充值。该软件的一些功能需要付费才能使用,包括智能听译、机器翻译、智能识别画面字幕、智能配音等。

③ 智能听译字幕:智能听译指利用人工智能技术对音/视频文件进行语音识别,一键产出字幕文件(srt 格式文件,包含时间轴和相应的转写文本)的服务。支持识别的语种有 30 多种。点击客户端"智能听译"菜单,然后点击"打开本地文件",选择需要添加字幕的视频文件,填写"任务名称"等,最后点击"开始生成字幕",如图 3-1 所示。

图 3-1　人人译视界"智能听译"界面

听译完成后，点击"编辑"，进入编辑界面，如图 3-2 所示。听译结果并非 100% 准确，需要进行人工修订。点选右侧包含错误的字幕内容，然后在界面左下角编辑框中进入修订，修订完毕，点击工具栏上的"保存工程"。

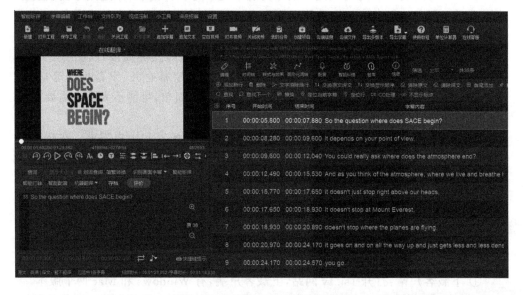

图 3-2　人人译视界字幕编辑界面

点击界面左侧中间的播放图标，观看视频中语音与字幕的匹配情况。假如要在视频最开始的地方添加信息（比如译员姓名），可以点击界面右侧中间的"编辑→添加新行"，然后在界面左下角的字幕编辑框中修订字幕与时间码。

点击界面左侧中间的"机器翻译→一键翻译"，选择原文语言与译文语言，然后点击"确定"。接下来查看界面右侧的机器翻译译文，点击其中的误译，在界面左下角的字幕编辑框中修改译文，如图 3-3 所示。

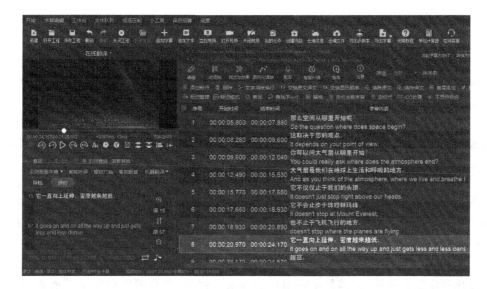

图 3-3　人人译视界字幕翻译修改界面

由于字幕在标点符号的使用上，除了使用省略号表达未完全话语或反复重复之外，其余标点符号都不用，在字幕编辑界面，点击"不显示标点"，除去原文与译文中的标点，然后点击工具栏上的"保存工程"。

最后，点击工具栏上的"导出字幕"（比如 srt 格式）或者点击界面右上角的"一键压制"，将双语字幕文件或自带双语字幕的视频文件（如图 3-4 所示）导出。

图 3-4　视频中的双语字幕

四、字幕编辑工具的未来发展趋势

在数字化和全球化的大背景下,字幕编辑工具的发展趋势愈加显现。本小节将会探讨未来字幕编辑工具可能的发展方向,以及对于航空航天视听翻译行业可能产生的影响。

① 云计算和协同工作:随着云计算的普及,越来越多的字幕编辑工具可能会采用云端方式,实现数据存储和多人协作。这对于团队协同翻译、及时修改和更新字幕等方面会带来极大的便利。同时,云计算也极大地降低了数据丢失的风险。

② 人工智能和自动化:随着人工智能技术的不断进步,未来的字幕编辑工具可能会有更多的自动化功能,如自动识别和翻译语音、自动同步字幕等。这将大大提高翻译效率和质量。对于航空航天行业来说,由于涉及的术语和表述较为专业,可能需要配合专业领域的 AI 模型,以提升翻译准确性。

③ 个性化和定制化:随着技术的发展,未来的字幕编辑工具可能会提供更多的个性化和定制化选项,以满足不同用户的需求。例如,用户可以自定义界面布局、快捷键等,以提高工作效率。对于航空航天行业来说,这意味着可以根据具体需求,进行工具的定制化,如术语库的自定义导入等。

④ 交互性和用户体验:随着用户对于软件使用体验要求的提升,未来的字幕编辑工具也可能更注重用户体验和交互设计。简洁直观的操作界面,丰富的功能菜单,易于理解的操作提示等,都将成为软件发展的重点。

⑤ 数据分析和质量控制:随着大数据和数据分析技术的应用,未来的字幕编辑工具可能会提供更丰富的数据分析功能,如翻译速度、错误率、一致性检查等,从而有助于提升翻译质量和效率。

总的来说,未来的字幕编辑工具可能会更加强大、智能和易用。对于航空航天视听翻译行业来说,这意味着更高的翻译效率和质量,以及更好的协同工作体验。然而,这也带来了新的挑战,例如如何有效地利用这些工具,如何提升个人和团队的技能以适应这些新的工具等。因此,持续学习和适应是未来航空航天视听翻译工作者必须具备的能力。

单元小结

本单元全面介绍了航空航天视听翻译的技术和工具,内容涵盖翻译技术的发展历程、翻译方法分类、翻译流程、自动翻译工具、人工翻译辅助工具以及字幕编辑工具等多个方面。

首先,我们回顾了视听翻译技术的发展历程,从早期的人工翻译到如今人工智能时代翻译技术的飞速进步,以及面临的新挑战。

其次,我们根据翻译自动化程度的不同,将翻译技术分为自动翻译、半自动翻译和手动翻译三类,分析了各自的特点和应用场景。

最后,我们具体描述了视听翻译的流程,涵盖前期准备、初译、翻译优化、时间码对齐等关键步骤。在此基础上,我们重点探讨了自动翻译工具、人工翻译辅助工具和字幕编辑工具的应用,分析了它们的功能、优劣势以及未来发展方向。

在本单元的学习中,我们不仅汲取了视听翻译技术发展的历史经验,也对其未来走向做了展望。这些知识将指导我们如何正确有效地运用各种翻译技术和工具,为航空航天视听翻译的专业化发展提供理论和实践支持。

练 习

一、基础练习

1. 填空题

1)_____是一种利用计算机软件来帮助译者的翻译工具。它可以存储译者曾翻译过的句子和词汇,在处理重复内容时提高翻译效率。

2)_____是一种语音转文本的技术,可以自动将音频内容转录成文本,用于生成字幕。

3)_____是一种基于深度学习的机器翻译技术,通过神经网络进行翻译,翻译效果优于传统统计机器翻译。

2. 简答题

1)请归纳视听翻译的主要流程,并重点说明时间码对齐的要点。

2)请列举两个除人人译视界之外的常用字幕编辑工具,并描述它们的主要功能。

3)请描述如何在航空航天视听翻译项目中有效地组合使用自动翻译和人工翻译。

二、拓展练习

操作题

1)下载一段 3 分钟左右的 NASA 航空航天类英文视频,使用人人译视界为其添加汉英双语字幕。

2)下载一段 3 分钟左右的关于长征火箭的中文视频,使用人人译视界之外的一款字幕编辑软件(比如 ArcTime)为其添加英汉双语字幕。

3)使用讯飞等软件对一段英文或中文航空航天类视频进行语音识别,然后使用 Google 翻译或 DeepL 等机器翻译软件进行翻译,最后使用腾讯文档或金山文档等在线协作工具,与其他同学合作,对机器翻译译文进行译后编辑。

第四单元　航空航天影视字幕翻译与配音翻译

本单元将讨论航空航天字幕和配音翻译。字幕翻译和配音翻译是视听文本的两种主流翻译模式,其中字幕主要涉及视听翻译中的"视",而配音则偏重"听"。随着全球化、互联网和数字技术的飞速发展,人们进入新媒体时代。新媒体不但将文字、音频、画面有机整合,丰富了人们对视听文本的消费体验,更改变了观众的被动角色,使其成为视听产品的生产者和"UP 主"。对不少大学生来说,YouTube、Bilibili 等视频网站就是他们主要传播与消费视听文本的平台。此外,近年来选择字幕的中国观众越来越多,而且互联网上及时更新的国内外视频也大多都是原声配字幕。在这种背景下,学习字幕翻译和配音翻译就显得极为必要。

本单元重点讨论字幕的定义、分类、字幕翻译的流程、翻译单位和规范,并结合航空航天影视译例讨论字幕翻译的原则。此外,本单元还将介绍配音翻译的定义、分类、流程,对比配音和字幕这两种译制方式的优劣,并结合航空航天故事片、纪录片和动画片的语料对配音语言的特征和翻译的方法及原则进行描述和讨论。

第一节　字幕翻译概述

如今,在中国绝大多数一、二线城市的影院中,原声字幕片的场次已经远远多于中文配音片,而且近年来还出现了译制神速的网络字幕组。本节将从定义、历史发展、分类、形态、格式等方面对字幕及其翻译进行阐述。

一、字幕的定义与历史发展

字幕(subtitle)是叠加在视觉镜头上的书面文本片段[①]。其目的是帮助观众理解作品中的视觉(如画面出现的文字、路牌、短信、告示等话语元素)和听觉(如对白、旁白、画外音、歌词、背景音乐说明、电话铃声、音轨中的其他声音)信息。通常情况下,字幕都是单语的,是对影片对白和旁白的忠实转写,为更多观众欣赏影片提供便利。只有当视听作品进行跨语际传播的时候,才会需要进行字幕翻译,以便在具有不同语言文化背景的社群中传播和消费。

---

① Pérez-González L. Audiovisual Translation: Theories, Methods and Issues [M]. London: Routledge, 2014: 15.

字幕翻译(subtitling)则是指"在保留影音原声的情况下,将影音文件从源语言转换成目标语言,并叠印在屏幕下方的字幕区域内"①。具体来说,字幕翻译是一种"将讲者的原始对话、图像中出现的话语元素(如文字、广告、涂鸦、标识牌、商标等)以及原声中包括的信息(如歌曲、画外音等)以书面文本的形式呈现于屏幕下部的翻译实践"②。如图 4-1 所示,译者不仅翻译了屏幕底端的字幕内容(What we were expecting was three separate layers of clouds),而且还对画面中与台词理解关系密切的话语元素(Ammonia Clouds, Ammonia-Sulfur Clouds 和 Water Clouds)进行了中文注释,帮助观众更好地理解视频的相关内容。因此,字幕翻译远远不只是把影视对白和旁白转换成另外一门语言,还会涉及歌词翻译、画面注释、画外音翻译等内容。

图 4-1 美国纪录片 Secrets of the Solar System 中的字幕翻译和画面注释截图

字幕最早的形态是无声电影时代的"字幕卡"(intertitles 或 title card)。那时候,导演会在深色背景上用浅颜色打上一些短句,用摄像机拍摄下来插入电影,放在转换的镜头之间,因此被称为"intertitle"(放在中间的文字)。据考证,最早使用字幕卡的影片是 1902 年由 G. A. Smith 执导的无声电影 Dorothy's Dream。此后故事片纷纷采用字幕卡,中国早期的无声电影也不例外。这类文字可以分为对白字幕卡和说明性字幕卡两类,前者补充演员影片中的对白,通常加引号表示;后者则提供与画面相关的叙事或情景描述③。现以 1922 年上映的《劳工之爱情》④和 1931 年上映的阮玲玉代表作《一剪梅》中的字幕卡截图(如图 4-2 所示)为例,对其形态的历史发展与翻

---

① 张修海. 影音翻译的策略与方法 [M]. 北京:中国电影出版社,2015:10.
② Diaz-Cintas J, Remael M. Audiovisual Translation: Subtitling [M]. London: Routledge, 2007:8.
③ Diaz-Cintas J, Remael M. Audiovisual Translation: Subtitling [M]. London: Routledge, 2007:26.
④ 《劳工之爱情》网址:http://m6z.cn/5SWtbi.

译进行简要的说明。

图 4-2 《劳工之爱情》和《一剪梅》中的双语字幕卡截图

图 4-2 左边截图为《劳工之爱情》中的"对白字幕卡",采用中英双语,中文占据屏幕的一大半,从右到左排列,阅读顺序为从上到下,很大程度上适应了当时观众的阅读习惯,而英文放置在屏幕下方,从左到右阅读。从翻译上看,内容字斟句酌,采用了简化和转述的策略,以适应胶片昂贵的时代现实。右边的截图为《一剪梅》中的"对白字幕卡",内容放置在引号之中,中英文均从左至右阅读,以提高观影体验。从翻译上看,将"红娘"替换成英美文化中的"Cupid",有明显的归化倾向。

事实上,在有声电影的时代,很多国家依然沿用字幕卡对影视作品进行配译,这包括挪威、瑞典和丹麦等斯堪的纳维亚国家,还有荷兰、比利时、瑞士、葡萄牙、希腊等国家。然而,这一时期的字幕卡仅仅翻译对话和商店名、新闻标题等书面信息,在很多语言中都是水平地叠印在屏幕的最下方[①]。从这个意义上说,我们当下的字幕和字幕翻译要求具有一定的历史传承性。早期的字幕大多由英语译出,主要是由于美国好莱坞电影业的全球影响力。早期美国和欧洲影视字幕采用的是影印技术,把字幕投射到字幕卡的侧面或者下方,但遇到白色背景时就很难辨识。此后,一些国家都在试图改善字幕的可读性,先后出现了用化学方式将字幕附着在电影胶片上的"化学字幕技术"(chemical subtitling)、"激光烧制字幕技术"(laser subtitling)和"数字字幕技术"(digital subtitling),而我们目前常用的"电子字幕"(electronic subtitles)则出现在 20 世纪 70 年代,人们用电脑生成文本,然后并将其整合烧制到电视影像之中[②]。

说到字幕翻译,就不能不提到网络字幕组(fansubs)和字幕组翻译(fansubbing)。字幕组翻译最初指"由粉丝参与制作和翻译的日本动漫节目的字幕"[③],现泛指粉丝

---

① O'Sullivan C., Cornu J F. History of Audiovisual Translation [A]. In Pérez-González, L(ed.). The Routledge Handbook of Audiovisual Translation [C]. London:Routledge, 2019:20.

② 同上一条。

③ Díaz-Cintas J, Muñoz-Sánchez P. Fansubs:Audiovisual Translation in an Amateur Environment[J]. Journal of Specialized Translation, 2016(6):37.

为视听作品(如影视、短视频等)自制翻译字幕并传播的现象。其最早源自20世纪七八十年代开始的日本动画和漫画(anime and manga)粉丝翻译,后来由于互联网、大众传媒以及数字技术的推动,字幕翻译的需求量激增,同时制作字幕的技术门槛急剧降低,一股字幕组翻译的风潮在全球传播开来。粉丝团体通过小组合作的方式,无偿翻译国内外视听产品,推动了文化的无国界传播,促进了影视文化产业的发展。在我国,翻译字幕组诞生于2002年,发端于讨论美剧《老友记》(*Friends*)的F6论坛。2006年美剧《越狱》(*Prison Break*)在网络上掀起追剧热潮后,字幕组迅速进入公众视线。虽然2009年后其发展困难重重,但一些字幕组(如人人影视的字幕组)主动转换运作模式,寻求商业化的发展,其余的字幕组则继续"用爱发电",进入一个相对稳定但零散发展的时期,群策群力翻译不同类别的视听产品,以满足网民多元化的观影需求。

二、字幕的分类与格式

在数字化的网络时代中,字幕翻译是视听文本最常见的翻译类型,字幕也已经广泛用于电影、电视节目、短视频、游戏等各类视听文本中,其类别也越来越丰富。根据不同的标准,字幕也有如下分类:从语言角度看,字幕可以分为语内字幕、语际字幕和双语字幕三类,其中语内字幕(intralingual subtitles)将视听作品目中口头话语转换成书面字幕,包括语言学习专用字幕、方言字幕、卡拉OK字幕、名片内公示通知字幕,还有听障人士字幕(subtitles for the deaf and hard-of-hearing, SDH),等等;语际字幕(interlingual subtitles)则是将视听作品的源语翻译成目标语的字幕,翻译中需要考虑声音和图像维度,是视听翻译中最常见且研究最集中的类别,也是本教材的核心关注点;双语字幕(bilingual subtitles)则是将源语和目标语同时呈现在屏幕下方的字幕,以供学习者或移民进行语言学习或沉浸式文化习得。按照技术指标,字幕可以分为开放式字幕(open subtitles)和封闭式字幕(closed subtitles)。前者是提前将字幕烧制在影片中,在观影过程中无法去除或关闭,因此也被称为"硬字幕";而后者则可根据观众需求选择是否显示,包括"外挂字幕"(即独立于视频,观看时需导入)和"内挂/软字幕"(字幕内嵌在视频流中,可在播放器字幕菜单中选择显示或隐藏)两个次类。根据其场合,字幕可以分为视频字幕和剧场字幕(surtitles),前者常见于诸如电视、电影等视听文本中,后者则出现在话剧、歌剧或戏曲舞台之上,将台词或唱词投在舞台上方的显示器上。按照其制作者,字幕可以分为由职业翻译制作的字幕(prosubs)、影迷制作的字幕组字幕(fansubs),以及由机器识别和翻译的字幕(autogenerated subs),等等。

字幕的格式较多,包括图形格式和文本格式两类。图形格式字幕由包含时间码和字幕属性索引文件IDX和SUB字幕文件组成,存储空间较大,但播放时提供了多语言选择,而常见的文字字幕格式有SRT和ASS两种。

SRT 全称为 SubRip Text，即分割成小块的替代文本。从图 4-3 可知，一条 SRT 格式的双语字幕通常由四行组成，第一行是字幕序号；第二行为时间代码，包括淡入时间（in time）和淡出时间（out time）；第三、四行为字幕内容，中文在上，英文在下。不同字幕之间需要空一行。除常用字幕编辑软件之外，SRT 格式字幕可以用电脑自带的"记事本"打开和编辑，因此制作简单，与播放器的兼容性较强，配上 .Style 文件还能附加一些字体特效。

```
31
00:02:47,211 --> 00:02:50,009
我是诺阿·迪特里希 您办公室的人说可以在这里找到您
I'm Noah Dietrich. Your office said I'd find you here.

32
00:02:50,180 --> 00:02:52,273
迪特里希 你真是不请自来
Dietrich. You're a man on the come.

33
00:02:52,449 --> 00:02:56,283
我看过你的简历 也和你的推荐人谈过 你知道我要找什么样的人吗？
I read your resume, talked to your references. Know what I'm looking for?

34
00:02:56,453 --> 00:02:59,479
你要为休斯工具公司找个二把手
You're looking for a second-in-command at Hughes Tools.

35
00:02:59,656 --> 00:03:02,420
负责监督财务状况的人
Someone to oversee the financial aspects of the business.

36
00:03:02,593 --> 00:03:05,357
我在找能妥善管理我的生意的人
I'm looking for somebody to run it and do a good job.
```

图 4-3 《飞行家》SRT 格式字幕截图

ASS 全称为 Advanced SubStation Alpha，通常包括脚本信息、标题、V4+格式和事件等部分。由图 4-4 可知，美国纪录片《当我们离开地球》字幕中的"脚本信息"（Script Info）包含了字幕的制作软件 TimeMachine，制作人员为人人影视；"V4+格式"（V4+Styles）包括了字体、字号和其他格式类型，而在"事件"（Events）则包括了格式（对话）、层级（0）、淡入和淡出时间、页面留白（均为 0000，表示采用原值，不重新设置）、特效（字体、字号、粗体、阴影距离等），以及文本（对话内容）等。可见，除了字幕文字内容外，ASS 格式字幕还支持颜色、字体、字号、位置等呈现效果和其他的特效，常用于画面注释、歌词或其他华丽的特效制作，具有很强的立体感和视觉冲击感，但对播放器的要求较高，通常须采用 PotPlayer 或 VLC 等播放器才能加载显示。

```
[Script Info]
; // 此字幕由TimeM生成
; // 欢迎访问人人影视 http://www.YYeTs.net
Title:YYeTs
Original Script:YYeTs
Synch Point:0
ScriptType:v4.00+
Collisions:Normal
Timer:100.0000

[V4+ Styles]
Format: Name, Fontname, Fontsize, PrimaryColour, SecondaryColour,
OutlineColour, BackColour, Bold, Italic, Underline, StrikeOut, ScaleX,
ScaleY, Spacing, Angle, BorderStyle, Outline, Shadow, Alignment, MarginL,
MarginR, MarginV, Encoding
Style: Default,方正黑体简体,21,&H00FFFFFF,&HF0000000,&H006C3300,
&H00000000,-1,0,0,0,100,100,0,0.00,1,2,1,2,5,5,5,134

[Events]
Format: Layer, Start, End, Style, Actor, MarginL, MarginR, MarginV, Effect,
Text
Dialogue: 0,0:00:01.31,0:00:03.78,*Default,NTP,0000,0000,0000,,{\fn方正综艺简
体}{\b0}{\fs14}{\3c&H202020&}{\shad1}[Crowd cheering]
Dialogue: 0,0:00:08.28,0:00:13.78,*Default,NTP,0000,0000,0000,,{\fn方正综艺简
体}{\b0}{\fs14}{\3c&H202020&}{\shad1}NARRATOR: In 1969, a group of
astronauts change the world.
Dialogue: 0,0:00:15.59,0:00:18.56,*Default,NTP,0000,0000,0000,,{\fn方正综艺简
体}{\b0}{\fs14}{\3c&H202020&}{\shad1}They ride the biggest rocket ever built
to the moon.
Dialogue: 0,0:00:21.23,0:00:22.49,*Default,NTP,0000,0000,0000,,{\fn方正综艺简
体}{\b0}{\fs14}{\3c&H202020&}{\shad1}It's the culmination
Dialogue: 0,0:00:22.56,0:00:26.06,*Default,NTP,0000,0000,0000,,{\fn方正综艺简
体}{\b0}{\fs14}{\3c&H202020&}{\shad1}of more than 10 years of space
pioneering
Dialogue: 0,0:00:26.13,0:00:29.59,*Default,NTP,0000,0000,0000,,{\fn方正综艺简
体}{\b0}{\fs14}{\3c&H202020&}{\shad1}and a foundation for more than four
decades
```

图 4-4 美国纪录片《当我们离开地球》的 ASS 格式字幕截图

第二节 字幕翻译的流程、翻译单位与规范

在深入了解字幕的概念、类别和格式之后，本节重点讨论字幕翻译的流程、字幕跨语际转换的单位，并介绍国内外主要的字幕规范，以期为英汉、汉英字幕翻译提供技术指标的参考。

一、字幕翻译的流程

在实际操作中，字幕翻译的流程可能会因为工作室（或团队）风格、客户需求或译者偏好等因素而存在差异。但译者在接受客户的翻译任务之后，通常都会先进行"核对"(verification)。该过程包括两步：第一步，译者确认收到客户发送的视频与字幕文档后，从头到尾阅读字幕文档，将其中的拼写错误、错别字、标点使用和其他格式错误（如删除单行的感叹词、内嵌的广告信息等）进行修改；第二步，译者会结合视频再次核对字幕文档内容是否存在错漏，并进行相应的修改和调整。此后，译者便正式进入翻译过程。

(一) 字幕翻译的一般流程

译前阶段主要是"观影"(watching)和"打轴"(spotting 或 cueing)两个环节。在第一环节，译者观看视频，除了整体把握视频内容，更重要的是标注字幕中以下五类信息，包括①画面中与故事相关的话语信息(如路标、广告、书信、短信、公司机构名称、公示语等)，后期需要通过特效硬字幕对其进行注释；②多义词或者词组，翻译时需要根据语境取义；③指示性表达(如 this/that、these/those、here/there、这/那)，翻译中需参考上下文将其指示关系明细化，以免带来观众理解的障碍甚至混乱；④俚语、行话、专业术语、方言等语言形式，通过网络查证准确理解其意义并进行恰当翻译；⑤角色的性格、说话风格以及角色之间的亲疏程度在很大程度上决定了翻译方法和语体的选择。在"打轴"环节中，如果客户给的文档尚未进行文本切分与分行(segmentation and line-break)，字幕员根据语法语义关系和视频对白(或旁白)的停顿点将文本切分成若干条语义相对对立的字幕，保证其行数和每行字数均符合相应的技术指标和规范(参看本节下面的内容)。如果收到的字幕文档已经分行，可选择 TimeMachine，ArcTime，AegiSub 等字幕编辑软件进行打轴，确定每一条字幕的淡入和淡出时间。如果是合作翻译(如字幕组)，团队分工相对明晰，打轴和翻译都有专门的人负责。

在"翻译"(translating)过程中，译者往往在视频和字幕文档之间交替工作，先观看一段视频，然后翻译相应的字幕内容，这中间可能涉及跨行调整的情况，因此这种工作模式和传统的文本翻译有一定的差异。具体怎么翻译，下一节中我们再结合译例重点关注字幕翻译的技艺。当然，也有一些字幕译者将"打轴"和"翻译"部分对调，先翻译再打轴。

翻译后的步骤就是"审校"(revising/editing)，主要涉及两个方面：一是校对源语字幕内容：检查核心信息是否被准确翻译、译文是否符合目标语的表达习惯，是否流畅和地道，画面话语元素是否都进行了注释；二是审核目标语字幕的呈现方式：字幕是否遵守了相应的技术指标，其格式、标点使用等是否符合相关规范，是否实现了音画同步。

需要指出的是，如果译者拿到的字幕文件已经有时间轴(如图 4-3 或图 4-4)，那么即可按照"核对→观影＋翻译→审校"的步骤进行操作。可见，字幕翻译是一项需要诸多技能的跨语际转换活动，不只涉及语言文化转换，还有工具运用、术语检索、文献查阅和翻译校对等能力。

(二) 字幕组的翻译流程

虽然人人影视、伊甸园、风软、破烂熊、深影等字幕组在运营模式、翻译体裁和内部分工上存在一些差异，但其基本流程为："寻找片源"→"组织翻译队伍"→"打轴和分割任务"→"字幕翻译"→"修改和后期制作"→"压制和发布"。通常字幕组中有专门负责片源（Raw，即"生肉"）的人，他们要么在国外网站上直接下载视频（和原文字幕），要么视频录制播放的节目然后将其上传到某个平台。项目翻译的负责人（即总监）将其下载后交给相关技术人员做格式调整和打轴，然后亲自将其分割成几个部分，由不同的译者合作翻译。每位译者通常获得150~200句，需要在规定时间内根据字幕组的翻译风格指南完成字幕（包括对话和画面中与情节相关的重要话语元素）的翻译，然后交由校对人员（通常是组里的资深翻译）进行修订和润色，之后将校对好的字幕上传到相关的网站（如字幕库、Sub HD等），或将其交给专人加入特效后和片源一起压制成视频发布在相关的网络平台（如字幕组官网、新浪微博、Zimuku、Bilibili等），供网友下载。事实上，字幕组之间还是存在一定的竞争关系，尤其是新剧出后抢首发的时候。因此，也有一些字幕组先集合人力粗略翻译一个版本后就立即发布，然后后期再进行修改和润色，推出精校版字幕。不难看出，字幕组翻译是"群策群智"的共创活动，这种相对开放、多线并行的流程可以把有共同兴趣的人聚合在一起分工协作，然后分享、翻译和传播其热爱的视听产品。

二、字幕翻译的单位

翻译单位（translation unit），无论在翻译理论还是翻译实践中，都是一个非常重要且实际的问题。学界公认最早提出翻译单位的是加拿大学者维奈（Jean-Paul Vinay）和达贝尔内（Jean Darbelnet）。他们认为翻译单位是"话语中的最小片段，组成这些片段的符号相互连接，不能独立翻译"[1]。美国学者沙特尔沃思（Mark Shuttleworth）和考伊（Moira Cowie）编撰的《翻译学词典》中将其将界定为"原文在目标语中再编码的语言单位"[2]。苏联著名翻译理论学家巴尔胡达罗夫则将其视为"在目标语中有对等表述的最小的原文单位"，并参考现代语言学中的形式切分法，将其分为音位、词素、词、词组、句子和话语六个层次[3]。如将"Canon"、"Carrefour"和"coffee"分别音译为"佳能"、"家乐福"和"咖啡"时，翻译单位就是音素，而将"brainstorming"、"blue tooth"、"fast food"和"Coronaspeck"直译为"头脑风暴"、"蓝牙"、"快餐"和"新冠膘"时，我们选择的翻译单位就是词素。而当我们把一个词、词组或句子、语段甚至整个语篇作为翻译处理单位时，我们也就选择相应层级的翻译单位。那么在字幕翻译过程中，我们应该把哪个层级作为翻译单位呢？

要回答这个问题，首先需要考虑视听文本的特殊性：它不但具有传统文本中的六个翻译单位层级，更是一种语言、声音和图像共同建构意义的文本形态。这种多模态

---

[1] Vinay, J P, J Darbelnet. Comparative Stylistics of French and English: A Methodology for Translation [M]. Amsterdam: John Benjamins Publishing Company, 1995: 21.

[2] Mark Shuttleworth M, Cowie M. Dictionary of Translation Studies [M]. London: Routledge, 1997: 192.

[3] 同上一条。

性或影音性,使得在翻译过程中需要对言语文本(如对白、旁白、独白等)和画面语言(场景、镜头、蒙太奇、长镜头等)进行整体考量,在翻译言语文本时不忘记关照画面语言。因此,字幕翻译单位可分为以下几类:

(一) 单条字幕+场景画面

选择这种翻译单位时,只须考虑某一条字幕台词和其对应的画面即可。如上所述,字幕是字幕内容经过语义和对白停顿切分之后形成的话语片段,语义上通常具有一定的独立性和完整性,在语际转换中有一定的可操作性。换言之,只要把相应的场景画面考虑在内,大多数字幕本身就能保证语义对等的问题。

例1:

源语字幕	汉语字幕
Dr. Stone, Houston.	史东博士,**这里是**休斯敦
Medical now have you with a temperature drop to 35.9...	医疗小组发现你的体温降至**35 点 9 度**……
...and a heart-rate rise to 70	……心跳增加到**每分钟 70 下**
How are you feeling?	你感觉如何?
00:03:54—00:04:03 from *Gravity*①	

分析: 上例节选自 2013 年上映的美国华纳兄弟电影公司电影《地心引力》,影片讲述了在"探索者号"航天飞机上的两名男宇航员和一名女宇航员出舱维修哈勃望远镜时,遭遇太空碎片袭击导致飞船发生严重事故后在太空中的境遇。该片获得了 2014 年第 86 届奥斯卡最佳导演、最佳剪辑、最佳摄影、最佳视觉效果等七项大奖。节选的字幕出现在片头宇航员出仓检修望远镜的时候。虽然这四条字幕是电脑系统对 Stone 博士说的话,但每一条都具有很强的独立性,结合场景,画面翻译起来也不难。译者根据画面的语境线索增加了诸如"这里是……"和体温、心率的单位,保证了意义对应和语境适切。

(二) 相邻字幕+场景画面

当翻译影视作品中的人物对话,或当台词文本中的一句话被分割成几条字幕的时候,我们就选择"相邻字幕+场景画面"这个翻译单位。其优势是,通过跨行处理可以强化影视作品中角色的互动性,保证台词之间的逻辑连贯性,从而帮助观众更好地理解和欣赏影视作品。

---

① 双语字幕下载于"字幕库",网址 https://zimuku.org/detail/175292.html。

例 2：

源语字幕	英语字幕
太阳	The Sun
这个发出耀眼光芒的巨大天体	is the giant glowing object
是我们这个行星系的核心	at the heart of our planetary system.
在太阳系内所有物质质量的总和中	The Sun surprisingly accounts for
太阳竟然占据了 99.86%	99.86% of the total mass of all matter in our solar system.
我们赖以生存的地球	The Earth, on which we live
仅仅是太阳质量的 33 万分之一	is only one 330,000th of the mass of the Sun.
00:00:52—00:01:16 选自《你好！火星》第一集《出发》①	

分析： 上例节选自央视纪录片《你好！火星》，分别聚焦了天问一号任务的重要阶段。节选的字幕选自第一集"出发"的开篇话语，大多数字幕都相对独立，翻译难度整体不大。但对比字幕后，我们发现译者做了如下处理：①前三句字幕均以单条字幕为翻译单位，但考虑到把第二条译为 The Sun 的同位语会导致主谓之间隔得太远，影响观影时的理解，因此译者将第二条字幕处理成谓语，第三条处理成状语；②第四、五条字幕属于一个完整句子，译者进行了跨行处理，将其重新切分成"太阳竟然占据了"和"太阳系内所有物质质量的总和的 99.86%"，并以此进行翻译，既保证了意义上的对等，又顺应了英语信息重心在前的语言特征。

（三）以场景为单位的字幕串

另外一种更加整体观的处理方式就是将某一个故事场景中的所有字幕作为有机整体来考量，结合场景画面处理好台词的语境指称、角色对白之间的互动关系，以及台词和画面/声音之间的呼应关系，从而让译文有一种一气呵成、连贯流畅的质感。

例 3：

源语字幕	中文字幕
Senator Brewster, if you hadn't **gone too far overboard**...	布鲁斯特参议员　如果不是**您做得太过火**……
...if you hadn't **put the red-hot iron in my side**...	……如果不是您**把这棘手的问题丢给我**……
...I might have been willing to take a shellacking in this publicity spree of yours.	我只能在您个人的公众听证会上受到您的鞭笞

---

① 见《你好！火星》第一集《出发》。

续表

源语字幕	中文字幕
I may have been willing to sit back and take a certain amount of abuse simply because…	只能在这里受尽侮辱因为
…well, I am only a private citizen.	……我仅仅是个普通的公民
Whereas you are a senator…	而您是一位参议员……
…with all sorts of powers.	……拥有着各式各样的权力
But I think this goddamn circus has gone on long enough!	但我已经受够了这场闹剧
—That's quite sufficient. —You have called me a liar, sir, in the press.	——这么说并不准备 ——您说我是个骗子 先生 在报纸上
You have called me a liar and a thief and a war profiteer!	您说我是个骗子 小偷 发战争财!
—The witness will restrain… —Why not tell the truth for once, senator?	——证人会…… ——为什么不能说真话呢,参议员?
Why not tell the truth that this investigation was really born on the day that TWA…	为什么不谈谈这次调查开始的日子 正是环球航空……
…decided to fly to Europe? On the day that TWA first invaded Juan Trippe's territory!	……决定开辟欧洲市场的那天?环球航空踏入了胡安·特里普版图的那天
—Sit down. —On the day TWA first challenged…	——坐下 ——环球航空挑战……
…the generally accepted theory that only JuanTrippe's great Pan American Airways…	被普遍接受的 只有胡安·特里普那伟大的泛美航空
—…had the right to fly the Atlantic! —You are not here to make a speech.	——才有飞越大西洋的神圣权利的那一天 ——你不是到这来做演讲的

02:23:48—02:24:51 from *The Aviator*①

分析:上例节选自2004年圣诞节上映的美国剧情片《飞行家》,影片讲述了霍华德·休斯如何成为好莱坞制片人,并且主持了蓝云杉飞机的发明和改进的故事,荣获第77届奥斯卡最佳女配角、最佳摄影等五项大奖。节选的字幕出现在电影结束前休斯在听证会上和意图陷害他的议员进行精彩辩论,有效阻止了不正当竞争议案的通过。在翻译中,译者把这个场景作为一个整体单元,字幕翻译紧贴休斯的英文发言,亦步亦趋,将一些形象表述(如"go too far overboard""put the red-hot iron in my side"等)泛化处理成"太过火""把棘手的问题给我",再加上把"you"处理成"您",可以拉远角色之间的距离,既保证了语义的关联和对等,又揭示了男主角难以抑制的愤怒之情,较好地传达了影片的叙事和听觉冲击力。

---

① 字幕由TLF字幕组制作,下载于"字幕库",网址:https://zimuku.org/subs/29431.html。

综上所述,在确定字幕翻译单位时,首先要考虑字幕的影音性,其次要考虑对话和画面语言两个部分。在此前提下,再结合对字幕语义和句法关系的分析,灵活地选择层级的翻译单位,通过单条字幕保证语义的准确性,通过相邻字幕强化连贯性和互动性,而借由场景重构叙事的整体氛围和感染力。

三、字幕翻译规范

不容置疑,字幕规范在字幕的制作与翻译过程中具有重要的作用。虽然视听翻译在数字化网络时代蓬勃发展,但目前学界与业界对字幕规范或风格指南还没有形成统一的共识。很多影视公司、翻译公司、视频平台或字幕组的风格指南都是内部流通,且内容相对笼统,缺乏对细节元素的规定。即便如此,不同的风格指南中仍存在一些共性的内容。

(一)《广播电视和网络视听节目对外译制规范》:汉译英字幕参考规范

目前,我国有两部关于字幕制作和翻译的国家标准,由国家广播电视总局于2002年颁布的《35 mm 和 16 mm 电影发行影片字幕最大可允许区域的位置和尺寸》(BG/T5297—2002)和2022年发布的《广播电视和网络视听节目对外译制规范》(标准编号 GY/T 359—2022)。前者对我国发行的影片对白和唱词字幕的最大可容许范围的位置和尺寸进行了专业规定,后者则对中国广播电视和网络视听节目对外译制环节(包括翻译、配音、字幕、后期制作等)的质量和技术指标进行了规定。鉴于《广播电视和网络视听节目对外译制规范》[①]和影视翻译关系较为密切,现将其中与字幕翻译相关的核心内容简述如下,以供汉译英字幕翻译与双语字幕制作时参考。

1. 翻译范围

(1) 台词:包括节目中的对白、独白、旁白、解说、人物同期声等,群杂声根据情节需要翻译。

(2) 字幕:包括台词字幕、说明性字幕、片名、片头字幕、片尾字幕、歌曲名称、歌词或歌词大意字幕。

(3) 其他内容:节目中出现的手机短信、社交媒体信息、邮件、信件等影响受众理解节目内容的画面信息,应翻译并制作说明性字幕。节目内容简介、人物角色说明、故事背景、前情提要、下集预告、彩蛋、宣传片、拍摄花絮、海报等,可根据需要翻译。

2. 台词翻译

台词翻译应简洁易懂,应符合节目类型定位和角色身份、性格特征,应准确生动地呈现节目的内容信息、思想感情和艺术风格。此外,应对照视频画面进行,宜选用与节目中角色口型一致的开闭合音词汇,节奏和断句应与原节目一致。

---

① "GY/T 359—2022 广播电视和网络视听节目对外译制规范",网址:http://www.nrta.gov.cn/art/2022/9/29/art_3715_61974.html。

3. 特殊词汇用语的翻译

政治、外交、国防等领域重要术语的翻译，应综合参照权威机构的相关译法；在无准确对应情况下，可根据节目内容翻译文言文、古诗词、俚语、俗语、幽默、暗示类词汇等元素；在国际上知名的中国品牌可保留中文名称、直译为拼音或使用英文通用译名，但计量单位宜换算为国际通用的单位。此外，亲属关系称谓词，如"连襟""妯娌"等，可直译为人名，也可根据内容需要添加说明性字幕，但对于表示社交关系的称谓词，如"老师""老板""大哥""大姐"等，则需要根据目标语言习惯进行翻译。

4. 字幕要求

字幕制作应对照原节目视频画面完成，应拼写准确、语法正确、断句合理，时间轴与视频画面、配音等保持同步，误差不大于三帧，整体呈现效果风格应与原节目一致。字幕内容应尽量与之前提到的翻译范围一致。

在呈现方面，字幕应优先保障信息的充分有效传达、受众清晰观看和充分阅读，应易于辨认、理解。具体的细节如下：

（1）位置与颜色：台词字幕应位于视频画面底部，在字幕安全框之内；台词字幕颜色宜为白色，字幕底色不宜使用彩色背景。

（2）行数与字符数：台词字幕每屏一行，最多不超过两行；英文字符数不超过50个。

（3）字体与字号：选用清晰醒目的目标语言相应字体（如 Arial，Helvetic 等），不使用下画线。参考原节目字幕字号大小选用译文字幕，兼顾目标语言阅读习惯与画面美观要求，不遮挡画面重要信息。

（4）大小写、标点符号：根据目标语习惯使用大小写、标点符号。

（5）区分度：同一屏幕画面中出现的台词字幕、说明性字幕、歌词或歌词大意字幕，应进行区分。两人对白字幕同时出现在同一屏幕画面中，应用"-"进行区分。

（6）分行与整体风格：每屏、每行字幕的分布应兼顾画面与句型、单词和语义的完整性；字幕的效果风格等应与原节目一致。

大部分英文标点在字幕中的使用方法和语言文本一致，但我们特别对几个标点符号的使用进行说明：

（1）括号和方括号：在英文字幕中的使用非常有限，括号可放置较短的注释信息，用以对字幕的相关内容进行解释和增补。

（2）感叹号和问号：直接跟着字幕内容，中间不空格。尽量避免叠用感叹号或问号以表达强烈语气的情况。

（3）连字符/短线(-)：出现在同一个屏幕画面的对白字幕，其后需要打一个空格。

（4）省略号（英文…；中文……，注意二者的差别）：往往出现在人物对白中间有停顿、字幕内容延续到下一条字幕中，或说话人可以停顿营造紧张氛围或悬念感的情况下,但需要注意的是字幕内容未结束延续到下一条字幕时,后一条开始第一个单词首字母不大写。

(5)星号(＊):多用来表示歌词,或替代一些粗俗不雅的字词。

(二)英译汉字幕规范

在英汉字幕翻译实践中,不同的影视公司、社群或个人往往采用不同的技术指标。为了方便大家了解相关的时间和空间技术指标,我们以CCTV-6电影字幕翻译规范①为例,介绍官方译制厂的字幕规范。

1. 翻译范围

字幕翻译以影片中的对话为准,剧本作为参考;原片中出现的说明性字幕(如事件、地点、场所等)和情节相关的特写字幕(如报刊标题、电脑屏幕、手机短信等)须记录时间码,告诉技术人员后期上硬字幕;片头或片尾出现的歌词一般不翻译,影片中间的歌词,只要不与对白冲突就上字幕。短的歌词,一句句对应;长的歌词则由技术人员后期按滚屏上,格式为"(歌词大意)×××　×××"。对于群杂合背景音,只要不与主要对白冲突,且大致能听清楚,多人对话或群杂,挑选最主要的上。背景中的广播或电影音,如与剧情相关,能一行上的就同时上;如果不能,挑更重要的上,但切忌多句交叉,以免显得杂乱,影响观感。

2. 断句、时空限制与格式要求

每屏只有一句台词字幕,不超过15个行字,字幕停留时间最好在0.6秒到6秒之间,切忌一闪而过;每行台词语义相对独立和完整,如果超过15个字,则从相对完整的地方断开。在标点符号的使用上,除了使用省略号表达未完全话语或反复重复之外,其余标点符号都不用,以半角模式下的空格替代;如果角色对白接得很快或重叠,且内容不长,可放在一行,中间隔四个半角空格即可。

3. 其他元素的处理

数字的翻译,个位数或较大的整数则使用汉字(如三十、五百、一亿等),不使用阿拉伯数字,但对于较大的非整数则使用阿拉伯数字,方便阅读和理解;遇到少量外语或土话时,用"(××语)×××"的格式进行简单标注,量太多就不标注,以免字幕看起来太乱;遇到一般性的脏话或粗口,用委婉的词语表达,如将shit翻译成"见鬼"或"胡扯、胡说八道",get your ass out of here翻译成"你滚开",但太过恶劣的,根据语境进行省略或其他灵活处理。对于涉及中国或政治敏感话题的台词和画面(尤其有悖于我们的官方宣传和国家形象的),标出时间码,后期进行删除,等等。

可见,商业字幕对画面对白的语义清晰性、视觉整洁性和政治正确性都有较高的要求,这主要是为了优化观众的观影体验。

---

① 王鹏.英语纪录片字幕翻译的规则研究[D].北京:中国石油大学(北京),2018:83-84.

第三节　航空航天影视字幕翻译原则与案例分析

影视作品是一种综合了视觉、听觉的形象艺术,是一种集技术性、艺术性和文学性于一体的综合性文本,航空航天影视作品也不例外。其语言具有的专业性、瞬时性、视听性、交际性决定了翻译的策略与方法。朴哲浩在《影视翻译研究》中将影视翻译的标准概括为内容忠实标准、等同感受标准、语言风格标准、文化意象标准、口型一致标准、译语规范标准[①]。本节基于上述标准和本书第一单元第四节中提到的指导原则,结合具体的语料对航空航天影视字幕翻译的原则归纳为内容专业化与语境化原则、充分且连贯理解原则、多模态互补互指原则和语言风格一致原则。

一、内容专业化与语境化原则

航空航天影视作品的内容往往涉及航空航天专业的相关内容,行文中会使用一些专业术语、专有名词、特殊表达、缩略语、行话、称谓语等,具有较强的专业属性。较之故事片,纪录片和新闻专题片中更为明显。因此,这就要求字幕译者具备相关的专业背景知识,了解行业的基本态势,或拥有较好的"搜商"——能够通过术语库、平行文本、专业词典、网络检索,甚至咨询专业人士等方式处理相关的问题。请参看以下例子:

例 4:

源语字幕	中文字幕
Today, we begin with our operation and human performance investigation	今天　我们先进行全美航空 1549 号航班的
on the crash of US Airways Flight 1549.	操作及驾驶调查
—**Water landing.** —Captain?	——是**水上迫降**。——机长　您说什么
This was not a **crash** and it was a **ditching**.	这不是**坠机**　是**水上迫降**
We knew what we were trying to execute here.	我们很清楚自己做了什么
……	……
Our computers will run **return scenario algorithms**.	电脑会建立**返程场景算法**
It'll generate **simulations** with your exact parameters.	会对飞机上的准确参数进行**模拟**
The **dual engine** loss, the **altitude**.	**两侧引擎失灵**　**飞机高度**
Everything you faced when you made your decision.	还原你们做决定时所面临的情况
……	……

---

① 朴哲浩.影视翻译研究[M].哈尔滨:黑龙江人民出版社,2008:119.

续 表

源语字幕	中文字幕
You stated that it was a **dual engine failure**, due to multiple bird strikes?	你说是因为多次飞鸟撞击导致两个**引擎失灵**？
That would be unprecedented.	这可是史无前例的
Well, everything is unprecedented until it happens for the first time.	凡事都有第一次
00:04:21—00:06:09 from *Sully*①	

分析：上例选自 2016 年上映的美国传记剧情片《萨利机长》，影片根据全美航空 1549 号航班迫降事件航班机长切斯利·萨利·萨伦伯格的真实英雄事迹改编。选例的背景为两侧引擎失灵的飞机成功迫降哈德逊河河面后，虽然人们对萨利事件赞不绝口，但美国航空调查委员会却对事件进行了深入调查，萨利机长可能面临严重失职指控。在上述的询问过程中，官员和萨利机长的言语互动就有不少的航空专业术语（如 water landing, crash, ditching, return scenario algorithms, simulations, dual engine loss, altitude, engine failure）。译者通过各种途径查证后，将其翻译成恰当的汉语词汇，既树立了机长和调查官员的高度专业性，又保证广大观众在观影时能有清晰的认知与理解。

除了内容的专业性，大多数航空航天影视作品，尤其是故事片和纪录片/新闻专题片中的人物同期声，都是在特定的交际情景（如机场、航程、太空任务、日常与职业生活）中发生，这就要求字幕译者在翻译时不能仅仅进行语义层面的转换，还要更多地关注字幕的语用，充分考虑上下文、交际场合、情景语境，将台词内容进行语境化处理。请看下例：

例 5：

源语字幕	英语字幕
今天的航程是从重庆到拉萨	We fly from Chongqing to Lhasa today.
这个航线有什么特点 二位号	What's special about this route?
我们今天飞行的是高高原航线	It's a high-altitude route.
是因为**运行机场**的海拔高度大于 2438 米	because elevation of **Lhasa Airport** is higher than 2,438 meters.
一旦发生客舱释压 我们第一动作需要做什么	What do we do in case we encounter cabin depressurization?
拉下氧气面罩吸氧 同时固定好自己	Put on the oxygen mask and strap ourselves down.
00:06:34—00:06:47,选自《中国机长》②	

---

① 字幕下载于"字幕库"，网址：https://zimuku.org/subs/40954.html。
② 字幕为官方电影版英文字幕，从视频中提取获得。

分析：上例节选自 2019 年上映的国产剧情电影《中国机长》。影片根据 5·14 川航航班备降成都事件改编，讲述了英雄机长带领机组成员与乘客经过强风、低温、座舱释压等多重考验，最终安全着陆的故事。选段字幕出现在乘务长毕男在航班起飞前对空乘员的考核之中，有明显的对话性和交际性。结合场景画面和交际语境，译者做了如下处理：①省译了重复的元素（如"我们今天飞行的是""拉下面罩"）和第二条字幕中的"二位号"；②结合第一条字幕将"运行机场"具体化成为"Lhasa Airport"。

二、充分且连贯理解原则

通常情况下，观众在观看影视作品的时候都希望一遍就能看懂，如果需要不断复看，整个观影过程就会变得乏味。因此，视听文本具有的及时性和聆听性要求字幕翻译必须简洁流畅，保证观众能够充分且连贯地理解。这里的"充分"主要指向信息的数量和精度。由于字幕的时空限制和观众阅读速度的制约，当字幕的信息浓度较高的时候，译者就需要进行"知识管理"，进行文本压缩（text reduction）。这主要体现在：①删除与理解信息无关的内容；②以尽可能简洁的方式重述与理解相关的内容①。这就意味着字幕翻译并不一定是源语内容的完整呈现，但目标语字幕的处理应该以保证观众对情节和语境有充分理解为前提。"连贯"具体指的是叙事连贯，即故事情节的发展和推进是否有清楚的衔接，上下文的逻辑关系与时空概念是否交代清楚，台词中的各种顺序和关系（如时间/事件先后、指称与指示、因果、转折等）是否明晰，角色之间的互动与对话是否流畅。

例 6：

源语字幕	中文字幕
Oxygen check.	氧气检查

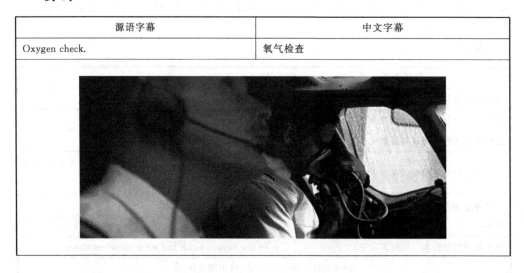

---

① Diaz-Cintas J, Remael M. Subtitling: Concepts and Practices [M]. London: Routledge, 2021: 147.

续表

源语字幕	中文字幕
That checks. You want a **hit**?	查好了　你也吸一口吗?
—Uh, no, thank you, Sir. —you sure?	——不用　谢谢机长　——真的不吸?
—Yes, Sir. —Okay.	——真不吸　机长　——那好吧①
00:05:42—00:05:49 from *Flight*	

分析:上例节选自 2012 年上映的美国剧情片《迫降航班》(*Flight*)(港台译名为《机密真相》),讲述了涉嫌酒驾和毒驾的国民英雄机长韦普·惠特克在被美国航空安全局调查的过程中自我救赎的故事。选段字幕出现在惠特克机长登上从奥兰多飞往亚特兰的飞机后,在起飞前和副机长肯·埃文斯之间就检查氧气面罩一事进行的玩笑性对话。除俚语词 hit(其意为 a dose of a psychoactive drug,一剂精神活性药物)之外,对话内容看起来非常简单,但将其翻译得充分且连贯也并非易事。如果不考虑语境因素,将其直译"你想试试吗""不 谢谢你 机长""你确定""是的 机长""那好吧",那么角色之间的互动性就会显得很差,更不能突出 hit 这个单词背后和电影主题相关的"毒驾"。虽然机长和副机长是第一次见面,但所用的都是低语域词汇,因此译文还需要贴近生活口语,既上口,也方便听懂。

三、多模态互补互指原则

作为视听翻译的对象,视听文本意义的传达是一系列多模态符号相互作用产生的。视听翻译学者迪亚兹-辛塔斯(Jorge Díaz-Cintas)将视听文本的要素归纳为"听觉-语言要素"(如对白、独白、歌曲、画外音)、"听觉-非语言要素"(背景音乐、音效、杂音)、"视觉-非语言要素"(如图像、照片、手势)和"视觉-语言要素"(如广告、标语、信件、屏幕信息、报纸标题)②。虽然字幕翻译主要涉及对白,但共存于视频中的非语言要素也会对翻译产生影响和制约,而且译文还需要和这些元素实现音画同步。因此,在翻译过程中,就需要充分关照多模态之间的互指关系,将字幕和画面之间、字幕和场景之间、字幕和听觉元素之间的互补互释纳入翻译考量中,让译文和其他视听元素统一连贯、字幕简洁晓畅。现以电影《中国机长》视频截图(见图 4-5)为例,说明在字幕翻译中如何实现多模态互指。

---

① 中文字幕为编者原创。
② Díaz-Cintas J. Audiovisual Translation Comes of Age[A]. In Chiaro, D. et al. (ed.), Between Text and Image: Updating Research in Screen Translation[C]. Amsterdam: John Benjamins Publishing Company, 2008: 2-3.

图 4-5 《中国机长》字幕截图①

分析：图 4-5 为电影开篇刘长剑机长在离家执行飞行任务之前的活动。他看了沉睡的女儿，然后喂了家里收养的被人遗弃的小狗，忍不住发出"多可爱的小狗啊 怎么有人说扔就扔呢"。这条字幕语义完整且独立，很容易就翻译成"What a cute dog! How can someone abandon it?"。如果是传统文本翻译，这译文问题不大，但因为这两句话出现在字幕中，而且其显示时间不到 1 秒，内容太多的话，观众的阅读速度会跟不上。画面中，机长手里抱着小狗，在给它喂食。因此，在关照这个视觉—非语言元素之后，译者将两句台词进行了合译，并把"多么可爱的小狗"处理成"a cutie like you"，既贴合了画面，又增加了对话性，更凸显了机长深入骨髓的爱心。

四、语言风格一致原则

航空航天影视作品中的语言风格往往是杂合的，既有故事片中塑造角色性格的个性化人物语言，也有纪录片和新闻专题片中描述航空航天专业知识背景、过程的专业化语言。人物语言往往对白多、独白少，语言组织方式较为松散，结构化不强，句式多为简单句和断句，词汇也多选用简单词汇、短语动词和非正式用语（如俚语、习语、俗语等），频繁使用语气词、填充词（如 well, um/er/uh, so, I mean, you know 等）；而专业语言往往以旁白或画外音方式出现，语言结构化较强，句式相对复杂，常常伴随从句和逻辑连接词，用词也相对正式，抽象名词和名词化的比重相对较高。请参看下例：

例 7：

源语字幕	中文字幕
Captain! I found this in the crashed jumpship, sir.	舰长　我们在飞船残骸里发现了这个
—This is how the bastard got away. —What do you mean?	——那个混蛋就是这么逃走的 ——这是什么
It's a portable **transwarp beaming device**.	便携式**超曲速传送装置**

---

① 字幕为官方电影版英文字幕，从视频中提取获得。

续表

源语字幕	中文字幕
Well, can you figure out where he went?	能知道他去哪儿了吗
I already did, sir. And you're no gonna like it.	已经查到了 长官 你不会想知道的
He's gone to the one place we…	这家伙跑到了一个
We just can't go.	我们没办法去的地方
Admiral, sir, he's not on Earth.	上将 他已经不在地球上了
He's on Kronos, sir.	他在科洛诺斯 长官
I request **my command be reinstated**	我**请求官复原职**
and **your permission** to go after him.	并**请您批准**我去追捕他
—Kronos. —Yes, sir.	——科洛诺斯 ——是的 长官
So Harrison's gone to the Klingon homeworld.	你是说哈里森跑到克林贡人的母星去了
—Is he defecting? —Uh, we're not sure, sir.	——他想投敌吗 ——还不确定 长官
He has taken refuge in the Ketha Province,	他现在就躲在科萨区
a region uninhabited for decades.	那里已经荒废几十年了
He's gotta be hiding there, sir!	他一定藏在那里 长官
He knows if we even go near Klingon space,	他知道 如果我们靠近克林贡人的地盘
it'd be all-out war.	就会爆发全面战争
Starfleet can't go after him, but I can.	星际舰队不能去追他 但我可以去
Please, sir.	求您了 长官
All-out war with the Klingons is inevitable, Mr. Kirk.	和克林贡人全面开战在所难免了 柯克先生
If you ask me, it's already begun.	在我看来 战争已经开始了

00:30:34—00:31:29 from *Star Trek Into Darkness*

分析：上例节选自2013年上映的美国科幻动作片《星际迷航：暗黑无界》，讲述了在一场灾难性恐怖攻击后，柯克舰长带领"进取"号的船员去寻找真相的故事。选段字幕的语境如下：神秘星际恐怖分子约翰·哈里森驾驶飞机袭击了高层会议，柯克最敬重的派克将军不幸遇难，哈里森通过便携式超曲速传送装置逃到科洛诺斯，柯克准备申请复职，重新率领进取号启程追击。从语言风格看，选段有明显的口语体倾向，不但使用的专业术语（transwarp beaming device）和专有名词（Kronos, Klingon, Ketha, Starfleet）数量不多，更有随意体词汇（如gonna, gotta, bastard等），句式也大多是简单句，因此，译文也通过适时省略主语，尽量再现这种生活口语的趋势。然而，"I request my command be reinstated, and your permission to go after him"这两句台词明显在语体上呈现标记性，用词相对正式，因此在翻译的时候采用了四字格"官复原职"和"您"来体现这种语体的差异，也让译文能恰当地传递出柯克舰长对于复职一事的严肃性和正式性。

综上所述,在翻译字幕时,译者需将台词与画面结合,因地制宜地选择合适的翻译单位,让内容切合语境,和画面相互指涉,以恰当的语言风格呈现专业化的内容,以保证观众有充分且连贯的理解。

第四节　配音翻译

虽然越来越多的观众选择原声字幕片来直接欣赏视听作品,但在特定对象和情况下(如老人和小孩、观众教育层次和外语水平有限、字幕和剧情难以兼顾等),配音依然是一种重要视听产品的传播和消费方式。事实上,我国的译制片到现在依然采用配音译制的方式。本节我们将从配音的概念、分类、流程、语言特征、翻译原则和方法等方面进行介绍,并结合航空航天影视作品的语料片段来学习配音翻译的门道。

一、配音翻译概述

配音翻译(dubbing),也称"对口型配音"(lip-sync),指"将视听作品的对话轨道替换为另一轨道,这其中包括翻译成目标语的台词"[1]。换言之,它与视听翻译中的"听"有关,视频内容完整翻译后直接覆盖或替换原始音轨。这种影视译制模式在西班牙、法国、德国、意大利、巴西、中国、日本、土耳其等国家较为常见,广泛用于动画片、纪录片、企业宣传片和影视剧等。

从制作者维度看,配音翻译可以分为"专业配音"(produbbing)和"粉丝/民间配音"(fansubbing),其中前者为专业人士(即职业翻译和专业配音演员)翻译和配音的译制形式,而后者通常"由业余爱好者对未经商业化配音或其现有配音质量不佳的视听作品进行配音或重新配音"[2]。这种配音大多数具有语际性,也有语内、以幽默为主要目的的粉丝配音,因此也被称为"搞笑配音"(fundubs)。

根据其形式,配音翻译可细分为"对口型配音"(lip-sync dubbing)、"配译解说"(voice-over)和"口述影像"(audio description,AD)三类。"配译解说"是指将含有译文的声音叠加在原始声音上,使得两者可以同时被听到的技术;源语语音一开始可以被听到,后来其音量不断被降低直到只留下目标语语音,但目标语语音通常会在源语语音结束前几秒钟停止,源语语音又逐渐增强,并显现出来[3]。这种译制方式主要强调的是影音对象的逼真感,所以常见于以写实为主的体裁(如纪录片、访谈节目、新闻

---

[1] Diaz-Cintas J, Remael M. Subtitling: Concepts and Practices [M]. London: Routledge, 2021: 8.
[2] 同上一条。
[3] Diaz-Cintas J, P Orero. Voice-Over [A]. In K. Brown(ed.) Encyclopedia of Language & Linguistics [M]. 2nd Edition. Oxford: Elsevier, 2006: 477.

报道等）。我们在新闻中看到的战地记者采访或专家证词就采用这种方式处理。和之前提到的听障字幕（SDH）一样，口述影像是"媒体无障碍传播"（media accessibility）理念的一种实现方式，专为视障人士进行的配音翻译服务。尤其这类人群视力受限，因此需要将"看到"的内容用言语转述出来，变成听觉信息，其应用范围包括对电视、电影、博物馆展览、自然景观的口语描述、教科书插图之文字解说，甚至对视觉传媒讯息的口语转述。在影视作品中，除源语台词内容翻译之外，还需要对视频中的视觉元素（如布景、场景、人物表情、动作等）进行必要的解说。这种模式既可以是语内的，也可以是语际的。

配音的发展最早可以追溯到20世纪20年代，是随着有声电影的发展和国际传播而兴起的。字幕卡的使用让翻译成为理解外国电影叙事的重要媒介，而当有声电影出现后，电影人也开始积极探讨如何扩大其作品的受众面，于是出现了语内配音这种形式。法国成为率先使用语内配音的先锋。到了30年代，一种比较流行的做法是，拍摄"多语种版本电影"（multilinguals），也就是同一个导演和不同语种的演员把同一部电影拍几次，但这种做法成本高昂，而且也不受观众待见①。于是好莱坞片场另辟蹊径，将美国演员的原声替换成其他语种演员声音的方法，收到了很好的效果。这样既保留了美国电影对国外观众的魅力，又确保观众对对白内容的理解，配音翻译也因此应运而生。随着配音、电影和录音技术（尤其是混录、多音轨合成等）的发展，配音翻译在全球范围内占据着重要市场。作为一种大众文化消费形式，它广泛应用于动画片、网游本地化和纪录片。近年来，很多国家和地区还出现了蓬勃发展的民间配音组。

在配音翻译的流程里，译者翻译的剧本或台词并不是最终的成品，而是长期且复杂的配音活动的起点。虽然各个国家、工作室、机构和团体的实际操作流程存在一定的差异，但配音基本流程如下：翻译任务委任→脚本翻译→翻译校对→同步化操作→配音→上字幕后压制②。这里重点给大家阐述与翻译相关的环节。

在"任务委任"环节，客户（如电视台、节目制作人或发行商）将需要翻译的节目和脚本文件（有时还会附上翻译说明，其中详细规定节目中的插入广告是否要翻译、歌曲是否需要进行译配、某些角色具体的翻译要求等）发给配音工作室，然后工作室联系其内部译者或将其外包给职业译者或自由译者。这时候，译者手头有一个视听文本和一个脚本文件，但有时候脚本可能会不完全或有错误，甚至没有文本，需要进行听译。此后，译者结合视频对脚本内容进行翻译，做到语义忠实、符合目标语受众的

---

① Bosseaux C. Investigating Dubbing: Learning from the Past, Looking to the Future[A]. In Pérez-González, L(ed.). The Routledge Handbook of Audiovisual Translation [C]. London: Routledge, 2019: 49.

② Martinez X. Film Dubbing: Its Process and Translation [A]. In P. Orero(ed.) Topics in Audiovisual Translation [M]. Amsterdam: John Benjamins Pubishing Company, 2006: 4-5.

语言文化习惯,并找他人或自己校对文本。在"同步化操作"环节中,翻译的对话和演员的口型和画面尽可能贴合,有时候会对本文进行一定的调整和改动,但语义不能和原来对话偏离太多。这项工作有时候是译者或校对做,但很多时候会落到配音导演或演员的肩上。同步化后的文本即进入配音录制阶段,然后由专业人士对录音音轨进行后期制作、混音、微调和修剪,最终与视频合成。可见,配音翻译是一个复杂且动态的过程,既要考虑视听文本的时空制约、目标语文化的规范和受众的口味,更需要技术素养和团队合作。

字幕翻译和配音翻译是视听文本的跨语际传播的两种主要方式,不同国家和受众对其各有选择。现将二者各自的优势和劣势归纳如下:①从时间和经济成本来看:配音平均耗时往往是上字幕的5～10倍,而且制作周期较长,翻译只是配音工作的一个环节,译后的配音和后期制作周期相对较长,涉及人员和环节较多。②从观影者因素来看:字幕观众相对有限,需要一定的外语能力,同时兼顾叙事和字幕,观影压力可能会比较大;译制片门槛相对较低,观影时更加省力省心,但可能会被"配音腔"(dubbingese)或是失真感所困扰。③从内容原汁原味程度来看:字幕翻译往往有明显的异化趋势,能够保留较多原文的内容,可以帮助观众了解国外文化的内容;配音信息则被替换成目标语,出于翻译考虑或社会原因,影视作品中的某些内容在翻译中可能被归化或替换。④从文化战略意义来看:配音在某些国家是一种民族主义的表现,用以抵抗文化入侵,保护其民族语言和文化,强化其民族身份[①];字幕则常常出现在教育程度较高或多语主义语境中,有助于维持多元文化意识,培养开放、宽容的心态。

基于以上描述,我们可以将影视传播情景和配音/字幕方式的选择做如下关联:儿童动画和动漫作品往往采用配音翻译,音乐和歌剧演出选用字幕(尤其是剧场字幕),综艺节目采用字幕方式,新闻时政类节目则将字幕与译配解说相结合,而对于外语学习者,看有双语字幕的视频是较好的学习模式。

二、配音的语言特征与配音要求

与字幕翻译相比,配音翻译需要更多地考量语言、文化、受众和配音演员表演等因素,这使得配音语言有其独特特点,进而对翻译方法选择产生一定制约,也在一定程度上解放了翻译的创造性。

(一) 配音的语言特征

配音语言是叙述故事、塑造角色、传递情感、烘托氛围的重要媒介,呈现出口语

---

① 肖维青. 英汉影视翻译实用教程[M]. 上海:华东理工大学出版社,2017:19.

化、顺应性和表演性等特征①。所谓"口语化"是指（除了某些专业性较强的纪录片和实验性作品外）配音翻译的语言基本上是大众化的口语，这样观众可以在语音呈现的较短瞬间抓住其意思，不会增加额外的认知负荷。"顺应性"指配音语言需要顺应目标语的语言表达习惯、观众的文化认知、教育水平，以及目标语文化的主流意识形态等内容，这也就意味着译者在翻译过程中会呈现出明显的归化倾向。"表演性"这一特征与配音整个过程有关。由于翻译只是真正意义上配音活动的起点，译过的脚本才是后期配音的基础，它在很大程度上决定了译制片最终成品的质量。因此，译者在翻译过程中应该尽可能考虑画面人物的情绪、体态、心理活动等，尽可能将隐没在台词或画面中的人物关系、社会关系、心理状态、情感态度等信息明晰化，让台词具有更强的表演性和表现力。这些特征的例子，请参考下面的"配音翻译的原则与方法"部分。

（二）配音的要求

事实上，字幕翻译部分提到的国标《广播电视和网络视听节目对外译制规范》（GY/T 359—2022）也有一些有关"配音要求"的说明②，现将其归纳陈述如下，以便供选择配音翻译原则与方法时参考。

1. 基本要求

对照节目视频完成配音，其音色、音量、语速、情绪等与原节目相符合，允许艺术性再创作；纪录片、新闻等节目的旁白、解说应进行配音，人物同期声根据需要进行译配解说。配音尽可能本土化，可对台词进行解读和微调。

2. 配音导演与演员的职责

配音导演应准确把握语言文化和节目艺术风格差异，结合画面对配音演员的声音、口型和表演等进行把关，保证高质量地完成配音工作。而配音演员是目标语的母语人士，口音纯正清晰，主要针对角色的对白、独白、旁白、解说、群杂声进行配音，其音色应该贴合角色的年龄、性别、性格、社会身份等特征。此外，角色配音应具有明显的辨识度，同一角色的配音演员全片保持一致。

3. 配音具体要求

（1）同步性：配音口型、停顿、语速等与视频相应角色相符，配音时间无提早、无延迟，时长相符合。

（2）准确性：配音需准确把握情绪、逻辑重音、吐字、音量、音色、语气等。

（3）艺术性：导演与演员应适度进行艺术创作，使配音质量和艺术水准与原节目相当。

---

① 岑艳琳. 影视配音翻译的成功策略探析：以《疯狂动物城》为例[J]. 电影评介，2020(20)：34-35.

② "GY/T 359—2022 广播电视和网络视听节目对外译制规范"，网址：http://www.nrta.gov.cn/art/2022/9/29/art_3715_61974.html.

三、配音翻译原则与案例分析

在配音翻译过程中,译者往往根据视听文本的内容、呈现状态以及演员表演,基于某些翻译规范、原则和理念,采用声画对位、台词标注、加水词、改编等方法来处理台词,这种处理有时候语义忠实,有时候兼具创意。现从同步原则和贴合原则的角度,结合译例进行介绍。

(一) 同步原则

同步原则是由视听文本的时空技术制约所决定的。在配音翻译中,译者要遵循三种类型的同步:其一,"口型同步"(lip synchronicity):确保翻译后的声音能和屏幕上(尤其是特写镜头中)的角色口型对应;其二,"音长同步"(isochrony):确保源语对白和目标语对白的长短一致,尤其是能看到角色的嘴唇的时候;其三,"动作同步"(kinetic synchrony):确保翻译后的对白不和角色表演冲突,配音演员的声音和角色的外貌特征、个人性格相吻合[1]。这项原则其实就是配译界常说的"对口型",主要是为给观众营造一种错觉,即荧幕上的角色和自己说同一门语言,从而降低其观影时的认知负荷,提升其舒适度与满足感。那么,如何实现这三个层面的同步呢?

为了实现口型同步,译者在台词翻译中应该以画面为准,参考镜头类别,尽量做到目标语和画面口型开合基本一致。在实际操作中,重点关注特写镜头和情绪猛烈时候的口型,选用与源语发音相似或相近的单词,让目标语的停顿和源语位置上大致相合,一连串口型时则考虑闭合次数、节奏和字数的相同或相近[2]。在实现音长同步的时候,最直接的方法就是让每句目标语台词和源语台词在音长上相同或相近,可以通过以下两个方法实现:①以源语音节作为计算用字参考。如"Stop"为一个音节,那么译成中文就可以考虑一个字"停"或两个字"停吧"(口型也大致相似);而"停下"则可以处理成"Stop now"(对比:口型不一致的 Stop it);②以时长计算用字:汉语播音员的平均速度为每秒 3~4 字,因此,在计算字数时可将视频范围总秒速乘以 3 或 4,但需要考虑荧幕中角色自身的语速,此外,是否存在停顿、沉默等副语言现象[3]。至于动作同步,译者可在观看视频时,预先将与画面动作关联的台词进行标注,在具体翻译时灵活调整相关信息的位置,实现动作与台词的同步。

此外,实现音画同步的另一个重要方法就是"加水词"(filler)。当画面角色做了口型却没说话,或说了话却没有台词记录的时候,就出现了"落口",如果不补台词,观众会感觉译制不完整。为了弥补这种情况,加水词就是一种有效的配音翻译策略,

---

[1] Diaz-Cintas J, Remael M. Subtitling: Concepts and Practices [M]. London: Routledge, 2021: 8.
[2] 张修海. 影音翻译的策略与方法 [M]. 北京:中国电影出版社,2015:167.
[3] 张修海. 影音翻译的策略与方法 [M]. 北京:中国电影出版社,2015:165.

"为了烘托场景气氛,或为使发音模糊不清的源语杂群内容清晰化,而随意添加源语语境中无其词但有其意的词汇"①。事实上,是否使用水词很多时候取决于配音演员,但配音翻译中对台词字数的拿捏,会在很大程度上影响到后期配音工作:当一句台词字数过多(行话称"太满/涨")时,配音演员后期就需要删减字数;而台词字数不足的时候(即"太窄/有剩口"),配音演员就不得不加水词,以弥补音长和口型的空缺。

对于配音翻译新手来说,可以采用下列步骤进行训练。首先,先观看一遍视频,准确理解源语台词的内容。其次,回看视频,进行一系列标注(如角色的情绪、体态语、停顿"气口"、画外音、音乐、专名和术语)。再次,结合"音长同步"讲到的方法找到目标语台词的节奏框架,重点关注源语和目标语表达音节数量相差较大的台词。最后,基于同步和贴合原则翻译台词。现举一例来说明其操作:

例 8:

Joseph Cooper: It's a perfect planet, and we won't find another one like her.

Amelia Brand: No, it's not like looking for a new condo. The human race is going to be adrift… desperate for a rock it can cling to while it catches its breath. We need to find that rock.

From Interstellar (00:50:47—00:51:04)

分析:这简短的对话选自电影《星际穿越》,背景是美国国家航空航天局的工程师和航天飞机驾驶员的库珀登上"永恒号"前往太空的途中,看到窗外的蓝色地球,不禁发出了第一句感叹,同舱的美国宇航局的科学家和宇航员艾米莉亚回复了第二句。在确认台词的意义之后,我们复看视频片段,将其气口标注如下:

Joseph Cooper: It's a perfect planet,/and we won't find another one like her. /

Amelia Brand: No /, **it's not like looking for a new condo.** / The human race is going to be /adrift… desperate for a rock it can cling to while it catches its breath. /**We need to find that rock.**

此外,我们还会发现:视频中两个角色语气相对平静,台词无须和画面进行配合,大部分台词只要保证音节数量大致相当即可,只有加粗的"It's not like looking for a new condo"和"We need to find that rock"两句正好是艾米莉亚面部特写镜头时候说的,因此翻译时需要确保口型和音长同步。由于 condo 和 rock 都是开口音,如果直译成"公寓"和"石头",无法实现口型开合的同步,需要进行变通处理。基于上述分析,可翻译为:

库珀:完美的星球/再也找不到像它这样的了。

艾米莉亚:不/**这可跟搬家找房子不一样。**/人类种族将会漂泊/ 逃亡,/迫切地

---

① 张修海. 影音翻译的策略与方法 [M]. 北京:中国电影出版社,2015:171.

需要一个能暂缓生息的地方/。**这就是我们的使命。**①/

接下来,我们再结合两个跨度较大的译例(动画片对白 VS 纪录片旁白)来阐述译者在翻译过程中如何遵守同步原则。

例 9:

原声台词	中国台湾配音版
What's taking this guy so long?	(特写镜头)这家伙怎么这么慢?
Is he really as good as they say he is?	(特写镜头)它真有传说中那么好吗?
No. Better.	(特写镜头)不　更好
Whoa! Who was that?	(特写镜头)哇　那是谁啊?
Why, hello, ladies. Are you ready to lose?	(特写镜头)小姐们好啊　准备输了吗?
Last one to the water tower buys a round of fuel.	谁最慢到水塔　谁就请喝燃料
Tell you what, I'll give you guys a head start.	(面部特写)这样好了　我让你们两个先跑
You're going to need it.	(面部特写)你们很需要哦
Later, loser.	再见　讨厌鬼
One one-thousand, two one…	(面部特写)一个一千　两个一千
oh, that's enough.	(面部特写)啊　够啦
See ya, suckers!	再见　傻瓜
Eat my…	(特写镜头)吃我的灰
Dusty…	达斯蒂
Pay attention. You're daydreaming again.	(咳嗽之后说)专心一点　你又做白日梦了

00:01:00—00:01:52 from *Planes*②

分析: 本例节选自 2013 年上映的迪士尼公司 3D 电脑动画电影的开场部分,专给农场作物喷洒农药的小飞机"达斯蒂"和其他两架飞机赛飞。结合视频画面分析后,我们发现:大多数台词都恰好在特写镜头,因此,在语义准确的同时还需要考虑口型的开合和长短同步的问题。在保证音长大致相当的前提下,译者刻意对加粗那几句的口型开合进行了调整,如 Who was that? 后面加了"啊"来再现 that 的开头音 [ɑː],将"head start"翻译成了"先跑",也不是"先开始"或"先飞";把"enough"一句译成了"够啦",而不是"够了"。特别需要关注的是"Eat my…"这个不完整句的翻译,译者根据画面背景里的咳嗽声,结合农药小飞机的名字 Dusty(达斯蒂),创造性地增补了"灰",让台词和画面的动作更加贴合,也表现出一种幽默感。

---

① 配音转写为电影《星际穿越》官方中文配音,从视频中提取获得。
② 配音转写为电影《飞机总动员》中国台湾配音版,从视频中提取获得。

例 10：

原声台词	中文配音	字幕翻译
One hundred years ago	在一百年前	一百年前
The airplane was a novelty	飞机还是一种新奇事物	飞机是很新奇的东西
a source of thrills in the hands of barnstormers and daredevils.	是特技飞行员和冒险英雄展现胆识的工具	特技飞行员和冒险英雄展现胆识的工具
Air show started around the world	（人物同期声）航展开始在世界各地涌现	世界各地开始有了航空展
and they were attended by a hundred thousand people, two hundred thousand people	（特写镜头）常常有十万人 甚至二十万人参加航展	总有一二十万人参加
and there were press reports of jaw-dropped crowds	新闻报告里的观众	新闻媒体报道观众目瞪口呆
watching specks appearing in the distance	都是目瞪口呆地看着远方出现成为一个小小的黑点	看着远方出现一个黑点
and growing into airplanes.	逐渐变大成为一架飞机	逐渐变大成为一架飞机
They were diving and they were taking off.	它在天空中到处俯冲腾跃	俯冲又爬升
People simply couldn't believe it was true.	来参加航展的人们都觉得难以置信	感觉难以置信

00:00:04—00:00:40 from *The Age of Aerospace*(S01E01)①

分析：通常来说，纪录片旁白的配音翻译制约性相对较少：除了特写镜头对口型开合和音长同步要求较高之外，其他台词只要整体的音长与原声大致吻合，在出现人物画面的地方适当口型同步即可。本例节选自探索频道2016年推出的《航空航天的时代》的第一集《无所不能》(*What Can't We Do*)，重点介绍了波音公司在第二次世界大战前从成立到成功，而后因各种因素陷入困境，再到孤注一掷推出B-17轰炸机的过程。选段是开篇的解说词，叙述了飞机刚问世那个时代的背景情况。结合视频画面分析后，我们仅仅是加粗那句旁白需要考虑音长和口型同步，其余部分只要音长与原文大致相当即可。为了更清晰说明配音这种形式对翻译的制约，我们将其与字幕翻译进行对比。配音版整体上更有文采一些，为实现音画同步，更"啰嗦"一些，尤其是特写镜头那句，音节较多，不但重复了"航展"一词实现了话题连贯，而且还增加了"常常""甚至"这样的水词。

---

① 配音转写为纪录片《航空航天的时代》官方中文配音，从视频中提取获得。

(二) 贴合原则

视听作品中的语言往往具有推进故事线、塑造人物角色、阐发主题、烘托气氛、定调场景等叙事功能,加之配音语言具有表演性,这就要求我们在配音翻译中要适应原片,向其靠拢和贴近,避免违和感,达到配音的"声"、视频的"形"和内容的"义"统一,即遵从"贴合原则"。

在翻译过程中,译者应该充分考虑以下几个方面的贴合:①视听技术层面:译文在口型、话语节奏、气息和画面贴合,这也就是之前说的"同步原则";②人物角色层面:译文能准确传神地表达对应角色的性格、身份、当下的动作、情绪和说话的语气语调;③交际层面:译文中目标语的使用自然、规范,准确表意,语体选择得体,能适合当下的交际语境,有效地呈现角色之间的关系。

例 11:

原声台词	中文配音
So now that NASA can talk to me,	现在国家宇航局已经可以和我对话了
they won't shut up.	**可真烦**
They want constant updates on everyhab system...	他们想获取居住舱系统里的每一个数据
And they got a room full of people	(面部特写)一大屋子的人
trying to **micromanage** my crops,	对我的庄稼进行事**无巨细的管控**
which is awesome.	**真是太可怕了**
Look, I don't mean to sound arrogant or anything...	我这么说并不是因为我有多么自大
but I am the greatest botanist on this planet,	(特写镜头)我是这个星球上最伟大的植物学家
so...	所以……
Oh, one big bonus to this communication with NASA again...	哦 再次和国家宇航局沟通最大的收获就是
is the email. I'm getting them again.	再次收到了邮件
Big data dumps like when I was on the Hermes.	就像之前在赫尔墨斯进行的大数据传输
I even got one from the President.	甚至有美国总统的邮件
The coolest one, though the coolest I got...	最酷的邮件就是
was from University of Chicago,	我收到了芝加哥大学的邮件
my Alma Mater.	(面部特写)**那是我的母校**
They say that once you grow crops somewhere...	他们说 一旦在某个地方种植了庄稼
You've officially colonized it.	就意味着你对那开始了殖民统治
So, technically...	(特写镜头)所以 严格地说

续表

原声台词	中文配音
I colonized Mars.	（面部特写）我已经统治了火星
00:54:03—01:00:29 from *The Martian*①	

分析：本例节选自 2015 年上映的美国科幻冒险片《火星救援》，讲述了宇航员马克遭遇外太空巨型风暴后与团队失联，孤身一人置身于火星，而后又遭遇飞船损毁，想方设法回到地球的故事。选段是"太空鲁冰逊"马克滞留在火星后依然乐观幽默，利用自制肥料种植土豆，自顾自地开玩笑说已经"殖民"火星。结合视频画面分析后，我们发现：选段中有五处台词有特写镜头，但只有两处面部特写，需要兼顾视听技术层面的贴合（如口型上 crops 对应"管控"，音长上 my Alma Mater 和 I colonized Mars 两句增加了水词）；虽然是独白，但身为专业人士的马克用相对正式的语言，不但使用分词和从句，还有专业术语（hab system，botanist，big data dumps，Hermes）、高语域词汇（micromanage，Alma Mater，colonize）等形式，因此译文语言风格要贴合这一点。从交际维度看，为了更好地传递主人公对美国国家宇航局的态度，翻译中将"They won't shut up"动作描述转换成情绪结果"（他们）可真烦"，把"micromanage"翻译成"事无巨细的管控"，更有意义的是将反语"which is awesome"的情绪元素直接翻译成了"真是太可怕了"，有效地贴合了交际情景和人物关系。

例 13：

原声台词	中文配音
Shake a leg! Murph, get a move on!	快过来 墨菲 吃饭啦
Tom, 4:00 today, you and me in the barn,	汤姆 今天下午四点 跟我去谷仓
Herbicide Resistance 101. Check?	好好学学怎么用除草剂 好吗
Yes, sir.	遵命
Not at the table, Murph.	别拿到餐桌上
Dad, can you fix this?	爸 还能修好吗
—What the heck did you do to my lander? —Wasn't me.	——你把登月舱弄坏了 ——不是我
Let me guess.	我知道
It was your ghost?	又是幽灵
It knocked it off. It keeps knocking books off.	就是幽灵干的 把书都弄掉了
No such thing as ghosts, dumb-ass.	根本没有幽灵 傻瓜
I looked it up. It's called a poltergeist.	（面部特写）我查过了 这叫捣蛋鬼

---

① 配音转写为《火星救援》官方中文配音，从视频中提取获得。

续表

原声台词	中文配音
Dad, tell her.	**爸爸　你说吧**
Well, it's not very scientific, Murph.	（面部特写）这种说法不太科学　墨菲
You said science was about admitting what we don't know.	（面部特写）你说过科学就是确定未知的事物
She's got you there.	没话说了吧

00:03:32—00:04:06 from *Interstellar*①

分析：本例节选自 2014 年上映的美国科幻片《星际穿越》，讲述了一组宇航员通过穿越虫洞来为人类寻找新家园的冒险故事。选段是美国国家宇航局航天飞机驾驶员库珀因为协助解决气候转变和枯萎病诱发的粮食危机而成为农民，和家人在餐桌上的日常对话。从台词上看，语言风格整体偏口语体（如 shake a leg, dumb-ass），以简单句和断句（如 not at the table, no such things as ghost 等）为主，角色之间的互动性较强，其中，第 2—4 句台词是父子之间的对话，体现出明显的身份差别和社会距离。结合视频画面分析后，我们发现：视频中有三处面部特写需要考虑视听技术层面的贴合，其中加粗部分，配音译文中使用了"未知的事物"（而不是"未知""未知的事"或者"未知的事情"）以贴合 now 的开口音。从交际维度看，为了保证传达效果，"Herbicide Resistance 101"这一表达进行了归化处理，选择了上义词"除草剂"，把"Dad, tell her"翻译成"爸爸 你说吧"，而非"爸爸 告诉他"，以增强女儿和爸爸这两角色之间的对话性。此外，"Check?"和"Yes, Sir"分别处理成"好吗"和"遵命"也更加贴合交际语境，有效地呈现了角色之间的关系。

综上所述，配音翻译是一门既讲制约和原则，又不乏乐趣和创意的艺术。在翻译中，译者需要充分考虑台词、画面、音轨等元素的意义共建性，做到表意清晰、语域恰当、音画对位、贴合原片。

单元小结

本单元详细地介绍了航空航天影视作品最常见的两种译制模式：字幕翻译和配音翻译。在字幕翻译部分，我们重点讨论了字幕翻译的元素（对白与旁白、画面上的话语元素、歌曲或其他与故事情节相关的声音）、不同分类（语内 VS 语际 VS 双语、软字幕 VS 硬字幕、视频字幕 VS 剧场字幕、职业字幕 VS 字幕组字幕 VS 机器字幕）、字幕翻译的流程、翻译单位和规范，并结合航空航天员影视作品的特征将其字幕

---

① 配音转写为《星际穿越》官方中文配音，从视频中提取获得。

翻译原则归纳为内容专业化与语境化原则、充分且连贯理解原则、多模态互补互指原则和语言风格一致原则。在配音翻译部分,我们阐述了其定义、分类(职业 VS 粉丝、对口型配音 VS 译配解说 VS 口述影像)和译制流程,对比了字幕与配音在成本、内容、受众与文化战略意义等维度上各自的优劣,并结合相关语料阐述了配音语言的口语化、顺应性、表演性,重点剖析了同步原则和贴合原则指导下台词标注、对口型、加水词等常见翻译操作在航空航天故事片、动画片和纪录片中的运用。

时至今日,技术日新月异,新媒体井喷式发展。技术革新不仅影响了航空航天影视作品的生产和消费方式,更带来了视听翻译在形式、文本体裁、模态维度甚至行业结构上的变化。随着人工智能和语音识别技术的发展,字幕生成器在全球范围内涌现,提供实时机器字幕识别与翻译服务,而且在很多地区已经形成一种不可抵抗的行业与时代趋势。在这样的背景下,我们既要以开放的心态拥抱和学习新技术,提高自己的影视翻译能力和效率,又要以思辨的眼光去审视其利弊得失。面对字幕和翻译技术的飞速发展,我们更应该清醒地认识到:技术的发展使我们从译者变身为校对者或译后编辑者,这其实对我们的翻译能力、工具能力和信息素养提出了更高要求。"打铁还需自身硬。"我们既要利用数字技术和翻译技术的便利来提高效率和精度,又要不断地提高个人的能力素养和创意能力,将影视翻译的科技性与人文性有机结合。

练　习

一、基础练习

1. 翻译下列航空常用语

1) 民用航空
2) 客机
3) 远程飞机
4) 客舱
5) 登机牌
6) 乘务员
7) 起飞与着陆
8) 起飞/到达时间
9) 行李签
10) 海关手续
11) 上税物品
12) 行李认领处
13) 迫降
14) 氧气面罩
15) 耳塞与眼罩

2. 选词填空

fueled	pride	innovation	yet	sorry
unabated	accessible	dignity	what	rank

There are many reasons for the ___1)___ state of commercial aviation in

America. When it comes to your routinely terrible flight, regulatory failures as well as consolidation, which the authorities have allowed to occur __2)__ for decades, can be blamed. But I come to you as a technology columnist to tell you that technology, too, has failed you.

People in Silicon Valley __3)__ themselves on their capacity to overturn entrenched industries. Uber defeated taxi cartels. Airbnb made getting a room cheaper and more __4)__. Streaming services are undoing the cable business. __5)__ the airline industry has not just stubbornly resisted __6)__ to improve customer service-in many ways, technology has only __7)__ the industry's race to the bottom.

Travel search engines __8)__ airlines based on price rather than friendliness or quality of service. Online check-in, airport kiosks and apps allow airlines to serve customers with fewer and fewer workers. __9)__ we are witnessing is the basest, ugliest form of tech-abetted, bottom-seeking capitalism — one concerned with prices and profits above all else, with little regard for quality of service, for friendliness, or even for the __10)__ of customers.

3. 汉译英

1) 经济舱的行李舱先到先得。
2) 载人登月将成为中国乃至世界太空探索的一个重要里程碑。
3) 飞行礼仪规则,既能保证乘客自己的合理舒适,同时也为周围的人着想。
4) 搭载着"嫦娥四号"登月飞行器的火箭从中国西南部的西昌卫星发射中心升空。
5) 中国月球计划的下一步是让"嫦娥五号"非载人航天器登月,将岩石样本带回地球进行进一步的研究。

4. 英译汉

1) China is the only country to have successfully landed on the moon in the 21st century, and in 2019 it also became the first to land a probe on the moon's far side.

2) Fatal crashes of Malaysia Airlines, AirAsia and TransAsia Airways planes in the past year have prompted travelers to raise questions about the safety of Asian carriers and whether steps are being taken to ensure their security.

3) Recent measurements of the distances and velocities of faraway galaxies do not agree with a hard-won "standard model" of the cosmos that has prevailed for the past two decades.

4) Calculations indicate that sunlight and chemical reactions in the Martian atmosphere would break up the molecules within a few hundred years, so any methane there now must have been created recently.

5) Astronomers have a good theory about how dark matter behaves, and that has allowed them to tell a plausible story about how the universe evolved from when it was a trillionth of a second old until today.

二、拓展练习

1. 汉译英字幕翻译

请将以下汉语字幕翻译为英语,该字幕选自 CCTV 纪录片《你好!火星》(第五集)。

00:00:54,640→00:00:56,880
在地球上开车讲究

00:00:56,880→00:01:00,760
大路万千条　安全第一条

00:01:01,240→00:01:02,960
在火星上就变成了

00:01:02,960→00:01:07,880
大路每一条　安全更重要

00:01:08,320→00:01:10,400
乌托邦平原南部这块地方

00:01:10,400→00:01:13,440
虽然一望无际　平坦开阔

00:01:13,440→00:01:17,760
但石块小坑沙丘　比比皆是
but rocks, pits, and sand dunes abound

00:01:17,760→00:01:21,560
在这种地方行车　不仅需要车技高超

00:01:21,560→00:01:23,560
更重要的是需要一辆

00:01:23,560→00:01:27,080
具有十八般武艺的好车

00:01:29,680→00:01:31,120
火星车的设计团队

00:01:31,120→00:01:34,920
有两辆月球车的研制经历

00:01:34,920→00:01:38,040
其中玉兔二号已经在月球背面

00:01:38,040→00:01:40,160
安全行驶了3年多

00:01:41,240→00:01:42,640
他们也为中国创下了

00:01:42,640→00:01:44,400
同时有两个巡视器

00:01:44,400→00:01:48,480
行驶在不同星球的记录

00:01:50,840→00:01:53,760
祝融号火星车比月球车个头大

00:01:53,760→00:01:57,400
但并不是月球车简单的放大版

00:01:57,400→00:02:00,760
它又练就了很多独特的本领
It has many unique features

00:02:02,200→00:02:03,200
(贾阳)我这次用了一个主动悬架

00:02:04,200→00:02:07,720
可能是世界上首次的应用在地外天体上的

00:02:09,000→00:02:11,760
什么是主动悬架呢?

00:02:11,760→00:02:12,880
简单地说

00:02:12,880→00:02:15,680
就像圆规可以通过调整夹角

00:02:15,680→00:02:18,240
改变两个脚之间的跨度

00:02:18,240→00:02:21,760
火星车两侧连接车体和车轮的摇臂

00:02:21,760→00:02:23,280
调整夹角

00:02:23,280→00:02:25,760
能够改变轮间距离

00:02:25,760→00:02:29,280
和车体的离地高度

00:02:29,280→00:02:31,352
最高可以让车底盘的高度

00:02:31,353→00:02:32,440
离地半米

00:02:33,160→00:02:34,440
最低的时候

00:02:34,440→00:02:36,480
车肚子可以贴地

2. 英译汉字幕翻译

请将以下英语字幕译成汉语，特别关注航空术语与行话的翻译，该字幕选自电影《飞机陷落》(*Plane*)。

0:07:31.92→0:07:33.06
Ladies and gentlemen,

0:07:33.10→0:07:34.36
make sure your seats…

0:07:34.41→0:07:35.62
… are in an upright position…

0:07:35.67→0:07:37.10
… that your seatbelts are fully fastened

0:07:37.15→0:07:39.58
and any carry-on items you have are fully stowed.

0:07:39.63→0:07:41.80
Once again, thank you for flying Trailblazer.

0:07:42.94→0:07:45.02
—Set to max. —Takeoff trail.

0:07:45.07→0:07:46.46
Trim set for takeoff.

0:07:46.50→0:07:47.68
And flight controls.

0:07:47.72→0:07:49.73
Flight controls, free and clear.

0:07:49.77→0:07:50.81
Check is complete.

0:07:50.86→0:07:52.16
Passengers all tucked in, Captain.

0:07:52.21→0:07:54.12
All right, let's close it up.

0:07:59.06→0:08:00.39
Good evening, ladies and gentlemen.

0:08:00.43→0:08:02.74
Welcome to Trailblazer flight 119.

0:08:02.78→0:08:04.70
This is your captain speaking.

0:08:04.74→0:08:08.70
If your next stop is Tokyo, then you're in the right place.

0:08:08.74→0:08:11.09
If you're not going to Tokyo,

0:08:11.14→0:08:13.49
then you're about to have a really long morning.

0:08:13.53→0:08:15.23
Flight time this evening

0:08:15.27→0:08:17.14
is six hours and thirty minutes.

0:08:17.19→0:08:21.32
And luckily, I know a shortcut, so we might be there a little early.

0:08:21.37→0:08:23.41
We'll be taking off just as soon as I learn

0:08:23.45→0:08:25.98
a few pages of this flight manual. Thank you.

0:08:29.81→0:08:31.20
Ready for pushback?

0:08:31.24→0:08:33.55
—Ready for pushback. —Make the call.

0:08:35.47→0:08:37.03
Trailblazer 119,

0:08:37.08→0:08:39.47
you're clear to taxi Runway Zero-Two Left.

0:08:39.51→0:08:41.56
Trailblazer 119, roger that.

0:08:41.60→0:08:43.47
Taxiing Runway Zero-Two Left.

0:08:51.35→0:08:54.09
This is one view that never gets old.

0:08:56.49→0:08:58.49
Trailblazer 119 in position, ready for takeoff.

0:09:00.36→0:09:01.93
you are cleared for takeoff.

0:09:01.97→0:09:04.54
Maintain runway heading, climb to and maintain 2,000.

0:09:04.58→0:09:06.54
Roger that, and cleared for takeoff.

0:09:06.58→0:09:07.67
Fly runway heading.

0:09:07.72→0:09:10.46
Climb and maintain 2,000. Trailblazer 119.

0:09:10.50→0:09:13.59
Takeoff power is set. Airspeed alive.

0:09:15.07→0:09:17.07
Eighty. Cross-checks.

0:09:35.18→0:09:37.92
—Positive rate, landing gear up. —Landing gear up.

0:09:37.96→0:09:39.49
—Flaps up. —Flaps up.

0:09:39.53→0:09:41.36
Trailblazer 119, turn right,

0:09:41.40→0:09:43.32
heading one-six-zero degrees.

0:09:43.36→0:09:45.36
Climb to and maintain one-zero thousand.

0:09:45.41→0:09:47.06
Copy departure. Trailblazer 119.

0:09:51.98→0:09:53.28
Ladies and gentlemen,

0:09:53.33→0:09:54.94
this is your captain speaking.

0:09:54.98→0:09:57.64
We've reached our cruising altitude of 37,000 feet.

0:09:57.68→0:09:58.77
If there's anything you need…

0:10:00.20→0:10:01.77
please don't hesitate to ask.

0:10:01.81→0:10:03.29
We at Trailblazer

0:10:03.34→0:10:05.34
appreciate you spending your New Year's Day with us.

第五单元 航空航天故事片的翻译

电影作为一门集科技与人文于一体的综合艺术，具有一定的复杂性和综合性。我们在现实生活中观赏到的影片几乎都同时具备多重属性，并可以按照不同标准划分为不同类型。比如，我们可以首先根据拍摄使用的材料、创作手段、表现对象以及教育审美功能等，将电影分为故事片、纪录片、美术片、科教片等类型（又称作片种）。[①] 其中，故事片不仅产量遥遥领先，也是观众最为喜闻乐见的电影片种。按照影片题材，故事片可以分为军事片、工业片、农村片、都市片、校园片；按照影片内容的特点和性质，故事片可以分为惊险片、武打片、科幻片、爱情片、伦理片；按照主人公结局和戏剧类型，故事片可以分为喜剧片、悲剧片、正剧片、闹剧片。[②] 可以说，要想真正了解航空航天影视翻译，就必须对航空航天故事片的翻译进行深入探究。

本书前面曾提到影视翻译最主要的两种形式是字幕（subtitling）和配音（dubbing）。这两种译制模式并无高低优劣之分，而是各有特点，互相补充。在我国电影译制市场上，也常见两种译制模式并存的情况。本单元将重点讨论字幕翻译。

第一节 语言特点

不同的影视片种除了在主题、创作手法、风格等方面存在差异外，还具备不同的语言风格特征。如果一部古装剧中的人物讲着流行的网络口语，除非出于某种特定的剧情需要，这种语言风格的错位一定会让观众摸不着头脑，影视效果也会大打折扣。航空航天故事片的题材具有一定的独特性，语言风格独树一帜。熟悉航空航天故事片的语言风格可以帮助译者深入理解此类影片的故事内涵，进而确保译文能够忠实地传递源语信息。航空航天故事片的语言除了具备影视语言的普遍特点，还具有航空航天的专业特色。航空航天故事片的主要语言特征可归纳为：整体上呈现生活化、口语化；专业化表达多遵循行业标准，呈现聚集性分布；俗语、幽默语和禁忌语等文化元素偶有出现，呈现零散分布。

一、语言整体上呈现生活化、口语化

首先，从题材上讲，航空航天故事片多为战争片、科幻片、灾难片或娱乐片。此类

[①] 朴哲浩.影视翻译研究[M].哈尔滨：黑龙江人民出版社，2008：5.
[②] 李泱.影视艺术概论[M].北京：北京工业大学出版社，1994：46.

题材也就使得航空航天故事片和纪录片迥然不同——相较于纪录片,航空航天故事片有着更加完整的叙事结构,也更注重故事情节,而且它并不针对某一特定的观众群体,也就是说,它的受众范围更广。因此,航空航天故事片的语言在总体上往往会更加生动,具有生活性、口语化的特点。比如,以下文本来源于国产影片《流浪地球》,讲的是电影主人公刘启换购地表服的经历。该片段很好地展示了航空航天故事片的语言在总体上贴近日常生活,呈现出生活化、口语化的特点。

例1:

"一哥,东西准备好了吗?"

"货呢?"

"七成新,都检查过了,能用。还给您带了串儿,趁热吃。"

"有心。拿衣裳去。"

"多大了?"

"哎,你看一哥这玩意儿做的,跟真的一模一样。"

"你的。"

"谢一哥!"

"记得明儿来还衣服啊。"

"谢谢一哥,走了啊。"①

分析: 这段人物对白符合日常口语交流的特点。在词汇层面,使用了很多日常口语词汇,比如"一哥""有心""串儿""玩意儿"等;在句子层面,出现较多省略现象,可将原文还原如下。

例2:

"一哥,(我的)东西(你)准备好了吗?"

"(我的)货呢?"

"(货)七成新,(我)都检查过了,(货)能用。(我)还给您带了串儿,(您)趁热吃。"

"(你)有心。(你)拿衣裳去。"

"(你)多大了?"

"哎,你看一哥这玩意儿做的,(这玩意儿)跟真的一模一样。"

"你的(衣裳)。"

"(我)谢(谢)一哥!"

"(你)记得明儿来还衣服啊。"

"(我)谢谢一哥,(我)走了啊。"②

---

① 该部分选自电影《流浪地球》10分08秒至11分10秒字幕。该电影于2019年由郭帆执导。

② 同上一条。

二、专业化表达多遵循行业标准,呈现聚集性分布

虽然整体语言风格贴近日常生活,但是由于此类故事片都是围绕航空航天这一主题展开,影片难免会涉及航空航天类术语和专有名词,具体数量则受影片主题和叙事结构等因素的影响。也就是说,航空航天故事片的整体语言较为生活化、口语化,但时常穿插有一定数量的专业化表达,术语多聚集性出现。以美国航空灾难片《萨利机长》(*Sully*)为例,影片在一开场就描述了空难场景,短短的两分钟充满了航空航天类的专业表达。

例3:

"Cactus 1549. Runway four. Cleared for takeoff."

"Cactus 1549. Cleared for takeoff."

"Mayday, mayday. Cactus 1549."

"We've lost both engines. Both engines."

"No relight on one or two."

"Cactus 1549, if we can get it for you, do you wanna try to land runway 1-3?"

"Departure control, we can make it. We're turning back towards LaGuardia."

"LaGuardia Tower, Cactus 1549, trying to make 1-3."

"Sully, we're too low."

"Sully, we're too low!"

"Come on."

"Just a little farther."

"Come on."①

该影片还原了1549号航班的全部飞行过程,并将其分成两段来讲述。第一段在影片中的起止时间为27分30秒到39分;第二段的起止时间为1小时19分到1小时24分。这两段都完美呈现了航空航天故事片"整体语言生活化,术语多聚集性出现"的特点,以下片段就是一个很好的例证。

例4:

"Good afternoon, Sheila."

"Captain."

"Hello, Donna."

"Captain."

"Jeff."

"Hey, Sully. How are ya?"

---

① 该部分选自电影 *Sully* 0分05秒至1分24秒字幕。电影于2016年由 Alfonso Cuarón 执导,中文译名为《萨利机长》。

"Hey, guys! Jeff!"

"We're not gonna make it!"

"I've been waiting for a year for this trip, Dad."

"I'm not gonna miss this flight. Just meet us at the gate, okay?"

"We'll see you there, Uncle Robbie."

"Altimeter is verified. 3-0-2-3."

"3-0-2-3."

"Start checklist complete."

"You really think they'll release us?"

"I've checked the latest reports. We're clear all the way to Charlotte."

"Then steaks."

"Del Frisco's. On me."

"Never been."

"And I hear good things."

"The rib eye'll break your heart."

"I'm more of a porterhouse man."

"The porterhouse will stop your heart."①

分析：加下划线的部分为机长开始登机，与机组人员打招呼的片段；曲线部分为飞机马上起飞时，一家人在赶飞机时的片段，这两段对话内容都来源于日常生活，因此整体语言风格偏向生活化、口语化；加粗下划线的部分为起飞前的检查工作，该部分内容则主要由专业化表达构成，如"altimeter""3-0-2-3""start checklist""release""We're clear all the way"等。该部分内容通常受到行业内标准的严格限定，具体的字词使用都须依照行业规范。最后一段双下划线的内容是机长之间的闲聊，讨论内容为飞行结束之后的用餐，于是语言风格又即刻转变为生活化，语气诙谐、幽默。

三、俗语、幽默语和禁忌语等文化元素偶有出现，呈现零散分布

航空航天故事片的本质是故事片，也就必然以讲故事为主线。影片以航空航天为主题，具有各自特定的故事情节和人物设定。但既然是故事片，就难以绕开幽默语、禁忌语、俗语等文化因素；此外，航空航天故事片以讲述航空航天主题故事为第一要务，人物对话的设计自然也围绕核心故事展开。这一点体现在影视语言上，则以航空航天类用语和推动故事情节发展的日常用语为主，偶尔出现少量的幽默语、禁忌语、俗语等，其作用在于刻画人物性格特征，推动故事情节发展。因此，该部分用语在全片范围内，数量较少且多呈零散分布。以电影 *Gravity* 为例，该影片讲述了"探索者号"航天飞机的三名宇航员在维修哈勃望远镜的过程中遭遇意外的故事。影片围

---

① 该部分选自电影《萨利机长》27 分 30 秒到 28 分 30 秒的字幕。

绕航天灾难这一严肃甚至是悲剧的主题展开,在文本特征上,除了上文所提到的"总体语言风格呈现生活化、口语化;专业化表达多遵循行业标准,呈现聚集性分布。

例5:

"Dr. Stone, Houston. Medical is concerned about your ECG readings."

"I'm fine, Houston."

"Well, Medical doesn't agree, Doc. Are you feeling nauseous?"

"Not any more than usual, Houston. Diagnostics are green. Link to communications card ready for data reception. If this works, when we touch down tomorrow, I'm buying all you guys a round of drinks."

"That's a date, Doctor. Just remember, Houston's partial to margaritas."

"Booting comms card now. Please confirm link."

"That's a negative, we're not seeing any data."

"Stand by, Houston, I'm gonna reboot the comms card."

"Standing by."

"Houston, I have a bad feeling about this mission."

"Please expand." "Okay, let me tell you a story. It was 96. I'd been up here for forty-two days. Every time I passed over Texas, I looked down, knowing that Mrs. Kowalski was looking up, thinking of me. Six weeks I was blowing kisses at that woman. Then we land at Edwards and I find out that she's run off with this lawyer. So, I packed my car, and I headed to…"

"Tijuana. You've told this story, Kowalski. As Houston recalls, she, uh, took off in your 74 GTO. Engineering requests fuel status on the jetpack prototype."

"Five hours off the reservation and I show thirty percent drain."

"Give my compliments to Engineering. Except for a slight malfunction in the nulling of the roll axis, this jetpack is one prime piece of thrust."

"Engineering says thank you."

"Tell them I still prefer my 67 Corvette, though. Speaking of which, did I ever tell you…"

"We know the Corvette story, Matt."

"Even Engineering?"

"Especially Engineering. We're going to miss you, Matt."

"Comms card reboot in progress."

"Thank you, Doctor. Shariff, what's your status?"

"Nearly there. Replacing battery module A1 and C."

"Could you be a little more specific? Indeterminate estimates make Houston anxious."

"No, no, no. Houston. Don't be anxious. Anxiety's not good for the heart."①

分析： 该片段为美国宇航员马特·库沃斯基(Matt Kowalski)和女博士莱恩·斯通(Dr. Stone)出舱执行哈勃太空望远镜修复任务时与地面指挥中心工作人员的一段对话。本段对话整体来看属于宇航员与指挥人员之间的工作会话，但是仔细分析后，可以发现有多处幽默语和俗语的运用，与工作会话相交织，呈现零散的分布状态。

首先，地面指挥人员就斯通博士的身体状况进行询问，在斯通博士声称自己的身体状况良好后，地面指挥人员说道："医生可不会这么说"("Medical doesn't agree")，此处为委婉语的使用，通过对医生反应的描述来间接地表示地面工作人员的态度，并且传递某种期待与关切；在汇报完"通信卡已连接，等待数据接收"后，斯通博士又表示如果接下来工作顺利就会请客，这时候地面工作人员回复"那就一言为定"("That's a date")，此处并没有采用英语中常用的表达法，如"That's settled then"或"It's a deal"，而是采用了"That's a date"这样的表达。"Date"一词在英语中的基本义为"约会"，因此"That's a date"可以用来表示"那是一场约会"，但此处却采用了"date"一词的非正式用法，是英语中常见的俗语，即用"That's a date"或"It's a date"表示"会面时间合适""没问题""那就这么定了"等含义。本部分内容后面又跟了一段生活场景的描述，主要是马特的回忆与讲述，其间又出现了几处幽默语的使用，如"工程部也听过？"和"工程部听得最多"，此处两人都颇有故意打趣的意味；再比如在本段对话结尾航天员谢里夫(Shariff)与地面指挥人员之间的对话："你能说得再详细点吗？模糊估算让休斯敦很焦虑"("Could you be a little more specific? Indeterminate estimates make Houston anxious.")和"不不不，休斯敦，别焦虑。焦虑对心脏不好"("No, no, no. Houston. Don't be anxious. Anxiety's not good for the heart.")。此处的幽默语使用可谓意味深长：在本段谈话一开始，地面指挥中心就询问了斯通博士的身体状况，其中所说的"ECG readings"全称为"electrocardiogram readings"，即"心电图读数"。此处，谢里夫再提"对心脏不好"带有明显的戏谑意味，看似关切，实则诙谐，颇有一番风味。

需要注意的是，以上有关字幕语言特征的分析与总结适用于大多数航空航天故事片，但并不绝对；三个文本特征从不同的语言视角切入，力求全面、准确地描述此类影片的字幕语言特征，因此各有侧重，但是从根本上依然描述同一客观主体，因此也是相辅相成的关系，不能绝对地划分三者之间谁主谁次、谁多谁少、谁重谁轻，而应该结合具体的影片具体分析，影片的主题侧重、角色设定和情节发展都会在很大程度上影响字幕语言的文本特征。比如，有的影片虽然以航空航天为主题，但更注重故事的

---

① 该部分选自电影 Gravity 1 分 18 秒至 3 分 24 秒的字幕。电影于 2013 年由 Alfonso Cuarón 执导，中文译名为《地心引力》。

叙事性,那么该影片的生活场景自然就会多一些,相应地,口语、俗语、幽默语、禁忌语等语言运用占比也会提升;有的影片则更加注重描述某一具体的航空航天场景,比如介绍某一具体航空航天场景、事件,或者器械,又或是向观众展示航空航天领域工作人员的专业性等,在这类影片中,航空航天类专有表达的占比就会有所上升,在文本中的重要性也因此凸显。总之,我们应该认识到,以上总结的航空航天故事片文本特征之间的关系不是一成不变的,而是处于动态变化中。

第二节　翻译原则

西方学界通常将影视剧的翻译称作"视听翻译",英文即"Audiovisual Translation",其翻译的对象就是视听语言。传统语言形态通常以文学作品为载体,视听语言则以视听媒体为载体,具备独特的语言特征,在翻译原则上也独树一帜。本节将讨论航空航天故事片字幕翻译原则和片名翻译原则。

一、航空航天故事片的字幕翻译原则

过去二十年,翻译学者从各自的研究领域出发,对原文语言特征进行分析,总结出了具体的影视翻译原则,可以归纳为:"影音翻译总体而言要做到信、达、雅,具体而言要做到口语会话、声画对位、口型耦合、雅俗共赏、人物性格化及情感化。"[①]结合航空航天故事片的三大文本特征,本单元将航空航天故事片字幕翻译原则归纳为:准确性原则、系统性原则、用时一致原则。

1. 准确性原则

航空航天故事片的字幕翻译首先要忠实于原文,准确传递原文信息和社会文化内涵。此处所说的准确性并非与原文强求对应,而是要充分发挥译者的主体地位,如果原文中的社会文化信息在目的语社会文化环境中是空白的,且译者预测读者无法理解该信息,此时就应寻找能够带给读者同样社会文化感受的译文,而不建议采用文学翻译中常见的"直译+加注"的方式,因为影视文本自身的即时性特征决定了在多数情况下,这样的译法是不切实际的。

2. 系统性原则

首先,整部影片的文本翻译应紧紧围绕某一影视主题展开。具体到不同的语境,对于生活化、口语化的文本内容,译文可以轻松活泼、非正式一些;对于航空航天领域的专业内容,译文则要正式、严谨一些。语篇意义来源于语篇关系。王东风在《连贯与翻译》一书中提到:"如果把与语篇解读相关的各种关系定义为连贯,那么,语篇意

[①] 张修海. 影音翻译的策略与方法[M]. 北京:中国电影出版社,2015:38.

义就产生于连贯这个多重关系网络"①。基于该思想,由于英语和汉语在语言构成和表达习惯等方面存在巨大差异,翻译时势必重构整个连贯网络。保证重构文本的连贯性也就成为翻译的指导原则之一。其次,不论是哪类文本,译文都应维持同一类文本之内的风格一致性,尤其是航空航天类的术语翻译,在遵循准确性原则的基础上,还应遵循宏观系统性和微观系统性原则:宏观上即航空航天类术语翻译自成体系,与其他学科术语又有明显的区分,即可辨性;微观上即航空航天领域某一术语的不同变体之间存在一定联系和规律,其译名能够彰显此种联系和规律。

3. 用时一致原则

配音片的翻译通常强调声画一致,即最理想的状态为译文与演员口型一致。相比于配音片,字幕片对于口型一致的要求要小一些,但即便如此,译文在长度上也应做到与画面配合,如果原片台词较短,字幕翻译却变成了好几行,那势必会影响观众的观影体验。因为通常在这种情况下,由于台词较少,画面也会一闪而过,观众也难有仔细阅读冗长字幕的时间。因此,字幕翻译应该做到目的语观众在阅读字幕上所用时间和演员讲话时间大体一致,既不能太长,也不能太短。

二、航空航天故事片片名的翻译原则

有些人认为影片的片名翻译并非难事,寥寥数字,无须像字幕文本翻译那样大费气力,实则不然。在很多时候,一部电影率先进入观众视野的并非第一句台词,而是电影片名。很多观众可能因为被一个亮眼的片名吸引才去观看这部影片;反之亦然,一个糟糕的电影片名翻译可能会让很多观众立刻失去观看的兴趣。片名无论对于电影本身,还是对影片的商业宣传,都具有重大意义。一个好的影片译名首先要准确反映电影的内容主旨,即主题相关,此外还要能够吸引观众注意,最好能给观众留下深刻印象,让人看完影片之后再想起片名,依然觉得回味无穷。

基于这样的理解,麻争旗提出了影视剧片名翻译的四个原则:信息原则(传递信息的等值功能)、审美原则(让人回味的愉悦功能)、娱乐原则(吸引眼球的商业功能)以及文化原则(适应受众语境的交际功能)。麻争旗具体分析了近些年来国外知名影视剧的汉语译名,并给出了三种可以算作佳译的类型:中国化、意境美和语境重构。"中国化"即译者根据自身对受众的判断,认为目的语观众会更能接受意译之后的、添加了中国文化元素的译名,比如更容易理解译名、产生更强的情感共鸣等,因此对译名进行了刻意的加工。麻争旗列举了英国影片 *Red Shoes* 的翻译案例。该影片讲述的是一个芭蕾女演员在爱情与事业之间备受煎熬的故事。译者并没有直接将其译为《红舞鞋》,而是选择了《红菱艳》这一极具中国文化特色的译名,这样不仅反映了影片主题,即主角人物的悲剧命运,同时也采用了中国文化元素,更符合中国观众的文化认知。"意境美"即追求韵律感,营造出更加丰富的意蕴,带给观众美的感受。《出水

---

① 王东风. 连贯与翻译[M]. 上海:上海外语教育出版社,2009:26-28.

芙蓉》(Bathing Beauty)、《一夜风流》(It Happened One Night)、《天涯路》(The Long Voyage Home)、《香笺泪》(The Letter)、《良宵苦短》(Hold Back the Dawn)、《青山翠谷》(How Green Was My Valley)、《人鬼情未了》(Ghost)、《生死时速》(Speed)和《廊桥遗梦》(Bridge of Madison County)等都属于此类佳译。"语境重构"即放弃原名、重新创作,其中,重新建构译名的过程实际上就是重建接受语境的过程。典型的例子有《鸳梦重温》(Random Harvest)、《绿野仙踪》(The Wizard of Oz)、《壮志凌云》(Top Gun)、《小鬼当家》(Home Alone)和《深闺疑云》(Suspicion)等。与此相对,如果译者没有遵循中国化、意境美和语境重构的片名翻译原则,却反其道而行之,那么就容易掉进牵强附会的陷阱。例如,将 Adam's Rib 译为《金屋藏娇》,看似符合中文表达习惯,却与影片主题背道而驰;将 Rebecca 译为《蝴蝶梦》看似是语境重构,实则丢失了原片应有的悬疑气氛和恐怖元素。因此,麻争旗认为片名翻译的第一原则依然是"信",即译者应该把意义放在首位,切忌为了刻意追求意境美或商业效果而过分发挥,导致"雅"而不"信"[①]。

下面对麻争旗提出的电影片名翻译四原则做出如下分析:首先,四个原则相辅相成,共同指导片名翻译活动。在最理想的情况下,片名翻译应该能够同时体现四原则。其次,在具体的翻译过程中,由于片名翻译的特殊性,译者的翻译活动可能会受到多方制约(如制片方、赞助商、受众群体、当地的影片翻译传统等),很难同时兼顾四者,此时应该以信息原则为首要原则,平衡其他三原则,否则就容易落入"译如不译""牵强附会"的陷阱,甚至是完全沦为商业产物,丢失了翻译的初心;此外,审美原则在一定程度上受制于娱乐原则和文化原则,因为能够同时满足文化原则和娱乐原则的译名大多都符合审美原则;具体的审美标准也因不同的娱乐要求和地域文化背景而不同。最后,由于航空航天故事片的特殊性,如果片名中存在航空航天类术语,译者还应注意译名的规范性,即符合行业用语规定。

如果说翻译原则为译者的翻译活动提供了大的方向,翻译策略则在更加微观的层面上指导译者的翻译活动。姜学龙和王谋清在《影视翻译理论与实践》中提出了同调、强化、淡化、借用和补偿五种翻译策略。同调翻译策略是指尽可能地与原片名在类型、语义、形象、感情色彩、风格等多个层面均保持相同或相近的翻译策略;强化翻译旨在发挥目标语优势,对源语片名从内容、形象、感情色彩、风格等某个或多个方面进行改造以达到理想的受众效果;淡化翻译策略旨在通过对源语片名的个别或全部用词从内容、形象、感情色彩或风格等方面进行淡化处理,使之符合目标语社会文化的要求以及审美观;借用翻译策略主要包括移植和仿译两种处理方法。其中,移植处理以直接移植或间接移植的方法为主;仿译处理则是指仿译目标语受众所熟知的名片名著名,使该影片的译名能够激起相关受众的心理认同,从而达到更好的受众效果;补偿翻译策略主要是指通过文内注释的方法对因采用前四种策略而产生的译名

[①] 麻争旗. 英语影视剧汉译教程[M]. 北京:中国传媒大学出版社,2013:156-165.

损失与文化欠额进行弥补①。译者在具体的片名翻译过程中,应该酌情选择合适的翻译策略。无论是哪种译法,都应该以翻译原则为出发点。

综上,笔者针对学界有关影视剧片名翻译的原则进行取舍,结合航空航天故事片特色,将该类影片的片名翻译原则归纳为:信息原则、规范原则、文化原则和娱乐原则。其中,信息原则即片名的翻译应该能够传达该影片的主旨、大意、内容、片种等信息;规范原则即如果片名含有航空航天专有名词,翻译应该符合航空航天用语规范;文化原则即译名应该符合受众的社会文化认知;娱乐原则即译名应该易于被受众接纳,抓人眼球,便于识记、传播等。比如,美国电影《萨利机长》讲述了机长切斯利·萨利·萨伦伯格在飞行过程中做出的紧急事故处理。当时,萨利所驾驶的飞机因遭受加拿大黑雁撞击,两具引擎同时熄火,飞机发动机随即停止工作,在萨利的努力下,航班最终成功迫降,155 名乘客和机组人员因此获救。该电影在类型上可以归为航空灾难片,故事的核心人物即萨利。影片根据 2009 年全美航空 1549 号航班迫降的真实事件改编,主要讲述萨利这一核心人物的英雄举动,可以说,电影本身带有明显的人物传记色彩。由于该事件当时在全美掀起了轩然大波,引发各界媒体争相报道,萨利一时间成为全美的焦点人物。因此,英文片名直接以片中核心人物来命名。与此对应,汉语译名则添加了"机长"二字,采用了补偿翻译策略,对萨利这一核心人物的身份进行补偿、说明。首先满足信息原则对片名翻译传达片名内容、主旨、类型等信息的要求,其次,"机长"的称呼符合航空航天领域的用语规范和中文语境,符合规范原则和文化原则;最后,译名简洁直白,观众一眼看过去便知道影片的核心内容与卖点,便于影片宣传,实现商业价值,因此也符合娱乐原则的要求。同时满足以上四项原则的影视剧片名翻译,可谓良译。与美国电影《萨利机长》相对的便是中国电影《中国机长》(The Captain)。该片讲述了"中国民航英雄机组"成员在飞行过程中遭遇突发情况,驾驶舱挡风玻璃脱落、座舱释压、面对险情做出了及时有效的应对,保证了机上 119 名乘客的生命安全。该片同样是航空灾难片,根据 2018 年 5 月 14 日 5·14 川航航班迫降成都事件改编,主要讲述机长这一核心人物的英雄举动,同样带有明显的人物传记色彩。与《萨利机长》不同,《中国机长》更倾向于展示中国民航机组人员的训练有素,而非突出个人英雄行为,这与《萨利机长》的影片主旨便有所差别,因此,中文原片的片名为《中国机长》,而非像《萨利机长》那样凸显机长个人,甚至直接以 Sully 的名字来命名本部电影。从这点来讲,将《中国机长》译为 The Captain,看似仅仅丢失了"中国"这一简单的国别信息,实则舍掉了影片想要着重传递的核心社会文化元素,即中国航空事业的发展离不开认真负责、有胆有识的机组人员,违背了信息原则;此外,The Captain 这一译名太过宽泛,既没有"中国"的元素,也没有点出影片核心人物"刘传健",因此很难吸引英语受众,看似简单易读的译名实则不利于影片的前期宣传与后期传播,违背了娱乐原则。综上,笔者认为,《中国机长》和《萨利机

---

① 姜学龙,王谋清. 影视翻译理论与实践[M]. 长春:吉林大学出版社,2020:100-102.

长》作为同种航空航天故事片,有诸多相似之处,《中国机长》的英译可以借鉴《萨利机长》的英文片名 Sully——点明核心人物"刘传建",同时又补充原片名信息"中国机长",试译为"The Chinese Captain:Liu Chuanjian",便能同时满足信息原则、规范原则、文化原则和娱乐原则。

第三节 《中国机长》和《流浪地球》汉英字幕翻译案例分析

第二节归纳了航空航天故事片字幕翻译的三大原则:准确性原则、系统性原则、用时一致原则。本节将选取国内近年来该领域知名影片的字幕翻译作为研究对象,并对以上翻译原则加以阐释。其中,航空类故事片以《中国机长》为例,航天类故事片以《流浪地球》为例。

一、准确性原则

准确性是翻译的第一准则。航空航天故事片的字幕翻译应该准确传递原文信息,同时也应充分发挥译者的主体地位,通过不同的翻译策略力求带给目的语观众与源语观众相似的体验和感受。

例 6:地下城居民的居住区将通过抽签的方式获取,抽签结果不得转让、出借或赠与。①

译文 1:The right to underground residency will be obtained by drawing lots. The lottery result can't be transferred, borrowed or gifted.②

译文 2:… A winning lot cannot be transferred, shared, or gifted.③

分析:不难看出,国内官方字幕和国外 Netflix 改译版字幕的差别主要体现在对两个中文词"抽签结果"和"出借"的不同处理。国内字幕将"抽签结果"逐一对译为"lottery result",看似忠实,实则完全违背了准确性原则——中文所说的抽签结果即不同的地下城区域划分,不同的结果都写在签上,所谓不得转让"抽签结果",实则不得转让的正是"抽得之签"。若是译为"lottery result"反而容易误导观众,引发困惑。此外,"lottery"并非"抽签",而是指"博彩"或"碰运气的事",此处应该使用"lot"一词。相比而言,"winning lot"则更为忠实、准确。另一方面,汉语中的"借"字既可以指"暂时使用别人的物品或金钱",比如"借来",也可以指"暂时使用别人的物品或金钱",比如"借出"。此处的"出借"取第二种释义。英文对应的词为"loan"而非"borrow"。Netflix 版字幕选择"share"一词,对原文语义进行了窄化处理,所谓"出

---

① 该部分选自电影《流浪地球》5 分 11 秒至 5 分 17 秒的字幕。
② 该部分字幕为电影制片方官方译制字幕。
③ 该部分为美国 Netflix 公司译制字幕。

借"并非给予,而是二人或多人共用,因此译为"share"或者"loan"同样符合准确性原则。

从翻译方法上讲,国产字幕看似使用了对译法,实则陷入了"死译"的陷阱；Netflix 版字幕则灵活采用了改译法,注重目的语受众的综合感知,反而更加符合准确性原则的要求。

例 7:密切留意这段时间进出藏的航班,做好航班取消或者延误的准备。①

译文 1: Pay close attention to flights to and from Tibet. Be prepared for delays and cancellations. ②

译文 2: Pay close attention to flights to and from Tibet. Be prepared for possible delays and cancellations.

分析:该部分译例的语篇背景为航班起飞前民航管理局的气象监测环节。由于强对流云的出现,经过该区域的航班极有可能受到影响。民航局要求工作人员密切留意相关航班,并做好相关准备。字幕将汉语所言"做好航班取消或者延误的准备"直译为"Be prepared for delays and cancellations",暗含的语义为"一定会/大概率会有航班取消或者延误,我们应该做好准备。这与讲话者的实际语义大相径庭。原文想要表达的是在这种天气状况下,有可能会出现航班取消或者延误,如果这种情况发生了,我们应该提前做好准备。可以看出,机械的逐字对译很容易引起译文的"不忠"。此处,若能充分发挥译者的主观能动性,选择添加"possible"一词,反而会使译文更加准确:"Be prepared for possible delays and cancellations"。

本例采用了增译法,即在译文中增加了原文没有明确表达的信息("possible"),这不仅是由于英汉语言结构不同,也是具体语境的需要。由此可见,在准确性原则的指导下,译者应该灵活采用多种翻译方法;若是强求对译,反而南辕北辙。

二、系统性原则

不论是影片内有关生活化、口语化的文本内容,还是与航空航天领域相关的专业内容,译文都应维持同一类文本之内的风格一致性。对于航空航天类的术语翻译,还应遵循宏观系统性和微观系统性原则。

例 8:你爸一回来就得给你逮回去。③

译文 1: You would be clenched by the collar once your dad gets back. ④

译文 2: If your dad catches you, he's gonna kick your ass. ⑤

分析:本片段的语境为刘启为了去看地下城外的世界而偷盗了祖父的 373 号车。

---

① 该部分选自电影《中国机长》6 分 03 秒至 6 分 06 秒的字幕。电影于 2019 年由刘伟强执导。
② 该部分字幕为电影制片方官方译制字幕。
③ 该部分选自电影《流浪地球》23 分 05 秒至 23 分 08 秒的字幕。
④ 该部分字幕为电影制片方官方译制字幕。
⑤ 该部分为美国 Netflix 公司译制字幕。

他的妹妹韩朵朵说"你爸一回来就得给你逮回去",带有明显的警告意味。此处以及本单元第一节中所举的刘启换购地表服的经历都属于典型的生活化、口语化文本。译文要维持同一文本之内的风格一致性,就需要贴近讲话者的社会身份、文化水平、语言风格等。此处若将"逮回去"译为"be clenched by the collar"在语用层面上略显正式,在语义层面上又不能准确传递表达讲话者意图。Netflix版本字幕则大胆选择"kick one's ass"这一常见的美式俚语,表示"揍某人一顿",与讲话者身份相符,维持了微观语言片段的系统性。

本例再次采用了改译法,其根本原因在于汉英的固有表达所蕴含的文化意义不同。汉语中的"逮回去"虽然只有三个字,通常指的却是父母捉住调皮的孩子,回家后训斥一番。英文里"kick one's ass"恰有异曲同工之妙,译者对原文的隐含语义进行剖析后,灵活选用目的语中的对应表达,从而维持了译文的微观系统性。

例9:各号位乘务员请注意,现在检查应急撤离信号和灯光。①

译文:..., please check emergency lighting.②

分析:本片段语境为飞机起飞前机组人员对客舱各项设备进行排查工作。与本单元中的例3相似,此部分的具体检查流程、细节、用语都有严格的航空规范,译者在翻译时必须按照相应标准来翻译。这不只是准确性翻译原则的要求,也是系统性翻译原则的要求——严格遵照专用语言体系,体现航空航天特色。具体而言,飞机的应急灯系统可以在紧急状况下为机上和机下相应区域提供紧急照明,同时还包括应急撤离通道标识。乘务长发布的指令为"检查应急撤离信号和灯光","信号"和"灯光"缺一不可。官方字幕仅仅译出了"灯光"(lighting),既存在关键信息漏译,又打破了民航领域专业用语体系,同时违背了准确性和系统性两项原则。

此处应严格采用对译法,在原字幕译文的基础上添加"信号"(signals),译为:"please check emergency signals and lighting"。

三、用时一致原则

在准确性和系统性得到保证的情况下,译者应尽可能地使观众阅览字幕的时间与演员讲话的时间保持一致。一般而言,译文的句子长度、可读性应尽可能地与原文一致。

例10:联合政府决定将整个地球推离太阳系。③

译文1:The United Earth Government, or the UEG, decided to propel Earth out of our Solar System.④

---

① 该部分选自电影《中国机长》13分28秒至13分34秒的字幕。
② 该部分字幕为电影制片方官方译制字幕。
③ 该部分选自电影《流浪地球》3分36秒至3分40秒的字幕。
④ 该部分字幕为电影制片方官方译制字幕。

译文 2：The United Earth Government decided to propel Earth out of our Solar System.①

分析：本片段介绍"流浪地球"计划的产生背景。官方字幕和 Netflix 版字幕都将"联合政府"译为"the United Earth Government"，差别在于前者在翻译之后，依然添加缩写"UEG"，方便电影之后再次提到时直接使用"UEG"这一缩写；后者则直接翻译，并未添加译名缩写。官方字幕的做法虽然有利于电影后期再次出现该词条时使用简略翻译，却在本处增添了不必要的信息，延长了观众阅读字幕的时间；此外，由于电影中并未出现其他与"the United Earth Government"同类别的机构名称，即便此处不提"or the UEG"，观众后期在字幕中看到这样的表达也可以轻松推测出该缩写所指代的机构就是联合政府。

Netflix 版译文弃用国产字幕补充的缩写译名，果断采用减译法，实则遵循了航空航天故事片字幕翻译的用时一致性原则，给予观众最佳的观影体验。

例 11：我国入选 311 名特级飞行员和 709 名机械工程师。②

译文 1：There were 311 Chinese senior pilots and 709 engineers that were selected.③

译文 2：311 Chinese senior pilots and 709 engineers were selected.④

分析：本片段介绍我国入选"流浪地球"计划的人数。原文可以改写为"我国（有）311 名特级飞行员和 709 名机械工程师入选"。从语义出发，将其翻译为"there be"句型并无不妥。但是，译文为了在使用"there be"句型的同时，在一个句子的单位里译出原文所有信息，就采用了"that"引导的定语从句，这就使得句子构造难度提升，结果就是字数增多，同时可读性降低。

与此相对，Netflix 版译文则使用了转译法，采纳了英文中更加简单的主谓结构以及英文常见的被动语态，不仅降低了句型复杂度和阅读难度，同时减少了译文字数，这就保证了观众在画面切换前能够阅读完该片段字幕，并且准确获得电影想要传递的信息。

本节主要选用《流浪地球》和《中国机长》这两部在国内颇有声望的航空航天故事片作为分析案例，根据具体的字幕翻译实践阐释了该领域字幕翻译应该遵循的准确性原则、系统性原则和用时一致原则。通过分析发现，航空航天故事片的国产字幕翻译仍然存在很大的进步空间："译文不能准确传达讲话者原意""译文冗杂，可读性低""译文不能根据具体的语境进行选择性适应，贴合目的语读者的社会文化需求"等问

---

① 该部分为美国 Netflix 公司译制字幕。
② 该部分选自电影《流浪地球》4 分 14 秒至 4 分 16 秒的字幕。
③ 该部分字幕为电影制片方官方译制字幕。
④ 该部分为美国 Netflix 公司译制字幕。

题层出不穷。要想规避以上问题,我国的航空航天故事片字幕翻译工作者应该严格遵守准确性原则、系统性原则和用时一致原则,从而帮助我国的航空航天类影片更好地走向世界。

第四节 *Sully* 和 *Gravity* 英汉字幕翻译案例分析

上一节选用了国内航空航天故事片作为典型案例,阐释了该领域字幕翻译的三大原则。在本节中,笔者将选取国外航空航天知名影片的字幕翻译作为分析对象,深入探讨如何在具体的英汉字幕翻译实操中践行上述三大原则。其中,航空类故事片选择了《萨利机长》,航天类故事片选择了《地心引力》。

一、准确性原则

长久以来,学界多认为很多中国字幕工作者在汉英翻译中,要想实现译文准确性的最大障碍就在于英语语言能力,即译者多能准确理解汉语原文,但是由于对英语语言的掌握不够娴熟,译出的英文却全然变成了另一个意思;反过来,在英汉翻译中,以汉语为母语的译者面临的最大挑战则在于理解英文原文,由于对英文的理解不到位、不够精准,汉语输出得再漂亮也是南辕北辙。然而在实际的翻译实践,尤其是字幕翻译中,译者面临的挑战往往是复杂的、多元的。比如,在汉译外国航空航天故事片字幕的过程中,由于受众组成和制片要求等因素,该片的文本语言多通俗易懂,这就意味着译者很少出现理解问题,反而多出现诸如欧化中文(Europeanized Chinese)等不地道的汉语表达。因此,要想实现高质量的外国航空航天故事片字幕汉译,译者一定要在源语输入和目的语输出两个层面严格把关。

例12:Dr. Stone, Houston. Medical is concerned about your ECG readings.①
译文:斯通博士,我是休斯敦。医疗组很担心你的心电图读数。②
分析:在第一节中我们已经提到,"休斯敦"代指本次行动的地面指挥中心。在"你能说得再详细点吗?模糊估算让休斯敦很焦虑"("Could you be a little more specific? Indeterminate estimates make Houston anxious.")和"不不不,休斯敦,别焦虑。焦虑对心脏不好"("No, no, no. Houston. Don't be anxious. Anxiety's not good for the heart.")这段对话里,为了营造幽默的语言效果,将"Houston"直译为"休斯敦"并无不妥,甚至是恰到好处;但若放在此处,前面有主语"我",就极容易让观众误解为接线员的名字叫作"休斯敦"。此外,"ECG"指的是"electrocardiogram",即

---

① 该部分选自电影《地心引力》1分18秒至1分22秒的字幕。
② 该部分选自网络国产译制字幕。

心电图,此处说医疗组担心斯通博士的心电图读数,实则指医疗组担心她的心脏状况。国产字幕直接将其直译为"担心你的心电图读数"看似忠实,实则避重就轻,违背了准确性原则。

综上,笔者建议此处采用增译法。首先将"Houston"译为"这里是休斯敦";其次将"ECG readings"隐含的语义信息译出。全句整体可译为:"斯通博士,这里是休斯敦。医疗组很担心你的心脏状况。"

例 13: Sully, we're too low. Sully, we're too low![①]

译文:萨利,我们太低了。萨利,我们太低了![②]

分析:该对话选自影片一开始的航空灾难场景。飞机高度直线下降,很快就要逼近地面,副机长警示萨利机长高度不够。如果将"we"简单地理解为"我们",与该语境并不十分吻合。实际上,此处用"we"来代指"our plane",指的是飞机即将撞向地面。国产字幕将"we"机械地对译为"我们",脱离了航空灾难这一更广阔的背景语境,虽不至于让观众一头雾水,却降低了整体译文质量。

综上,笔者认为,可以将"we"译为"飞机";此外,由于该处的语境信息十分明显,加上声画配合,观众可以很容易地理解是什么"太低了"。因此,在准确性得到保证的前提下,译者完全可以大胆采用减译法——适当缩减字数,甚至是大胆地省略主语,将英语原文译为汉语常用的无主句:"萨利,太低了。萨利,太低了!"

二、系统性原则

好的字幕翻译不仅能维持不同语篇的内容准确性、语言连贯性和风格一致性,还应该体现人物的性格特征和情感变化,为影片塑造特定的人物形象服务,而不是仅仅履行翻译职责,更不能与影片的人物塑造目的背道而驰。

例 14: You think that you're gonna die. That's what you think. And then, miraculously, you don't.[③]

译文:以为自己就要死了,这就是当时的想法。然后又奇迹般地生还。[④]

分析:Halliday 和 Hasan 认为,语篇中一个成分与对它起作用的其他成分之间的语义联系就是衔接。这种语义联系既可以存在于句子内部,也可以存在于相邻或不相邻的句子之间。句内衔接和句际衔接共同构成语篇连贯的重要条件。[⑤] 由此可见,缺乏衔接或衔接不足都有可能降低语篇的连贯性,严重者甚至可能导致语义联系松散、语篇割裂。英语原文第一句和第二句都出现了"think"一词,同时第二句还使

---

① 该部分选自电影《萨利机长》1 分 05 秒至 1 分 08 秒的字幕。
② 该部分选自网络国产译制字幕。
③ 该部分选自电影《萨利机长》3 分 37 秒至 3 分 40 秒的字幕。
④ 该部分选自网络国产译制字幕。
⑤ Halliday M A K, R Hasan. Cohesion in English[M]. London:Longman, 1976.

用指示代词"that"来指代上一句话的信息,采用了重复和指代两种方法共同实现句际衔接;第三句话则使用了连词"and"和时间副词"then",不仅实现了与前两句的有效衔接,还阐明了时间关系,维持了语篇的整体连贯性。反观汉语译文,首先将前两句译为一句,将"think"分别译为"以为"和"想法",采用同义替换的方法实现两句的语义连接,但是第二句话"然后又奇迹般的生还"与上句的结尾"这就是当时的想法"关系却极其松散,反而与第一个分句"以为自己就要死了"更为紧密相关。换言之,倘若没有译文"这就是当时的想法",而是"以为自己就要死了,然后又奇迹般地生还",反而更加连贯,观众也更容易理解。

因此,笔者建议对译文进行整体修改,采用改译法,将其译为"以为自己要死了,没曾想还能活着回来,像做梦一样"。将原文的"miraculously"以此分别对应到译文的"没曾想"和"像做梦一样",这样会更符合汉语的表达习惯。同时,在不违背准确性的前提下,译文句与句之间也实现了更为紧密、有效的连接,维持了字幕译文内部的系统性。

例 15:"Let me go or we both die."
"I'm not letting you go! We're fine!"
"No."
"Ryan, let go."
"No. No."
"You're not going anywhere. You're not going anywhere."
"It's not up to you."
"No, no, no. Please don't do this."
"Please, please, please. Please don't do this. Please don't do this."①

译文:"你必须放手,不然我们都会死。"
"我不会丢下你。没事的。"
"不。"
"瑞恩,放手吧。"
"不。不。"
"你哪儿也别想去。你哪儿也别想去。"
"你说了可不算。"
"不,不,不。求你别这样。"
"求求你,请你别这样,请你别这样。"②

分析:此片段为马特和斯通博士二人在意外发生后试图借助逃生舱返回地球却

---

① 该部分选自电影《地心引力》31 分 29 秒至 31 分 53 秒的字幕。
② 该部分选自网络国产译制字幕。

再次遭遇险情的对话。由于绳索不足以支撑两个人,马特选择让斯通放弃自己,独自逃生。根据该故事情节以及上文的相关台词,可知斯通博士此时的情绪应该是紧张、焦虑、悲痛却又无计可施的。在本段对话的结尾,马特明显透露出自己要剪断绳索的意图,英语原文连用5个"please"("Please, please, please. Please don't do this. Please don't do this."),非常贴切、生动地展示了人物此时的悲伤情绪和焦急心理。汉语译文将前三个"please"统一译为"求求你",将后两个"please"译为"请你",并将"don't do this"译为"别这样",大大削弱了人物的情感特征,原文那种千钧一发的紧迫感荡然无存,无可奈何的无力感也所剩无几。反之,若是先采用对译法将前三个"please"全部译出,随之采用减译法,把"请你别这样"这样的完整句译为缩略句——"求你了,求你了,求你了。不要,不要。"——紧迫感和无力感便瞬间显现,彰显了不同人物形象对应的字幕语言的微观系统性。

三、用时一致原则

其实,要实现观众阅读字幕的时间与演员讲话的时间同步有很多方法,比如,在原文较长、译文较短的情况下,译者可以适当增加用词难度或者句式复杂度,最终也可以起到用时一致性的效果,反之亦然。需要注意的是,虽然采用如上策略的译文大都能够符合准确性和用时一致性的原则,却难免与系统性原则相悖——语言是影片塑造人物形象的重要手段,人物的遣词造句往往能够体现他/她的教育背景、成长经历、性格特征等,改变了用词难度和句式复杂度便很有可能与该人物的典型语言体系相冲突,影响人物形象塑造或难以实现某种影视效果,小则影响人物语言的微观系统性,大则改变整个影片布局的宏观系统性。因此,对于此种方法,译者应该谨慎选择。

例 16:You're gonna take the Soyuz, and you're gonna cruise over there.[①]

译文:你开着联盟号漫游到那儿去。[②]

分析:本句汉语长度明显较短。由于英文表达的内容十分简单,于是汉语译者可能为了减少观众观看字幕的时间,直接将两句话合并为汉语的简单句。这样做的弊端有两点。其一,观众很快阅读完字幕,而演员却还在讲话,于是便产生一种参差感,最终还是会影响观影体验;其二,原文解释性、引导性的语言变成了译文清晰、简洁的指令性语言,实际上并不符合原文语境——此处影片描绘的场景是马特剪断了绳索,在不断飘向太空时引导斯通寻找生机,属于典型的告别场景,一个简单的指令性语句显然不符合语境。

综上,笔者建议保留原文的分句句式;同时,出于汉语的表达习惯,可以省略第二个分句的主语,适当减译,将本处字幕翻译为"你先登上联盟号,然后再漫游过去"。

---

① 该部分选自电影《地心引力》34 分 02 秒至 34 分 05 秒的字幕。
② 该部分选自网络国产译制字幕。

例 17:Lorrie, I have to stay here longer for the NTSB investigation.①

译文:洛莉,我得在这里待一段时间,配合运输安全委员会的调查。②

分析:首先,本句译文不够准确。原文的"longer"没有译出。此外,本处英语原文共计 11 词,汉语译文共计 24 字,译文略长。主要原因之一便在于原文采用了缩略词"NTSB"来指代"National Transportation Safety Board",即美国国家运输安全委员会。在英语原文使用缩略词的情况下,汉语依然将全名译出,原文的 1 个词便成了译文的 7 个字。其实,在此之前,影片已经三次提及"NTSB":"NTSB's just doing its job""The NTSB had us tied up all day""They're blocking the entire street while the NTSB is conducting its investigation",此处是第四次出现该词。因此,汉语译文大可以采用简称。此外,"在这里"这一信息很容易根据故事情节以及影视画面推断,完全可以删除。综上,对所有信息进行重新整合后,本句话可以译为:"洛莉,我得配合运安委的调查,要多待些日子。"这样既减少了字数,同时也不会影响观众对原文的理解,还可与英语原文保持一致,遵守了译文的系统性原则和用时一致性原则。

本节选用《地心引力》和《萨利机长》的部分字幕片段作为翻译案例,进一步阐释了航空航天故事片字幕翻译的三大原则。上述译例充分表明准确性原则、系统性原则和用时一致原则在航空航天故事片字幕翻译中相辅相成、共同存在,片面注重某一原则而忽视其他原则势必导致译文失之偏颇。译者在翻译过程中,应该寻求三者之间的最佳平衡。

单元小结

本单元围绕航空航天故事片的语言特点、翻译原则和译例分析展开。作为影视作品的一种,航空航天故事片的语言除了具备声画配合、简明易懂和个性化、形象化特点外,还具备一定的航空航天特色——文本语言整体上呈现生活化、口语化;专业化表达多遵循行业标准,呈现聚集性分布;俗语、幽默语和禁忌语等文化元素偶有出现,呈现零散分布。按照以上文本特征,我们将航空航天故事片的字幕翻译原则总结为:准确性原则、系统性原则和用时一致性原则。值得注意的是,三项文本特征与三大翻译原则都非谁主谁次的关系,而是时刻处于动态变化中,译者需要结合具体的影视语言和翻译语境进行甄别、选择与应用。在译例分析部分,我们选择了国内外近年来知名的航空航天故事片的双语字幕作为案例,分析了现有字幕翻译的优势与不足之处,系统阐释了如何在具体的字幕翻译实践中应用这些翻译原则。整体而言,我国

---

① 该部分选自电影《萨利机长》10 分 05 秒至 10 分 10 秒的字幕。
② 该部分选自网络国产译制字幕。

航空航天故事片的字幕翻译仍存在很大进步空间。该领域的翻译工作者应借助本单元提到的翻译原则与策略对译文质量进行严格把关,以期助力中国电影走向全世界。

练 习

一、基础练习

1. 选词填空

leak	release	deal
NTSB	NASA	bath
bathing	date	promise

1) You really think they'll _____ us?
你真认为他们会放行?

2) That's a _____.
那就一言为定。

3) Lorrie, I have to stay here longer for the _____ investigation.
洛莉,我得在这里多待一段时间,配合运安委的调查。

4) _____ Beauty
《出水芙蓉》(片名)

2. 判断正误

( ) 1) 影视语言具有聆听性、综合性、瞬间性、通俗性和无注性的语言特征。

( ) 2) 航空航天字幕翻译应该遵循准确性原则、系统性原则和用时一致性原则。译文应先在确保准确性的基础上,再去寻求系统性,最后再考虑用时一致性。

( ) 3) 航空航天影片的片名翻译原则可以简要归纳为:信息原则、规范原则、文化原则和娱乐原则。

( ) 4) 在航空航天故事片字幕翻译中,如果出现目的语读者不熟悉的文化信息,建议采取加注的方式进行阐释。

3. 汉译英

1) 飞行检查单确认完毕。
2) 抽签结果不得转让、出借或赠与。
3) 你爸一回来就得给你逮回去。
4) 我国入选311名特级飞行员和709名机械工程师。

4. 英译汉

1) We've lost both engines. No relight on one or two.
2) Dr. Stone, Houston. Medical is concerned about your ECG readings.

3) You think that you'e gonna die. That's what you think. And then, miraculously, you don't.

4) You're gonna take the Soyuz, and you're gonna cruise over there.

二、拓展练习

1. 汉译英字幕翻译

请将以下汉语字幕翻译为英文,该字幕选自电影《流浪地球》(28 分 30 秒至 32 分 20 秒)。

00:28:30,010→00:28:32,380
受木星引力增强影响

00:28:32,380→00:28:34,340
地球推力减半

00:28:34,340→00:28:36,210
转向力全部丧失

00:28:36,220→00:28:38,920
地球将于 37 小时 4 分 12 秒后

00:28:38,930→00:28:40,700
撞击木星

00:28:48,130→00:28:50,710
韩子昂　高级驾驶员

00:28:50,720→00:28:53,750
北京第三区交通委提醒您

00:28:53,760→00:28:55,420
道路千万条

00:28:55,430→00:28:57,460
安全第一条

00:28:57,470→00:28:59,090
行车不规范

00:28:59,090→00:29:00,550
亲人两行泪

00:29:00,550→00:29:01,960
别两行泪了

00:29:01,970→00:29:03,050
快走

00:29:32,590→00:29:34,510
户口　　脱钩

00:29:44,010→00:29:45,010
户口

00:29:46,680→00:29:48,800
怎么这么晕啊

00:30:16,380→00:30:20,380
联合政府最高动员

00:30:20,470→00:30:22,170
通告全球战备力量

00:30:22,180→00:30:23,800
受木星引力影响

00:30:23,840→00:30:26,420
全球共有4771座发动机

00:30:26,430→00:30:28,010
出现停机故障

00:30:28,090→00:30:29,630
为避免地木相撞

00:30:29,630→00:30:32,880
各部依照三号紧急预案即刻出发

00:30:32,880→00:30:34,840
务必于 36 小时之内

00:30:34,840→00:30:37,050
重启全部故障发动机

00:30:37,180→00:30:38,250
这次救援行动

00:30:38,260→00:30:41,840
关乎 35 亿人的生死存亡

00:30:41,840→00:30:44,630
目标优先级高于一切

00:30:44,630→00:30:46,300
不计代价

00:30:51,800→00:30:53,340
救援队已经出动了

00:30:53,340→00:30:57,340
为集中全部资源辅助地面救援行动

00:30:57,380→00:31:00,960
空间站将启动低功耗运行模式

00:31:00,970→00:31:02,090
丽莎　低功耗模式启动了

00:31:02,430→00:31:04,380
常规通讯很快就会被切断

00:31:04,380→00:31:06,340
低功耗系统启动了

00:31:06,380→00:31:07,340
我新来的

00:31:07,380→00:31:09,340
我怎么知道要睡觉啊

00:31:10,340→00:31:12,340
莫斯　请求直系亲属通话

00:31:12,340→00:31:13,340
呼叫刘启

00:31:13,380→00:31:15,340
刘启不在指定生活区域

00:31:16,050→00:31:17,550
信号无法连接

00:31:18,720→00:31:21,630
莫斯　呼叫运载车驾驶员韩子昂

00:31:26,300→00:31:28,050
信号接入

00:31:31,760→00:31:33,600
培强　是你吗

00:31:34,090→00:31:35,380
爸　是我

00:31:35,380→00:31:36,880
刘启你看见了吗

00:31:37,340→00:31:39,090
刘启在我边上

00:31:39,380→00:31:41,250
我们刚才遇到了地震

00:31:41,260→00:31:42,720
现在在外面

00:31:43,010→00:31:44,710
莫斯　定位车辆

00:31:44,720→00:31:47,090
发送最近的避难所导航信息

00:31:47,090→00:31:48,920
跟他有什么好说的

00:31:48,930→00:31:51,920
373号运载车驾驶员 韩子昂

00:31:51,930→00:31:55,300
请就近前往济南五号避难所避灾

00:32:00,300→00:32:03,250
空间站飞行姿态调整完毕

00:32:03,260→00:32:07,010
全体驻站人员"低功耗"休眠开始

00:32:07,260→00:32:11,210
休眠舱人员到位77.3%

00:32:11,220→00:32:12,880
刘培强中校

00:32:12,880→00:32:15,800
请尽快移步至休眠区休眠

00:32:17,800→00:32:20,250
低功耗运作模式启动

2. 英译汉字幕翻译

请将以下英语字幕翻译为汉语,该字幕选自电影《地心引力》(3分54秒至5分25秒)。

00:03:54,509→00:03:56,195
Dr. Stone, Houston.

00:03:56,446→00:03:59,115
Medical now have you with a temperature drop to 35.9

00:03:59,365→00:04:01,784
and a heart-rate rise to 70.

00:04:02,702→00:04:04,328
How are you feeling?

00:04:04,579→00:04:05,913
STONE: Houston, I'm fine.

00:04:06,164→00:04:09,959
It's just keeping your lunch down in zero-G
is harder than it looks.

00:04:10,501→00:04:14,172
CONTROL: Dr. Stone, Medical is asking
if you want to return to Explorer.

00:04:14,422→00:04:17,842
STONE: Negative. We've been here a week,
Houston. Let's just finish this.

00:04:18,092→00:04:19,510
Card is up.

00:04:20,052→00:04:21,596
CONTROL: No, that's a negative.

00:04:21,846→00:04:24,891
I'm afraid we're getting nothing
on this end, doctor.

00:04:25,892→00:04:27,393
Try again.

00:04:27,643→00:04:29,562
CONTROL: No, still nothing.

00:04:31,564→00:04:33,608
Houston, can you please
turn that music off?

00:04:33,858→00:04:35,318
CONTROL: Kowalski.

00:04:35,568→00:04:37,028
KOWALSKI: Not a problem.

00:04:37,278→00:04:38,780
Thank you, Kowalski.

00:04:42,241→00:04:43,409
Now, Houston?

00:04:43,659→00:04:45,578
CONTROL: That's a negative.

00:04:45,828→00:04:48,414
Could Houston be misinterpreting the data?

00:04:48,664→00:04:51,125
CONTROL: Well, we're not
receiving any data.

00:04:51,751→00:04:55,755
Engineering is recommending
a vis-check for component damage.

00:04:56,756→00:04:58,716
STONE: Let me see what's going on.

00:04:59,759→00:05:01,385
What have we got?

00:05:08,935→00:05:11,646
Visual examination doesn't reveal
any damaged components.

00:05:11,896→00:05:14,649
The problem must be originating
from the comms panel.

00:05:14,899→00:05:17,026
CONTROL: Yeah, that seems to be the case.

00:05:17,276→00:05:20,696
Engineering admits that you warned us
that this could happen.

00:05:20,947→00:05:23,825

That's as close to an apology
as you're going to get from them.

00:05:24,075→00:05:25,868
We should have listened to you, doc.

第六单元　航空航天纪录片的翻译

前一单元讲述了航空航天故事片的翻译，本单元将讨论航空航天纪录片的翻译。纪录片作为一种影视作品的体裁，通过图像、声音与叙事向人们客观、真实地展现了自然界、人类社会、人与自然，以及人对其自身的认识与思考，被称为"人类生存之镜"，经历了从电影到电视、从无声到有声，从简单画面加解说到声画合一，手法与风格多样化的历程[①]。在当下移动网络和数字技术飞速发展的时代，微纪录片这种新形式也应运而生。近年来，纪录片在国内外媒体景观中异军突起，《阿波罗11号》《天地神舟》《中国通史》《航拍中国》《舌尖上的中国》《我在故宫修文物》《人生第一次》等不同主题的现象级纪录片引发了一波又一波收视热潮，也推动了纪录片的翻译与跨语际传播。

本单元重点讨论纪录片的定义与类型特征、发展简史、分类（尤其是科学纪录片），对纪录片的语言及其翻译要点进行介绍，并结合《你好！火星》和 *Planes That Changed the World* 两个个案对航空航天纪录片的字幕和配音翻译进行分析与讨论。

第一节　纪录片概述

纪录片作为一种特殊的影视作品形式，通过客观的音画向观众传递知识和视野，带来真实的视听效果。本节将从定义、类型特征、分类等方面对纪录片进行阐述，并重点介绍与航空航天纪录片关系最密切的科学纪录片。

一、纪录片的定义与类型特征

（一）纪录片的定义

纪录片（documentary），其词源为法文"documentaire"，意思为"游记"，这是其纪实性与图画讲解相吻合。虽然人类历史上的早期电影，如《工厂的大门》《火车进站》，都具有纪录片的性质，但首先提出这一概念的人是英国纪录片奠基人约翰·格里尔逊（John Grierson）。1926年，格里尔逊在《纽约太阳报》上发文，用documentary一词来评价其老师费拉哈迪（Robert Flaherty）的作品《莫拉湾》（*Moana*）。由此，费拉

---

① 欧阳宏生. 纪录片概论［M］. 成都：四川大学出版社，2010：1.

哈迪被称为"纪录片之父"。在文中,格里尔逊将 documentary 视为"对现实的创造性处理"(creative treatment of actuality)①。可见,格里尔逊所提出的"纪录片"指的是故事片之外的非虚构作品。

虽然纪录片的实践已经有近百年的历史,但学界与业界对其定义并未达成共识,它也因此成为纪录片研究中的一个核心话题。这里我们选取了几个国内外具有代表性的定义,试图对其进行多元呈现。格里尔逊认为,任何摄影机就所发生时间在现场拍摄的那一段真实的影片(无论是新闻片还是特写片、教育影片还是科学影片、正常影片还是特殊影片),都可称为纪录片……它们代表着不同形式的观察、不同目的的观察,以及在组织材料阶段差别很大的力量与意向②。比尔·尼科尔斯(Bill Nichols)所著的《纪录片导论》对纪录片做了如下界定:

"纪录片所讲述的情境或事件包含了故事中以本来面目呈现给我们的真人(社会演员),同时这些故事传递了对影片中所描述的生活、情境和事件的某种看似有理的建议或想法。由于影片创作者独特的视角,我们可以直接观看这一历史语境中的故事,而不用将其视为一种虚构的寓言。"③

可见,这个定义仅仅凸显纪录片人物的真实性,并未过多强调其他元素的真实性与客观性,却更多地描述了创作意图和受众接受。我国学者聂欣如在《纪录片研究》一书中,结合叙事性质,将纪录片定义为"以纪实为基本美学特征,是一种非虚构的、叙事的影片样式,兼具认知和娱乐功能,并以之区别于以认知为主的文献档案影片和以娱乐为主的艺术、剧情影片"④。可见,"纪实"是纪录片定义的基本内涵,它不仅是一种技术手段,更是一种创作者的制作理念与态度。而徐舫州、徐帆则在《电视节目类型学》中将电视纪录片定义为"一种通过电视屏幕播放的、非虚构的、审美的,以构建任何人类生存状态的影像历史为目的的视听节目类型,是人类个人记忆或某一集团记忆的载体,是对现实生活的有目的的选择"⑤。这个定义,既包括了纪录片自身的非虚构性和审美属性,又凸显其创作的意图性和播放平台的兼容性(包括电视上播放的电影纪录片),强调其承载个人或集体记忆的重要功能。

综上,我们将本单元中所讲的航空航天纪录片定义为:以航空航天真实生活或信息为创作素材,以真人真事为表现对象,通过剪辑和音效,观察与记述包括飞机、卫星、火箭等多种技术设备和设施相关的历史发展、最新突破、未来趋势、空中与太空资源的探索与利用,以及其科技人文维度,将航空航天领域内的个人或集体记忆进行加

---

① Nichols B. Introduction to Documentary: Second Edition [M]. Indianapolis: Indiana University Press, 2010: 6.
② 游飞,蔡卫. 世界电影理论思潮 [M]. 北京:中国广播电视出版社,2002:145.
③ Nichols B. Introduction to Documentary: Second Edition [M]. Indianapolis: Indiana University Press, 2010: 14.
④ 聂欣如. 纪录片研究 [M]. 上海:复旦大学出版社,2010:200-201.
⑤ 徐舫州,徐帆. 电视节目类型学[M]. 杭州:浙江大学出版社,2006:150.

工与艺术呈现,并给人以一定的知识拓展、审美享受,以及人文或哲学思考的一种电影或电视艺术形式。其核心是影像纪实,不容许虚构或扮演,其播放媒介包括最初的电影电视,还有当下异常活跃的网络平台。

(二) 纪录片的类型特征

与新闻片、剧情片、社教节目、真人秀、广告等节目类型相比,纪录片具有以下三个主要的类型特征,即影像纪实性、叙事结构化和人文关照性。

所谓"影像纪实性"是指,纪录片必须以非虚构性为灵魂,记录的是真实而非臆想出来的世界,不仅其记录的人物、事件是真实的,而且时间、空间和其他的叙事细节也必须具有真实性,"要求反映未经修饰的自然与社会,记录当事人的真实语言"[①]。从创作过程来说,无论是基于真人真事的选材,还是声画同步中自然音和人物同期声的混合,都在很大程度上削弱了人的主观色彩,最大限度地"复刻"现实,给人一种"真实"的体验感。而且,这种影像纪实也与观众的体验与解读有关。比如,中国国际电视台纪录片《探索无垠:中国航天三十年》(2021年)将旁白解说、动画视频、新闻片段、航天影像、人物采访结合起来,再现了中国载人航天工程在30年内实现从零到空间站的傲人飞跃,记录了航天员刻骨铭心的生死瞬间。这种基于现实事件、真实素材的视听呈现方式,是这部纪录片区别于航天主题故事片最大的特征。

"叙事结构化"的核心是故事,即以前的事,人类往往通过它来记录和传播一定的知识、理念与社会文化价值观,从而建构集体记忆,形成相对稳定的社会文化形态。从这个意义上说,纪录片是一种影像化的故事,它以数字化、可视化的方式将先前由文字承载的故事呈现出来,但其记录的不是零星的、杂乱堆砌的信息和事件。相反,创作者往往经过精心编排,围绕一条逻辑线索将事件的前因后果、起承转合连接起来,讲述一个清晰、完整甚至触动人心的故事,因此其叙事呈现出明显的结构化。如国产纪录片《筑梦太空》(2018年)以时间为主线,以重点事件为叙事对象,分别通过"举步维艰""砺剑东风""利刃在手""拓疆天宇""神舟问天""逐梦天宫"六个主题,揭秘了酒泉卫星发射中心自1958年建厂以来60年的非凡成就和突破,展现了中国航天的速度与精神。

所谓"人文关照性"是指,无论是什么主题,纪录片的纪录归根结底是以人为中心或以人的价值取向为中心[②]。事实上,在诞生之初,纪录片就已经把镜头对准了"人"的世界的真实图景,透过影像的触角揭示人性、探索生存的价值、追求生命的意义。虽然很多纯科学纪录片的主题看似与普通人关系不大,但它们却和人类的生存、发展与延续有着千丝万缕的联系,影响着人类,关系着人类的切身利益。因此,这类纪录片虽然讲述的是技术的速度与精度,但也会弥漫着人文关怀的温度。

---

① 张健. 视听节目类型分析[M]. 上海:复旦大学出版社,2018:73.
② 欧阳宏生. 纪录片概论[M]. 成都:四川大学出版社,2010:120.

可见，纪录片是一种介乎新闻片和文艺片之间的体裁，其创作不能虚拟，在真实素材基础上，凭借结构化的叙事方式，通过某种视角来镜观人与人类的发展、生存与本质。通过观赏纪录片，人们不仅收获了知识提升与审美体验，思想也得到了启迪。

二、纪录片的分类

经过近百年的发展，尤其是20世纪90年代以来网络技术、数字技术和摄影技术的飞速发展，纪录片目前呈现出一种多元格局，其选材日渐广泛、类型日渐多样、表现手法以纪实为主但兼顾其他手段。根据不同标准，纪录片可以做如下划分：

从主要题材和内容倾向看，纪录片可分为社会性题材纪录片（关注人类生存的当下社会中与人们密切相关的话题、场景、人物与事件，传播创造者的观察与主观认知，进而影响社会）、历史类题材纪录片（关注人类生存与发展进程中已消逝的元素，为当下提供一种历史借鉴或知识内涵）、政治类题材纪录片（关注国际社会与政坛的人物、事件与意识形态问题）、自然类题材纪录片（将纪录镜头聚焦自然界和科技领域，为观众提供知识与娱乐），以及人类学题材的纪录片（基于田野调查用影视记录和再现与人相关的内容）五类[1]。

从功能看，纪录片可大致分为纪实性纪录片、宣传性纪录片、娱乐性纪录片、实用性纪录片四类，其中实用性纪录片通常也被称为"科教片"，以传授科学知识为主，例如我们所熟知的美国"探索"频道拍摄的有关自然、科学与历史的纪录片。

从镜头存在方式（即画面中拍摄者与被拍摄者之间的关系）看，纪录片可分为参与式记录、旁观式记录、超常式记录、"真实再现"式记录四种[2]。在"参与式记录中"，拍摄者通过声音（如问答或对话）或出镜的方式参与到所记录的事实、事件中，广泛用于各种题材的纪录片。"旁观式记录"强调对现实进行直接观察，通过视觉形象与片中人物的话语来呈现事件，并将摄影机对被拍摄者的影响和拍摄者的存在痕迹降到最低；"超常式记录"则通过超常视野和特殊手段（如航拍、迷你摄像机、内窥镜等）来记录自然界、人文世界和精神世界的活动，而"真实再现"式记录是基于大量的实拍和历史素材基础上，将某段无法实际拍摄的内容通过情景再现或动画的方式呈现出来，以营造氛围、增强视觉体验，常用于历史人物、科技发展、文化遗产等题材的纪录片中。

按照结构方式，纪录片可分为短纪录片、长纪录片和系列纪录片。短纪录片通常以单集出现，时长在15分钟内，如讲述神舟十三号飞行任务的纪录片《圆梦星空》（2022年）。长纪录片通常介乎于15分钟和50分钟之间，以声画合一的现场实景为表现主体，如纪录片《人在火星：红色星球任务》（*Man on Mars*）（2014年）。系列纪录片则是主题内容或逻辑上有承接关系的三集以上的纪录片，如美国国家地理纪录片

---

[1] 张健. 视听节目类型分析[M]. 上海：复旦大学出版社，2018：86-88.
[2] 张健. 视听节目类型分析[M]. 上海：复旦大学出版社，2018：84.

频道拍摄的《改变世界的飞机》(2016年),中央电视总台制作出品的《大国重器》(2018年)、《飞向月球》(2019年)、《飞吧 嫦娥》(2020年)、《北斗》(2020年)、《你好!火星》(2022年),等等。

三、科学纪录片概述

随着科学技术的发展,科学内容与纪录片相结合,出现了科学纪录片。2011年出版的《科学纪录片研究》一书将其定义为"以科学精神为背景,以科学方法和科学视角揭示科学内容,具有科学性、娱乐性、故事性、专业性、商业性,不同于传统科教片的一般纪录片"[1]。可见,它是一种有科技含量的叙事和呈现方式,主要功能为娱乐和教育,通过其非虚构性的、严谨的内容传达科学的发现与发展、科学方法以及科学的思想与精神。

科学纪录片可细分为诗意型纪录片(将人文思想和审美要素融入科学记录)、参与式科学纪录片(主创人员通过提问或对话参与到镜头记录中,常见于科学揭秘)和叙述型科学纪录片(叙事者以上帝视角将晦涩的科学知识进行叙事组织和解释,具有一定的权威性)三类[2]。

1957年成立的英国广播公司博物部(BBC National History Unit)开启了科学纪录片制作的先河,1964年开播的《地平线》(*Horizon*)是播放时间最长的电视科学纪录片系列,也成了衡量科学纪录片质量的国际标准[3]。到了20世纪70年代,美国公共电视网(PBS)开始播放《新星》(*NOVA*)系列,其内容详实、制作精良,也是高质量纪录片的典范。我国科学纪录片起步较晚,虽然说"五四运动"之后我国出现一些科教系列的电影(如1935年的《农人之春》、1956年上海科教电影制片厂的《植树》、1973年北京科教电影制片厂制作的《西汉古尸研究》等),但科学纪录片在我国蓬勃发展还是21世纪以后的事情。2001年,《发现之旅》栏目在央视播出,这是我国电视史上第一个大型自然地理科学和人文历史科学的电视纪录片,随后《探索·发现》《走近科学》等栏目出现,之后央视还推出CCTV-9纪录频道,为科学纪录片的制作与播放提供了媒介平台。近十年来,我们科学纪录片呈现蓬勃发展、井喷式爆发的态势,已形成一个以专业纪录频道、卫视综合频道为主力,以新媒体为重要支撑的基本格局[4]。科学纪录片不仅在题材上呈现多元化,而且还出现了跨国界联合制作的生产方式,如腾讯视频和BBC合作的《蓝色星球2》、上海纪实频道和美国国家地理频道联合制作的《火星计划》和《被点亮的星球》等。

随着我国近年来航天事业的飞速发展,航空航天纪录片不断涌现。无论是早期

---

[1] 万彬彬. 科学纪录片研究[M]. 北京:中国传媒大学出版社,2011:47.
[2] 常梦泽. 中国科学纪录片的叙事研究[D]. 兰州:兰州财经大学,2019:12.
[3] 窦一鸣,张增一. 科学纪录片研究综述[J]. 科普研究,2022(1):91.
[4] 张同道. 2017年中国纪录片发展研究报告[J]. 现代传播(中国传媒大学学报),2018(5):115.

纪实的《铸梦天梯》(2010年)、《亮剑苍穹》(2011年)、《登天之路》(2012年),还是2020年推出的《飞吧 嫦娥》和《你好!火星》这两部聚焦航天工作者的纪录片,航空航天纪录片不但传承了科学纪录片自身的前沿性、科学性和教育性,更将航天精神、英雄群像、民族记忆、情感价值与人文关怀融入记录框架之中,在展现了中国大国重器的科技实力的同时,又让航天故事更贴近生活、更生动形象,也因此成了我们讲好中国故事、传播好中国声音、分享中国智慧,向世界展现真实、立体、全面的中国的重要素材。

第二节 纪录片的语言及其翻译要点

随着技术手段的发展和创作理念的变迁,纪录片的语言已经从最初的无声电影到单一的"画面+解说",再到当下画面、同期声、画外音、字幕等多语言形态并存的状态。通常来说,纪录片的语言系统主要分画面语言(如构图、光效、色彩、影调等)、声音语言(解说词、音乐、同期声、音响语言)和声画结合(画内音、画外音与画面的结合)三个部分,但鉴于影视翻译主要涉及的还是声音语言,这里将重点讨论解说词和人物同期声这两种声音的语言形式。

一、解说词及其翻译要点

(一) 解说词及其语言特征概述

解说词,又称旁白,即从旁解说的意思。它是纪录片附加声音——"画外音"——的一部分,是后期制作中附加在影像之上的声音,通过解说员第三人称的角度对相关内容、概念和背景进行介绍、解释、议论、表达感情等。旁白以图像为载体,和画面之间需要一种"同步"和"对位"的关系,二者相互配合,共同建构意义。

解说词的运用和语言风格往往和纪录片题材相关。为了凸显其"真实性",相当一部分陈述性纪录片不使用旁白,而是仅仅依赖画面自身进行叙事,突出了观众对影片内容的多元解释和评价,因为使用了旁白就意味着向观众揭示了创作人员的观点。此外,纪录片题材也与解说词整体的风格存在重要的关联:知识性和欣赏性较强的题材,往往要求解说词具有逻辑性、文学性甚至诗意,而纪实性较强的体裁,通常解说词也比较写实、客观、朴实。

通常来说,航空航天纪录片解说词语体相对正式,书面语较多,常用专业术语与专有名词,以达到表意确切的目的,多使用一般现在时,句式较完整,长句多,常有主从复合句、同位语、定语等成分,往往使用连接词来体现信息之间在叙述、归纳、推理、论证方面的关系。

(二) 解说词的翻译要点

航空航天纪录片的宗旨是忠实地记录航空航天领域历史、现实、技术、人物,引发人文思考,其受众大多是普通观众,因此使用的语言比较平实。此外,解说词还占据了纪录片翻译工作量的大头。因此,基于上述的解说词语言特征,在翻译过程中应该把握以下三个要点:

1. 充分的译前准备

与剧情片和新闻专题片相比,纪录片的信息量更大,具有一定程度的专业性,解说词台词中会出现专业术语、特定的称谓、专有名词和一些航空航天领域的背景知识,如果不查证很容易出现错译甚至乱译的现象。这就需要译者在翻译之前查阅相关资料和资源(具体操作参见本教材第三单元),做好充分的译前准备,为纪录片翻译质量提供重要保障。此外,在这个阶段中,译者也应该对解说词的语体与文体风格有整体的感知和把握。

2. 灵活的翻译单位

翻译纪录片解说词的时候,译者应该针对具体语境灵活地选择翻译单位。如果字幕本身具有语义上的独立性和完整性,可选择"单条字幕+场景画面"作为翻译决策的单位;如果因为单条字幕存在语义不完整、信息过多、句子结构(如后置定语和插入语)或中英语言差异需要进行跨行处理,则可选择"相邻字幕+场景画面";在极少数情况下,译者也需要将某环节或主题的多条字幕作为翻译单位,进行整体性考察,增强台词之间的流畅性、连贯性。

3. 一致的翻译风格

航空航天纪录片的整体风格是偏快节奏的,解说词作为介绍或解释性话语,往往比较正式和严谨,在翻译时译文要与原文整体风格保持一致,采用语体相当的词汇和句式,以清晰、平实和准确为标准,偶尔使用四字格、成语等形式来提升审美,但切勿频繁使用古语、互联网用语,避免过度诗化和美化,以免引发风格偏离。此外,专有名词(如人名、地名、术语、单位等)应保持前后文一致,避免观众混淆。

现结合美国网飞公司(Netflix)2020 年出品的《挑战者号:最后的飞行》(*Challenger: The Final Flight*)第一集《人人都可以参加太空项目》(*Space for Everyone*)选段(见表 6-1),对上述翻译要点进行阐述。

例 1:

表 6-1 《挑战者号:最后的飞行》选段

源语解说词	中文字幕
It's just a simple respect	航天飞机可以算是
for machines that are operating at the very limit of human engineering.	人类工程的极致之作
I don't think there's ever been a machine	在复杂性方面

续表 6-1

源语解说词	中文字幕
that comes anywhere near the **shuttle** in terms of sheer complexity.	我觉得没有任何一架机器　可以接近**航天飞机**
There were uncounted miles of **wiring**.	机体内的**布线**工作　用了不知道多少公里的线
Every sensor had a backup, and most of those **sensors** had a backup.	每一个传感器都有后备　大部分后备**传感器**还有一个后备
The heavier a spacecraft is, the more energy's required to get to **orbit**...	航天飞机越重　就越需要能量来到达**轨道**
and the shuttle weighed around 250,000 pounds.	航天飞机有 11 万公斤重
You've gotta get that going more than 85 **football fields** a second.	你要让这么大的家伙　一秒钟飞过 85 个**橄榄球场**
And it just turns out that's really hard to do.	这真的非常困难
One of those engines	其中一个引擎
could drain a full-size swimming pool in something like 20 seconds,	20 秒钟就能消耗掉一个全尺寸游泳池的燃料
so you had to have a huge **tank**.	所以你得有个巨大的**燃料箱**
Now, the **boosters** that are on the side, they provided	侧面的**助推器**提供
the lion's share of the thrust to get the thing off the pad.	让航天飞机从发射台发射的**主要推力**

0:26:26—0:27:50 from *Challenger: The Final Flight*(EP01)①

分析：选段中存在一定数量的航空航天术语，如 shuttle(航天飞机)、wiring(布线)、sensor(传感器)、orbit(轨道)、tank(燃料箱，非坦克)、boosters(助推器)、thrust (推力)和 pad(发射台)，还有一些专有名词和文化负载词（如 pounds、full-size swimming pool、football fields、the lion's share）。这些词汇如果稍不注意，就可能会产生误译，如将"football fields"翻译成"足球场"，将"lion's share"（最大份额）直译成为"狮子那份儿"，引发认知上的混乱。在翻译单位方面，大部分解说词都选择了"单条字幕＋场景画面"，结合画面对文字进行翻译和增补，以实现词画同步。如"There were uncounted miles of wiring"一句，结合画面正在飞机内布线的工程师，增补了"机体内"，并将此句进行了拆译，先介绍了话题 wiring，然后再翻译说明性信息"uncounted miles"，这样比较符合汉语的行文方式。"could drain a full-size swimming pool in something like 20 seconds"一句则结合语境增补了"燃料"。但对于前四句台词，由于信息分布、中英论述方式的差异，译者选择"相邻字幕＋场景画

---

① 字幕下载于"字幕库"，网址：https://zimuku.org/detail/142091.html。

面"作为翻译单位,进行了跨行处理,将前两句信息进行浓缩后重新分句,把第三、四句中的状语"in terms of sheer complexity"提前,并恰当地处理了否定转移结构"I don't think",使得译文简洁、清晰。

二、同期声及其翻译要点

同期声,属于纪录片的"画内音",是指画面上出现的人物的同步语言,是一种直接的真实话语,也是纪录片不可或缺的一部分。通过人物的同期声叙述,过去的事情变成现在的讲述,先前纪录片中的"转述"成了如今面对面的"自述",极大地增强了纪录片的纪实性、客观性与可靠性,丰富了叙述视角,提供了更多传达意义的空间,更有利于揭示主题、增强感染力和共鸣感。

根据其表达内容,同期声可以分为主动表达型(即记者、主持人或叙事者讲述事实、表达观点,推动纪录片内容发展)、被动表达型(被采访者的讲话,如名人现身说法或权威人士点评,它往往受制于纪录片内容的发展)、交流型(采访者和被采访者之间的一问一答,往往出现在采访报道时,具有现场感和及时性)三类[①]。

为了使纪录片获得更好的传播效果,人物同期声的翻译就显得尤为重要。对于同期声的处理,视听翻译中往往有两种方式:其一,对于译制片而言,同期声往往采用配音或译配解说(voice-over)的方式,配音尽可能本土化,有时需要对台词进行解读和微调。其二,对于字幕片而言,同期声则从声音信道传到了视觉信道,通过字幕译文来呈现。

较之解说词,人物同期声语言的正式程度更低,语句松散自由,用词多为普通词汇、短语动词、习语、俚语、语气词与填充词(如 mm,erm,uh,well,I think,I mean,you know,you see 等)。在翻译中,译者应该注意以下几点:其一,尽量保留源语的有效信息,再现人物的语言风格,并在一定程度上符合目标语受众的思维与期待;其二,遵循口语化翻译原则,避免用词过于生僻或选择语域差异较大的表达。其三,结合画面和语境对表达进行适度调整,在保证连贯理解的基础上,尽可能做到简洁明了。请看表6-2。

例2:

表6-2 《探秘太阳系》选段

源语同期声	中文字幕
I was just praying with my eyes closed that this was going to work.	我闭着眼睛祈祷我们能成功
Things, if they are gonna go wrong,	如果事情要出问题
do go wrong	很可能就会出问题

---

① 欧阳宏生.纪录片概论[M].成都:四川大学出版社,2010:281.

续表 6-2

源语同期声	中文字幕
This thing could fail, you know.	这件事情很可能会失败
If it doesn't work, it's over.	如果不成功就结束了
Lights off.	关灯
(Voice-over) Exploring the solar system is not for the faint of heart.	(旁白)探索太阳系这份使命不适合心智薄弱的人
(Voice-over) It requires courage, determination and ingenuity.	(旁白)它需要勇气 决心和智慧
This is like the first renaissance voyage over the oceans,	这就像文艺复兴时期的第一次海上航行
But it's to another planet.	但目的地是另一个行星
Can we send a spacecraft through that environment?	我们能让宇宙飞船穿过那种环境吗
There's no question whatsoever that	毫无疑问
this is one of the most difficult technological jobs	这是人类尝试过的
that the human species has ever tried.	最困难的技术工作之一
It's a very violent, dangerous, deadly place.	这是一个非常暴力 危险 致命的地方
(Voice-over) But the rewards of risking everything are worth it.	(旁白)但冒这一切的风险是值得的
I was stunned.	我惊呆了
Mars has a sense of romance about it.	火星有一种浪漫的感觉
Because it's a place.	因为它是一片新天地
It's a planet, it's another world.	是一个行星 是另一个世界
79 moons,	79个卫星
Each one, their own world of ice or rock.	每一个都是冰或岩石组成的世界
It's definitely the most interesting place in the solar system.	它绝对是太阳系中最有趣的地方
Pluto is the Everest of the solar system.	冥王星是太阳系的珠穆朗玛峰
The farthest, coldest and the hardest to reach.	它最远 最冷 最难到达
Wouldn't that be cool if Pluto has or had life?	如果冥王星存在生命或曾经有过生命呢?
We're thinking, Batman.	我们会想 重大发现
(Voice-over) This series reveals how we explored our solar system.	(旁白)本节目揭示了我们是如何探索太阳系的

00:01—01:34 from *Secrets of the Solar System* (EP01)

分析：上例选自 2020 在美国播出的 8 集纪录片《探秘太阳系》(*Secrets of the Solar System*)的第一集《伟大的征程》(*A Grand Tour*)开篇片段，它把对天文学家、工程师、物理学家的采访素材进行了有效的编排和串联，结合旁白和富于感染力的配乐，追溯了人类进入太空探索太阳的惊人旅程，引人入胜。从整体上看，人物同期声的语言风格平实质朴、有散文的质感，没有过多诗意的语言，形式上也多选用简单句和不完整句（如 lights off；each one, their own world of ice or rock；the farthest, coldest and the hardest to reach），选词以口语体（如 gonna, you know）和简单词汇为主。字幕译文在整体上再现了这种风格，这一点体现在并列形容词短语的处理上，译文并没有将"violent, dangerous, deadly"和"the farthest, coldest and the hardest to reach"处理成中国人偏爱的四字格，而是用简单形容词再现了原文这种干脆洗练的风格。值得注意的是，除个别台词因为定语从句（…jobs that the human species has ever tried）需要跨行换序之外，译者的翻译单位基本上都是"单条字幕＋场景画面"，有些地方采用压缩策略，省译填充词 you know，将"There's no question whatsoever that"简化为"毫无疑问"等，而对于有文化负载内容的词汇（如 first renaissance voyage, the Everest, Batman），译者根据受众熟悉程度相应地进行了增译（文艺复兴时期的第一次航行）、直译和释义（Batman 处理成"重大发现"），实现了信息的有效关联与理解。

综上所述，解说词和同期声，作为纪录片声音语言系统的重要构成部分，在很大程度上决定了观众从屏幕上获得的"声音形象"。在纪录片字幕翻译中，解说词和人物同期声信息的表达及语体风格是借助屏幕下方的字幕文本传递的，实现了从听觉到视觉的信道转换。因此，纪录片字幕译者有必要提升能力，在口语体和书面体之间恰当切换，通过准确有效翻译源语信息和音画同步，使译语观众准确把握解说词和采访人物的真实交际意图，感受纪录片的魅力。

第三节 《你好！火星》汉英字幕翻译案例分析

近年来，随着我国航空航天事业的发展，这一题材的纪录片和微纪录片呈现增长的态势，不少作品也被翻译成了英文传播到海外，向世界讲述中国故事，分享中国智慧。本案例选自 2022 年中央广播电视总台制作出品的科学纪录片《你好！火星》（*Hello, Mars*），结合其英文字幕，从画面元素注释、解说与同期声的翻译等方面对航空航天纪录片汉译英进行描述和分析。

一、案例简介

近年来，中央电视台精心制作了一系列反映我国航空航天领域的飞速发展、前沿突破，以及航空航天人专业坚守与精神风貌的纪录片。为纪念"天问一号"火星探测器成功着陆火星一周年，国家航天局和中央广播电视总台联合出品的大型科学纪录片《你好！火星》。该片共有 5 集，每集 30 分钟，分别取名为《出发》《征途》《环绕》《着陆》《巡视》，将"天问一号"任务关键节点的音像资料、专家/参与者访谈、动画有机结合，呈现了人类探索火星时面临的挑战，全景式回顾了我国"天问一号"任务的实施过程和所取得的成就。

鉴于这部纪录片的内容具有一定程度的专业性,加之时长较长,现分别从第一集《出发》和第二集《征途》中一共选取 7 分钟左右的内容,对其汉英字幕翻译进行分析。观看视频后发现,这部纪录片的翻译任务既包括解说词和同期声等听觉信道要素的翻译,也包括画面中的话语元素。所以,译者在翻译时不能只关注台词而忽略了这些可能会影响观众理解并参与视频意义共建的视觉要素。

二、画面注释

本书第四单元提到的《广播电视和网络视听节目对外译制规范》(标准编号 GY/T359—2022)规定,译者需要翻译影响观众理解的画面信息,并制作说明性字幕。在《出发》与《征途》这两集中,除了画面和字幕内容都涉及的国外科学家之外,需要画面注释的元素主要有以下两种:

(一) 时空信息

这主要是与"天问一号"探测器在火星上拍摄的图像相关联的信息。如图 6-1 所示,译者对画面中出现的重要话语元素"天问一号 2022.1.8 拍摄(Tianwen-1 Shot on 8 January 2022)"和"阿拉伯高地马特撞击坑(Marth Crater of Arabia Terra)"进行了英文注释,一方面帮助国外观众更好地理解画面的意义,另一方面也借此传递出有理有据的科学思维和精神。

例 3:

图 6-1 《你好!火星》第一集《出发》中对画面拍摄的时空信息进行注释

(二) 同期声相关的人物身份信息

为了增强讲述的客观性、权威性与科学性，这部纪录片中还时不时将参与"天问一号"任务的专家和内部人士的采访穿插在讲述中，让其现身说法。这时候，译者就有必要对被采访者的身份进行交代。如图6-2所示，译者就被采访者航天科技集团"天问一号"任务探测器系统副主任设计师刘宇的身份进行了英文注释，音画相互补充，增强了内部人士视角，凸显观点的科学性和权威性。

例4：

图6-2 《你好！火星》第二集《征途》中对人物同期声身份进行注释

三、第一集《出发》选段翻译分析

下面是从第一集中选出来的一段连续的解说词字幕，从太阳系宏大背景中逐渐聚焦火星，并结合中西方的传说简述了火星的不同文化象征意义。英文字幕源自官方字幕[①]，个别地方略有改动。请对照阅读双语字幕，思考英译这些汉语解说词时都进行了哪些处理，以及为何要这样处理。

例5：

16
00：01：10，200→00：01：12，200
我们赖以生存的地球
The Earth, on which we live,

17
00：01：12，200→00：01：16，920
仅仅是太阳质量的33万分之一
is only one 330,000th of the mass of the Sun.

---

① 见《你好！火星》第一集《出发》。

18
00:01:16,920→00:01:20,000
太阳以它发出的光和热
The Sun shines its light and heat

19
00:01:20,000→00:01:21,880
照耀着整个家族中
on the entire family of planetary bodies,

20
00:01:21,880→00:01:25,600
大大小小的星球天体
large and small.

21
00:01:25,600→00:01:26,800
这使得我们用肉眼
This allows us to spot

22
00:01:26,800→00:01:28,440
就能够在夜空中
the larger

23
00:01:28,440→00:01:30,760
找到它们当中体积大的
and closer ones

24
00:01:30,760→00:01:33,520
和距离我们更近的
in the night sky.

25
00:01:35,520 → 00:01:37,760
在点点繁星中
Among the stars

26
00:01:37,760→00:01:41,360
有一颗泛着独特红色的星球
there is a planet with a distinctive red glow

27
00:01:41,360→00:01:43,280
它就是地球的近邻
It is Earth's closest neighbor

28
00:01:43,280→00:01:45,120
火星
The Mars

29
00:01:46,680 → 00:01:50,600
古代的夜空要比当今显得明亮
The night sky in ancient times was brighter than it is now

30
00:01:50,600→00:01:53,920
那时没有如今的万家灯火
Back then, there were no thousands of sparkling city lights like now

31
00:01:53,920 → 00:01:56,280
人类在最初仰望星空的时代
Humans have noticed Mars

32
00:01:56,280→00:01:59,280
就注意到了火星
since they looked up at the stars

33
00:01:59,280→00:02:02,280
人们常说热情似火
They used to say fireball of enthusiasm

34
00:02:02,280→00:02:07,640
但是火星却似乎有那么一丝魅惑
but Mars seems to be a bit seductive

35
00:02:08,479 →00:02:11,080
在东西方的传说中
In both Eastern and Western legends

36
00:02:11,080→00:02:14,240
火星都被赋予了战争、流血
Mars is associated with war, bloodshed

37
00:02:14,240→00:02:16,880
和不祥的标签
and ominousness

38
00:02:16,880→00:02:19,800
中国古人认为它红色荧荧
The ancient Chinese considered it bright red

39
00:02:19,800→00:02:22,240
位置和亮度又经常变化
and its position and brightness changed so often

40
00:02:22,240→00:02:23,840
令人迷惑
that it was confusing

41
00:02:23,840→00:02:27,440
于是称它为荧惑
so they called it fluorescence

42
00:02:27,440→00:02:29,680
在中国古代的占星术中
In ancient Chinese astrology

43
00:02:29,680→00:02:34,680
火星的运行往往与战乱相关
the orbit of Mars was often associated with wars

44
00:02:34,680→00:02:38,200
在西方,火星被称为 Martis
In Western, Mars is known as Martis

45
00:02:38,200→00:02:39,920
在罗马神话里
In Roman mythology

46
00:02:39,920→00:02:41,520
他骁勇善战
he was a courageous warrior

47
00:02:41,520→00:02:44,120
是罗马人的战神
He was the warrior god of the Romans

现从翻译单位、语言和文化三个方面对上述解说词的字幕翻译进行分析。

从翻译单位看,大部分字幕采用的都是"单条字幕+画面",译文和原文亦步亦趋,形式上比较贴近,意义上和画面也容易实现同步。这主要得益于源语台词分句之后大部分都是简练的流水句,意义相对独立,英译时只须在字幕内部进行调整即可。如第26行"有一颗泛着独特红色的星球"是一个存在句,翻译时整体的框架就是"there be",句中另外一个动词"泛着"则转换成了名词glow(微弱但稳定的光)。然而,译者根据语义的完整性和理解的连贯性,也对部分台词进行了跨行处理,这主要包括两种情况:其一,对毗邻的2~3条台词进行整体思考,然后调整信息位置或语序。例如,译者将第19行中的动词"照耀"挪到了第18行,将第20行中的"星球天体"挪到了第19行,然后用large and small这一后置定语进行修饰。再如,译者在译文中调整了第31和32行位置,因为通常情况下,英语的信息重心(即主句)在前,补充信息(即状语)在后。其二,译者对多条字幕进行整体思考,然后根据独立意群的分句原则将译文信息重新划分。如第21~24行的处理中,译者将原文第22行的信息后置,用短动词"spot"形象地翻译了原来跨行的"用肉眼……找到",而在第23行,译者使用了代词ones,指代第19行中出现的planetary bodies,有效地避免了语言形式上的重复,简练了译文,更好地实现了音画同步。

在语言维度,有三个现象的处理值得我们关注:

(一) 从意合到形合的转换

英文重形合,汉语偏意合。换言之,汉语不太注重形式连接,从句子到语段,都注重意念,而英语则从基本句子到语篇都依仗形式[1]。在处理第38~41条字幕的时候,译者首先厘清了小句间的逻辑关系,即38和39是并列关系,39和40是结果关系,40和41之间又存在因果关系,然后把这种逻辑关系通过连接词显化在译文中,变

---

[1] 刘宓庆. 新编汉英对比与翻译[M]. 北京:中国对外翻译出版公司,2010:235.

成了 38 and 39（so） that 40 so 41，加强了句间逻辑的衔接，方便观众获得连贯的理解。

（二）四字格的处理

四字格是汉语行文中一种常见的语言资源，具有平衡感、节奏美、韵律美等修辞效果，也因此常常出现在解说词中。选段中出现的三个四字格"万家灯火""热情似火""骁勇善战"的处理也对我们汉英字幕翻译实践有启发作用。"万家灯火"被翻译成了"thousands of sparkling city lights"，"灯火"被分别处理成了"sparkling"和"lights"，为了凸显语境中的"古时"和"如今"的差异，译者增加了 city 一词，让大部分身处都市的观众有了一种认同感。"热情似火"并没有翻译成 burning/fiery enthusiasm，也采用了隐喻结构 fireball of enthusiasm（如火球一般的热情），表述更加形象；而"骁勇善战"也没按字面译成"brave and skillful in the battles"，而被处理成名词短语"courageous warrior"（英武的战士/勇士），形象跃然纸上。可见，在处理这种具有修辞功能的语言形式时，译者应该首先考虑目标语文化中是否具有相同或者相似的表述。如果没有，可选择功能相当的其他表述（如此处的增加隐喻或意象），达到一种交际效果上的补偿。

（三）词汇的语境化翻译

在字幕翻译过程中，一些词语往往不是字面的意思，需要译者将其放置在语境（尤其是上下文）中明确其交际意义，再选择合适的表达形式。如第 36～37 行中的"被赋予了……标签"很容易被处理成"be labeled with…"，但这里的"标签"并不是字面上"贴标签"的意思，而是人们从文化上将"火星"和"战争、流血和不详"进行了关联，因此处理成"associated with/linked to"才适合语境。

需要强调的是，这段节选中的翻译不当之处均因为对语境（上下文和背景知识）缺乏足够的考量。如第 34 行中的"魅惑"按照字面意思被处理成具有性暗示的 seductive（性感的、撩人的），而不是更适合上下文的 mysterious（神秘的）或者 enigmatic（谜一般的）；第 43 行将"火星的运行"（the orbiting of Mars）翻译成"the orbit of Mars"（火星的轨道），无法和上下文实现有效关联，因为中国古代占星术认为，与战乱相关的是火星的动态运行，而非静态的轨道。而第 27 行中将"近邻"译成"closest neighbor"看似更亲切，实际上却违背了天文学常识，因为离地球最近的行星是金星（火星离地球约为 5500 万千米，金星离地球约 4100 万千米）。

在文化维度，译者需要关注具有文化特色的表述，并在目标语中以一种恰当的、可接受的甚至地道的说法将其进行表述。本选段中，有两处译法有待提升。第 41 行中的"荧惑"是我国古代对火星的别称，取其"荧荧火光，离离乱惑"之意，在译文直接使用了"fluorescence"（因为吸收其他不可见波长的辐射而发出的光）进行了替换，这种处理似乎欠妥，因为从语境看，"荧惑"是一个称谓，而不是一个概念。出于传播中国文化的考量，可以采用"音译＋解释"的方式，将其处理成 yinghuo（charming glimmer)。在第 47 行,译者将"罗马人的战神"翻译成"the warrior god of the Romans",但通过对英语语料库(如 SKELL,BNC)的检索均未找到"warrior god"这种表述,通常使用的都是"Roman god of war"。对于"战神"的处理,虽然语义上清楚,但表述上不符合目标语的语言使用规律,在字幕翻译过程中也应该予以重视。

四、第二集《征途》选段翻译分析

下面是从第二集《征途》中选出来的一段不连续性的字幕,这中间既包括解说词,也包括同期声。它回顾了 2020 年 7 月"天问一号"火星探测器借用长征五号火箭送至地火转移轨道入口,并对其在太空的状态与飞行方式进行简单介绍。中间某些字幕是注释画面的,未呈现在案例中,因此所选部分的序号会有不连续的情况。对英文译文,笔者在官方字幕①的基础上进行了微调。

翻译过程中有以下三个难点:其一,内容具有一定程度的专业性,一些术语、专有名词和背后的原理需要进行查证;其二,语言风格上既有简洁但信息量大的解说词,也有表述方式不太直接、口语化程度较高的同期声。如何在不同风格之间进行恰当切换又能保证理解的连贯,是一个不小的挑战;其三,文中一些特殊现象(如指称关系、语义重复、意象等)的处理,需要结合上下文,考虑视听文本的技术限制和读者连贯理解等几个方面进行综合的处理。

请对照阅读下面的双语字幕,思考旁白英译时都进行了哪些处理,以及为何要进行这样的处理。

例 6:
168
00:07:52,320→00:07:56,480
2020 年 7 月 23 日 13 点 17 分
At 1:17 pm on July 23, 2020

171
00:07:56,720→00:07:59,480
长征五号火箭完成了使命
Long March 5 finished its mission

172
00:07:59,480→00:08:01,640
以正中靶心的成绩
by successfully sending

---

① 见《你好!火星》第二集《征途》。

173
00:08:01,640→00:08:03,840
将"天问一号"探测器
Tianwen-1 spacecraft

174
00:08:03,840→00:08:07,040
送到地火转移轨道的入口
into the Earth-Mars transfer trajectory

175
00:08:07,040→00:08:07,840
并赋予它
and giving the probe

176
00:08:07,840→00:08:11,200
超过每秒11.2千米的飞行速度
a speed of over 11.2 km per second.

179
00:08:13,530→00:08:13,840
"天问一号"与胖五分离
After separating from Fat-Five

181
00:08:16,280→00:08:19,280
向着漆黑的深空飞去
Tianwen-1 probe started its solo journey into the depth of the universe

182
00:08:23,360→00:08:26,360
探测器总重有5吨
Weighing five tons,

183
00:08:26,360→00:08:28,800
这是人类历史上飞往火星
the probe is the heaviest spacecraft

184
00:08:28,800→00:08:31,480
吨位最大的探测器
humanity has ever sent to the Mars.

185
00:08:31,480→00:08:34,640
前部的进入舱犹如一个馒头
The entry capsule is shaped like a steamed bread

186
00:08:34,640→00:08:37,840
里面是着陆平台和火星车
containing the lander and the rover

187
00:08:37,840→00:08:40,280
后边是环绕器
The orbiter is at the posterior.

188
00:08:40,280→00:08:42,159
在这条漫漫征途上
This spacecraft will carry on

189
00:08:42,159→00:08:44,600
它要孤独地飞行近 7 个月
a seven-month cruise

190
00:08:44,600→00:08:48,280
路程近 5 亿千米
that covers nearly 500 million kilometers.

191
00:08:49,440→00:08:50,600
在地球上
This distance

192
00:08:50,600→00:08:51,960
别说五亿千米
might seem difficult to process,

193
00:08:51,960→00:08:53,680
去个 5 千米的地方
as people tend to use their map applications

194
00:08:53,680→00:08:56,800
我们都会打开导航软件
to navigate just five kilometers on the Earth

195
00:08:58,520→00:09:01,200
而这五亿千米的太空之旅
During this 500-million-kilometer journey in the space

196
00:09:01,200→00:09:02,760
探测器怎样才能沿着
how does the probe make sure

197
00:09:02,760→00:09:05,240
正确的道路前行呢
it's traveling along the right course?

198
00:09:05,240→00:09:07,920
要知道 去火星既没有地图
There are no maps

199
00:09:07,920→00:09:09,240
也没有路标
or road signs showing the way to the Mars

200
00:09:09,240→00:09:11,520
探测器也没有里程表
There is no odometer on the probe

201
00:09:11,520→00:09:14,800
怎么知道"天问一号"走到哪里了
How does it tell its current location?

202
00:09:14,800→00:09:17,080
"天问一号"又是依靠什么
Which map application

203
00:09:17,080→00:09:19,240
来为它导航呢
does it use to navigate its way?

204
00:09:19,240→00:09:20,720
想象一下
Imagine a picture

205
00:09:20,720→00:09:22,560
在浩瀚的天空中
where the large spacecraft is merely

206
00:09:22,560→00:09:25,400
它只不过是一粒尘埃
a speck of dust relative to the expanse of the cosmos.

207
00:09:27,960→00:09:30,880
其实从火箭起飞开始
The TT & C system has been

208
00:09:30,880→00:09:32,640
测控系统就不停地
constantly tracking, measuring

209
00:09:32,640→00:09:35,120
对"天问一号"进行跟踪测量
and navigating for Tianwen-1 probe

210
00:09:35,120→00:09:36,960
为它导航
since lift-off.

211
00:09:36,960→00:09:39,960
依靠在全球多点设立的测控天线
The system uses antennas located around the world

212
00:09:39,960→00:09:43,080
向探测器发出无线电信号
to send radio signals to the probe

213
00:09:43,080→00:09:46,200
利用探测器的应答回复信息
When the probe receives

214
00:09:46,200→00:09:47,400
我们可以测量出
the signal and responds,

215
00:09:47,400→00:09:49,800
探测器距离地球有多远
we can measure its distance from the earth

216
00:09:49,800→00:09:53,240
也可以知道它飞行的相对速度
and its traveling speed.

217
00:09:53,240→00:09:54,440
然而
But knowing

218
00:09:54,440→00:09:57,840
只知道距离和速度是远远不够的
the distance and speed alone is not enough.

219
00:09:57,840→00:10:02,080
它还要保证飞行在正确的道路上
The probe must stay on track.

220
00:10:02,080→00:10:04,200
(刘宇)我们给"天问一号"装了好多双眼睛
We equip Tianwen-1 probe with many eyes

222
00:10:04,480→00:10:06,960
(刘宇)让它可以知道自己在深空中间
that allow it to tell

223
00:10:06,960→00:10:08,440
(刘宇)我是朝向哪里
its orientation

224
00:10:08,440→00:10:10,400
(刘宇)我是在什么位置
and position in deep space.

225
00:10:10,400→00:10:11,520
(刘宇)这样它才能知道
With that kind of information,

226
00:10:11,520→00:10:12,440
(刘宇)我下一步该怎么走
it can stay on the right track.

227
00:10:13,960→00:10:15,640
对于探测器来说
The probe's orientation

228
00:10:15,640→00:10:18,080
首先要知道自己的姿态
is crucial information,

229
00:10:18,080→00:10:19,640
自身姿态正确
as it determines the direction

230
00:10:19,640→00:10:23,760
是保证行进方向正确的前提
in which it is traveling.

现在我们将分别从同期声和解说词两个层面对上面的翻译进行分析。

在同期声方面,本选段中有"天问一号"任务探测器系统副主任设计师刘宇对探测器在太空中定位原理的解释。从整体上看,语言平实,口语体较多,内容难度不大,但语体和简洁说话风格的再现也不是一件容易的事。在翻译过程中,译者的选词大多为生活用语,在第222、223和226行的翻译中,译者有意把叙事视角从原文的第一人称"我"换成了第三人称"it",从而实现了叙事人称上的整体一致。在处理第223~224行时,译者将"我是朝向哪里"和"我是在什么位置"中的有效信息浓缩为"朝向"(orientation)和"位置"(position),再结合第222行相关信息进行了换序处理,让译文逻辑上清晰,表述上简洁干脆。此外,译者在处理第225~226句时,将"这样他才能知道"结合上文处理成"With that kind of information",逻辑上实现了呼应;根据视频的整体语境将"下一步该怎么走"灵活地改译成了"stay on the right track"(待在正确的轨道上),让画面和台词更贴切,也有助于观众的连贯理解。

在解说词翻译中,以下三个方面需要引起关注。

(一) 与航天相关的专有名词与术语

需要译者在译前准备时利用"搜商"进行查证。需要注意的是,表 6-3 中的一些词汇不只是出现在视频节选片段中,在《你好!火星》纪录片的其他地方也高频出现。因此,译者有必要在查证后建立词汇对照表,一方面保证术语和专有名词翻译的准确性,另一方面也保证在整部纪录片的英文字幕中术语前后的一致性,以免引起观众认知的混乱。

表 6-3 《征途》选段术语与专有名词对照表

中文	英文
长征五号火箭	Long March 5
"天问一号"探测器	Tianwen-1 probe
地火转移轨道	the Earth-Mars transfer trajectory
进入舱	entry capsule
着陆平台	lander
火星车	Rover
环绕器	orbiter
导航软件	map applications
里程表	odometer
测控系统	tracking telemetry and control(TT&C) system
天线	antenna
无线电信号	radio signals

(二) 简化策略的使用

由于视听文本本身的时空和技术制约,字幕必须在有限时间内、有限屏幕内显示出旁白话语的意思,同时还需要兼顾观众的阅读速度,这是很难办到的。因此,在字幕翻译实践中,我们往往采用文本压缩或简化策略。这种趋势在汉译英字幕翻译中更为常见,缩减率有时高达近 1/3[①]。

在本段字幕选段中,文本简化的主要方法有概括化(如第 172 行中的"以正中靶心的成绩"被翻译成"successfully")和删减(如第 198 行直接删除了"要知道",第 219

[①] 肖维青. 英汉影视翻译实用教程 [M]. 上海:华东理工大学出版社,2017:110.

行中将"在正确的道路"压缩成为"on track")两种。

(三)连贯理解方面的处理

为了确保译文在理解上合乎逻辑且连贯,译者进行了下面几个部分的处理:

首先,明确指称关系。译者不但将原文中离指称物位置较远的代词"它"还原成了相应的名词(如第 175 行将"它"翻译成"the probe"),还把解说词中的上下文重复信息进行了相应的指称处理((如将第 191~192 行中的"五亿千米"翻译成回指结构"This distance",把第 201 和 202 行中的"天问一号"都翻译成"it"),让行文更加简洁和连贯。然而,需要指出的是,译文在处理第 179 行中的"胖五"时未进行有效的指称关联。"胖五"其实是长征五号系列运载火箭的别号,中国人是了解这一背景的,但对于外国人来说却未必如此。因此,直接将其翻译成"Fat-Five"虽然押头韵,还很可爱,但由于它和指称物(出现在第 171 条)距离较远,再加上这地方画面上没有能弥补认知的信息,国外观众并不一定能将二者关联起来。

其次,化隐为显。译者根据画面和上下文语境将某些台词的暗含意义或言外之意明示出来,以帮助观众更好地理解纪录片的交际意图。如在第 192 行,译者将这句话改译为"might seem difficult to process",将原文"别说五亿千米"中暗含的那种语气和情绪有效地传递了出来;第 196~197 行中译者增加了"make sure"这一短语,将原文中暗含的"探测器如何才能确保自己在正确轨道上运行"这一层语义显化出来,第 204 行"想象一下"虽然也可以翻译成"Just imagine",但译者增加了"a picture",并在 205 行增加了"where",这样既加强了字幕间的连贯,也凸显了后面几句台词中提到内容的"画面感"。

最后,调整信息和语言结构。一方面,译者根据意群和中英句子结构进行了跨行处理,如基于定语从句(第 183~184 行)、后置的地点状语(第 188~189、第 205~206)、时间和目的状语(第 193~194、第 207~210)进行了换序处理,还结合语境给第 211 行的无主句"依靠在全球多点设立的测控天线"增加了主语"The system"。另一方面,译者根据中英文信息结构的差异和字幕分句分行的原则,将某些台词(如第 217~218、第 227~230)进行重新分句。如在处理第 227~230 行时,译者对这四行进行了整体的理解,透过语言表述的外壳,将实质信息重述为"探测器的朝向 是重要的信息 因为它决定了 自身正在行进的方向",并以此为基础对字幕进行了重新分句,使得译文更加清楚和连贯。

本节结合《你好!火星》选段对航空航天纪录片字幕的汉译英中的同期声和解说词翻译中的画面注释、翻译单位、语言现象(如术语与专有名词、四字格)、文化现象、语境化处理、文本简化策略以及连贯理解原则的运用等方面进行了详细阐述。航空航天纪录片的汉英翻译是一份精细活,字幕译者需要发挥"工匠精神",在信息准确、语言清晰、语体恰当、风格一致、音画同步等方面多下功夫,不断提升译文质量,给观众带来更好的观影体验。

第四节　Planes That Changed the World 英汉翻译案例分析

随着我国对外交流的纵深发展，大量的外国译制片涌入中国，纪录片也随之在国内得到广泛传播。2011年，央视推出CCTV-9纪录频道，这不仅是国家级纪录片专业频道，更是国外不同题材的知名纪录片在国内传播的重要渠道。随后，网络上涌现出了专门从事纪录片翻译的个人和字幕组，从题材选择、类别、形式等方面上拓宽了英语纪录片在国内的传播。

本书第四单元第四节中提到过，像科学纪录片这样以纪实为主的视听作品在大众传播时往往采用配音翻译，旁白配音相对自由，而同期声往往采用配译解说，但需要考虑口型和音长等因素。本案例选自航空飞行器纪录片《改变世界的飞机》，结合其英文配音和字幕，从同期声字幕翻译、配音翻译和文本改写三方面对航空航天纪录片英译汉（尤其是配音翻译）进行描述和分析。

一、案例简介

《改变世界的飞机》是2015年美国史密森频道（Smithsonian Channel）出品的航空飞行器纪录片，全剧共3集，每集40多分钟，属于长纪录片，主要讲述了三个在人类历史上最重要的商业飞机（即道格拉斯DC3、SR-71"黑鸟"侦察机以及空客A380）的故事，结合珍贵历史影像、当事人采访等一手资料，追溯了其非凡的研发过程，探究其对人类世界的变革性意义。

这部纪录片曾被翻译成中文，其配音版也在CCTV-9纪录片频道中播出，本节译例中的中文译文均出自纪录片频道的版本。但有趣的是，整部片子中所有同期声均保留了原声，采用字幕的方式呈现，而其解说词却采用了配音翻译模式，这与传统的译制片范式有一些不同。鉴于每集内容都较长，而本小节承载空间有限，现从中选取具有代表性的片段，对英汉翻译进行讨论和分析。

二、同期声字幕翻译

之前说过，同期声作为纪录片中被采访者的同步语言，可以弥补叙事断点，也可对旁白内容进行佐证，给人一种真实感和可靠性。因此，在翻译中应该尽可能保留其（核心）信息、再现其会话风格，并在一定程度上符合目标语观众的思维方式与期待。

在《改变世界的飞机》中，同期声主要分为佐证观点命题类和补充叙事细节类两种，前者往往对旁白陈述的事实进行说明、例证或补充，而后者则是在回溯关键性事件时亲历者所提供的叙事细节。译例部分将同期声做斜体和加粗处理，以示区别。请看表6-4和表6-5。

例 7：

表 6-4 《改变世界的飞机》选段 1

纪录片原声	中文字幕
The Airbus A380	空中客车 A380
the world's biggest passenger plane	是目前世界上最大的商用飞机
as tall as a seven-story building	它有一幢 7 层建筑那么高
It can carry more than 850 passengers.	能承载 850 多名乘客
Nothing bigger has been attempted ever	*目前没有其他的飞机制造商*
by any aircraft manufacturer on this planet.	*尝试过制造比它更大的飞机*
It was designed to take on the world	它的使命是与世界一流的
beating Boeing 747,	波音 747 飞机一较高下
a high-stakes gamble.	这是一场实力的比拼
We're talking billions in terms of developments	*我们需要在研发上投入数十亿资金*
We're betting the future of the company	*这是在用公司的未来作赌注*
The planes' sheer size brought logistical challenges	飞机的巨大体积给后勤服务
on a scale never seen before	带来了前所未有的挑战
Its real problem	*这架飞机最大的问题*
is just its size,	*就是它的体积*
I mean it is gargantuan.	*它太庞大了*
Nobody knew	没人知道这么大的飞机
if a plane this big would be safe.	是不是绝对安全
What happens	*当出现突发状况*
if you have an emergency	*需要紧急疏散*
and you need to evacuate?	*你该怎么办*
Or	也没人知道
how it will respond in a crisis	它应对危机的能力如何
00:00:12—00:01:04 from *Planes That Changed the World*	

分析：上例选自第三集《空中巨无霸 A380》的开场部分。旁白对 A380 的整体情况进行了介绍，当谈到其投资规模、体积和安全问题时，相关人士现身说法，从第一视角对其进行说明和补充。从整体上说，这部分同期声语言具有明显的口语化倾向，大都是普通词汇（除表示感叹之情的 gargantuan 之外）和相对简单的句式。译者在字幕翻译过程中以直译作为核心的方法，结合换序（如第 5~6 行和第 17~19 行）和语境化增译，比如"更大的（飞机）""数十亿（资金）""（这架飞机）最大的问题"，等方法，忠实地再现了原文的信息和风格，并保证了观众在看视频时连贯的理解。

例 8：

表 6-5 《改变世界的飞机》选段 2

纪录片原声	中文字幕
in command	这架飞机的机长
Captain Richard de Crespigny	是理查德·德克雷皮尼
About three and a half minutes after takeoff,	起飞约 3 分半钟后
we were passing through	我们就升至了
7,000 feet.	7000 英尺左右的高空
Something there was this enormous bang.	我突然听到一声巨响
The alarm was sounding continuously	警报一直在响
The top panel became	顶部的控制面板上
a sea of red lights.	亮起了一大片红灯
We knew that something was seriously wrong.	我们知道出大问题了
00:01:50—00:02:18 from *Planes That Changed the World*	

分析： 此例涉及 2010 年澳洲航空 32 号班机飞行途中引擎爆炸事故的具体细节，所选内容为当时身为机长的理查德·德克雷皮尼对事故发生时的回忆细节，增强了叙事的真实性、及时性和感染力。同期声部分整体上语言比较简单，以口语体为主，没有复杂长句，译文也在一定程度上保留了这种话语风格，甚至还将"a sea of red lights"中的隐喻省去，将其抽象化表达为"一大片红灯"。英汉对照后，我们不难发现，译者结合语境对部分语句（如 7,000 feet）进行了必要的增补，而且将"Something there was this enormous bang"一句的第三人称转换为第一人称"我忽然听到一声巨响"，更凸显了讲述者"身临其境"的在场感。

三、解说词翻译案例分析

（一）配音翻译

较之字幕翻译，配音翻译需要兼顾的要素相对多一些，包括旁白翻译的准确度和语言倾向、声画同步、叙述的流畅度，等等。请对比阅读下面的表 6-6，思考其纪录片解说词配音翻译过程中都进行了怎样的处理。

例 9：

表 6-6 《改变世界的飞机》选段 3

纪录片原声	中文配音
The story of the Airbus A380	1988 年
begins in 1988	空中客车 A380 的故事

续表 6-6

纪录片原声	中文配音
in Toulouse France	在法国图卢兹拉开了序幕
Jean Pierson	当时空中客车公司的首席执行官
president of Airbus	让·皮尔松
is intent on shaking up the aviation world.	想打造一架超大型客机
He wants to establish Europe	他希望欧洲能取代美国
as a major player in aviation construction,	在航空制造业的主导地位
a business dominated by America.	成为行业的主力军
When Airbus first entered the market	20 世纪 70 年代早期
in the early 1970s,	空中客车刚进入市场的时候
the US airlines basically didn't pay attention to them.	美国的航空公司对它不屑一顾
They didn't take European airplanes	当时它们都没把欧洲生产的飞机
seriously at this time.	当回事
Airbus is already	当时空中客车公司
producing small and mid-sized planes.	主要生产中小型飞机
But only has fifteen percent	它的全球市场份额
of the global market.	只有 15% 左右
In order to grow,	为了寻求发展
Airbus must challenge the biggest name in aviation	它向美国航空业的巨头波音公司
Boeing.	发起挑战
In 1988,	1988 年
the American giant makes	市场上近三分之二的商用飞机
nearly two-thirds of all commercial planes,	都是波音公司制造的
including the mighty 747.	包括大型飞机波音 747
Jean Pierson didn't like the fact	有一点使皮尔松很不满
that if you wanted to buy	那就是如果你想
an aircraft with 400 seats	买一架 400 座的飞机
there's only one place you could go for it	那只能去当时总部
which was Seattle and Boeing	位于西雅图的波音公司
and Pierson,	被同事称为
known by his colleagues as the Bear of the Pyrenees,	"比利牛斯棕熊之王"的皮尔松
rarely backs down.	几乎从来不会退缩
This is an interesting nickname…	这个外号很有意思
the Bear of the Pyrenees	"比利牛斯棕熊之王"

续表 6-6

纪录片原声	中文配音
He was a very forthright chief executive	他是一个非常豪爽的总裁
He was a very strong personality...	他是个很有个性的人
could be very tough	有时候非常强势
Pierson is going to go for the jugular	皮尔松准备直击对手的命脉
by targeting the jewel in the Boeing Crown	打败波音公司最耀眼的明星
the mighty 747	大型飞机波音 747

00:02:47—00:04:29 from *Planes That Changed the World*

现从声画同步、叙事和翻译趋势三方面对上例中的配音翻译进行分析。

1. 声画同步

较之于影视剧，纪录片的配音翻译在音画同步方面的要求就相对宽松一些。通常情况下，配译解说词和原声解说词节奏大致一致即可，即牢记第四单元第四节说到的"音长同步"(isochrony)；对于个别存在面部特写镜头的人物同期声，译者需要兼顾"口型同步"(lip synchronicity)，较少会存在动作同步的情况。

通过对比，我们发现，译文和原文在内容和音节数上面并非逐行对应。相反，译者采取的是一种以 2~3 条字幕作为翻译单位的处理方式。如果我们按照业界公认的以时长计算字数的标准计算，汉语播音员的平均语速是 3~4 字/秒，配音字数大约是视频范围总秒速乘以 3 或 4，那么时长 3 秒的配音或字幕可以容纳 9~12 字。这样一来，几条字幕的总字数就可以多一些。译者可将其内容从整体上翻译，然后分切成几条信息，分布在不同的字幕中。这样做的优势是更容易实现台词之间的逻辑连贯性，让观众在观看时有听觉上的流畅感。比如，最开始的三句，译者将其作为一个整体翻译，然后再根据中文叙事的逻辑，将时间状语(in 1988)放在最前头，再说事件本身(the story of the Airbus 380)，最后再说地点(in Toulouse France)，这样处理会让译文听起来很自然。事实上，除了换序，译者有时候也采用了"重述"的方式处理某些台词，如"...But only has fifteen percent of the global market"这句，译者没有将其直接翻译成"仅仅占了全球市场份额的 15% 左右"，而把偏正结构"fifteen percent of the global market"转换成了主谓结构，然后把该句重述为"它的全球市场份额只有 15% 左右"，符合中文流水句简练的特征。

2. 叙事清晰与连贯

选段讲述的是空中客车 A380 研发的事由，具有很强的叙述性，因此，在翻译过程中应该尽可能保证叙事的清晰与连贯。为此，译者做了如下处理：首先，译者根据中英文叙事信息结构的差异，将英文中后置的时间短语都前置(如译文的第 1 行和第 10 行)。其次，译者根据语境增加相应词汇(如第 15 行中增加了"当时")。最重要的是，译者根据上下文，对原文中某些语言结构进行了增译和具体化的处理，如把第 6

行中的"shaking up the aviation world"(震撼飞机行业)根据上下文具体译成了"打造一架超大型客机",将第25行中的"mighty 747"增译成"大型飞机波音747",增补了第30行里的"Seattle and Boeing"背景信息,将其处理成"总部位于西雅图的波音公司",这就有效防止观众在一边看视频一边听中文配音的时候出现认知空白或混淆的状态。

3. 归化翻译的趋势

本书第四单元中讲过,较之字幕翻译,配音翻译整体上归化趋势更明显一些。这一点可以明显从此译例中感觉到。上面提到的叙述顺序的调整,实际上也是读者思维,也是翻译在思维上的一种归化。事实上,归化趋势最明显的体现就是具体词汇的翻译。虽然短语"比利牛斯棕熊之王"(the Bear of the Pyrenees)采用了直译,但也加上了"王"这个中国特色概念,以突出当时空客公司首席执行官让·皮尔松那种王者般的魄力。其余不少表达在翻译中也是偏向目标语,如把 begin 翻译成了"拉开序幕",增加了意象"序幕",加强了表现力;didn't pay attention 翻译成了"不屑一顾",在保证语义准确的同时也将语气和感情色彩表露无遗;形容当时波音公司的两个词组 biggest name/giant 被翻译成了"巨头";"jugular"没有直译成"颈静脉",而选择了其比喻义"命脉","jewel in the Boeing Crown"没有直译成"波音皇冠上的宝石",而处理成"波音公司最耀眼的明星",等等。

(二) 文本改写

本书第四单元第四节中提到,配音译制可以在一定程度上进行文化过滤,有效防止某一个社会中的观众接收到某些思想,尤其是那些不真实或脱离当时语境的言论。事实上,翻译并不是发生在真空之中的中立的语言转换过程,在实际的影视翻译中往往会接触到一些与主流社会价值观或政治立场不太一致的观点。因此,译者在进行配音翻译时需要有敏锐的政治意识和觉悟,结合社会语境和主流意识形态,对相关内容进行处理。请看表6-7。

例10:

表6-7 《改变世界的飞机》选段4

纪录片原声	中文配音
The thing that's special about the Blackbird was	"黑鸟"侦察机的特别之处在于
it was all miracles	它是一个奇迹综合体
Blackbird pilots risked their lives	飞行员们冒着生命危险
to fly at the edge of the possible	挑战它的飞行极限
it was just breathtaking	当我们意识到自己的任务
when we'd realized	到底是什么的时候
what were we going to be doing.	所有人都感到很兴奋
These basically became sentinel moths	这种侦察机从某种程度上来说

续表 6-7

纪录片原声	中文配音
if you run for a free world.	就相当于一个国家的哨兵
It's the greatest legacy	SR-71"黑鸟"侦察机
helping maintain peace	将凭借它超群的特质
when the world was on the brink of nuclear war.	成为改变世界的飞机

00:01:20—00:01:45 from *Planes That Changed the World*

分析：此例选自《改变世界的飞机》第二集《SR-71黑鸟侦察机》，这部分阐述了当时研发这一型号飞机的初衷。20世纪50年代，美国空军和洛克希德·马丁公司开始实施OXCART计划，希望能设计一种能在2万米以上高空进行高速拦截的战斗机，以应对可能会发生的核战争。这一历史背景内容也直接出现在英文结束词中。但对比英文原声和中文配音后我们发现，中文配音的最后三句"另辟蹊径"，将飞机的特质与其贡献进行了关联，在内容上和英文原声有很大偏离。由于缺乏这个纪录片翻译项目的一手数据，个中原因很难准确解释，但我们可以猜测的是，"on the brink of nuclear war"（陷入核战争边缘）这种表述与当下世界和平与发展这一时代主题不符，也与我国"无核化"的立场相左，因此，译者在配音翻译时对其进行了改写。

本节立足于航空航天纪录片的字幕和配音两种译制模式，结合具体的语料探讨了画面注释、汉英字幕翻译和英汉配音翻译中的相关问题，分析了在当下语境中翻译方法和技巧的运用及其语气效果，为航空航天纪录片翻译实践提供一些思路，以供参考。

单元小结

本单元详细地介绍了航空航天纪录片及其翻译。在概念框架部分，我们首先探究了纪录片的定义，将其核心界定为"纪实"；然后分析了纪录片的影像纪实性、结构化叙事和人文关照性这三个类型特征，并从内容题材、镜头存在方式、结构长短等标准对纪录片进行分类；最后对科学纪录片的概念和历史发展进行了简述。此外，我们还介绍了纪录片语言系统中与翻译关系最密切的解说词和同期声，总结了各自的翻译要点。在案例部分，我们针对经典航空航天纪录片的语料对字幕翻译和配音翻译两种配译模式进行分析。在汉译英字幕翻译案例中，我们重点探讨了画面注释、翻译单位的选择、意合与形合转换、专有名词和术语翻译、四字格的修辞代偿处理、词汇的语境化处理、文本简化策略、译文连贯的实现方式等纪录片翻译中比较有代表性的问题。而在英译汉翻译的案例中，我们则重点讨论了解说词配音翻译中音画同步的实现、叙事的清晰与连贯和归化翻译的趋势,阐述了在特定社会环境与时代语境下文本改写的必要性。

长期以来,译制的纪录片都是中国人了解世界科技人文的一个重要窗口,推动中国文化和社会不断更新。随着中国稳步走向世界舞台中央,越来越多的国产优秀科学纪录片被译介到国外,展现了我国的科技实力,传播了中国声音,分享了中国智慧,贡献了中国方案。在这样的时代语境下,我们应该不断提升翻译能力,在译文质量方面培养和弘扬"工匠精神",以"细节控"的态度做好纪录片翻译工作,使其成为科技与文化交流、知识提升、思想碰撞之间的桥梁。

练 习

一、基础练习

1. 翻译下列航天用语

1) "嫦娥五号"月球探测器
2) 气象卫星
3) 载人航天计划
4) 运载火箭
5) 太空舱
6) 着落区
7) 发射台
8) 太阳能电池板
9) 太空服
10) 航天员
11) 助推火箭
12) 火星车
13) 星际探索
14) 近地轨道
15) 国际空间站

2. 选词填空

fascinated	wreak	piloting	unleash	finance
because	hurtling	rarely	threat	although

It is the plot point for more than one Hollywood blockbuster: A rogue asteroid (小行星) is __1)__ toward Earth, threatening tsunamis, mass destruction and the death of every human being on the planet. Humanity has one shot to save itself with brave, self-sacrificing heroes __2)__ a spacecraft into the cosmos to destroy the asteroid. But that's the movies.

With movies like *Armageddon*, *Deep Impact* and, more recently, *Don't Look Up*, Hollywood has long been __3)__ with the prospect of disaster raining down from the cosmos. In recent years, scientists and policymakers have also taken the

___4)___ more seriously than they once did.

For many years, policymakers lacked urgency to ___5)___ efforts to protect the planet from asteroids. But that began to shift partly ___6)___ astronomers have been able to find all of the big asteroids that would ___7)___ planet-wide destruction, like the one that doomed the dinosaurs 66 million years ago, said Thomas Statler, the program scientist on the Double Asteroid Redirection Test (DART) mission.

Impacts of a global scale occur very ___8)___, once every 10 million years or so. But since that possibility has been ruled out, planners at NASA and elsewhere devote their attention to smaller objects in space. Those are far more numerous, and, ___9)___ they would not lead to mass extinctions, they can ___10)___ more energy than a nuclear bomb.

3. 汉译英

1) 发展航天事业是中国国家整体发展战略的重要组成部分。

2) 中国将鼓励支持航天题材文艺作品创作,繁荣航天文化。

3) 中国商飞公司(COMAC)称,国产大飞机 C919 在第十四届中国国际航空航天博览会上收获了 300 架的新订单。

4) 科学家一直认为在火星上会发现微量甲烷,因为掉落到火星的宇宙尘埃经太阳光紫外线照射分解会产生甲烷。

5) 我们将继续组织开展"中国航天日"系列活动,充分利用"世界空间周"和"全国科技活动周",加强航天科普教育,普及航天知识,传播航天文化。

4. 英译汉

1) Over the last two decades, astronomers have logged more than 1,000 planets around other stars, so-called exoplanets.

2) Scientists have previously found signs of ice on the Moon and water vapor in its thin atmosphere.

3) Empty legs are inexpensive because fliers usually don't have a choice in the route, but some travel agencies can find favorable rates for customized charters, too.

4) In the 1950s, when jetliners were starting to become mainstream, the De Havilland Comet came into fashion. With a pressurized cabin, it was able to go higher and faster than other aircraft.

5) A large asteroid striking our planet is an extremely rare event, but the consequences of a direct hit could be catastrophic. A rock measuring 150 meters across could release the energy of several nuclear bombs. Even larger objects could affect life across the world.

二、拓展练习

1. 汉译英字幕翻译

请将以下汉语字幕翻译为英语,重点关注语义跨行字幕的处理。该字幕选自 CCTV 纪录片《飞向月球》第二集"千年探月"。

00:07:50,240→00:07:53,440
我们可以把嫦娥一号

00:07:53,440→00:07:57,320
想象成一只硕大的风筝

00:07:57,320→00:08:02,000
而测控系统则是操控风筝的那个人

00:08:02,000→00:08:05,880
但他借助的不是棉线　风筝线

00:08:05,880→00:08:08,000
而是电磁波

00:08:09,560→00:08:11,640
在嫦娥一号之前

00:08:11,640→00:08:13,440
中国的测控系统

00:08:13,440→00:08:14,640
只是运用于

00:08:14,640→00:08:19,400
在地球轨道附近运行的航天器

00:08:19,400→00:08:23,520
嫦娥从38万千米发回来的信号

00:08:23,520→00:08:27,840
只相当于距离地面380千米

00:08:27,840→00:08:32,040
近地轨道信号强度的百万分之一

00:08:33,559→00:08:37,119
而嫦娥一号携带天线的发射功率

00:08:37,120→00:08:39,320
仅有20瓦

00:08:40,360→00:08:43,720
信号微弱还不是最麻烦的

00:08:43,720→00:08:45,720
麻烦的是微弱的信号

00:08:45,720→00:08:47,600
混杂在人类活动产生的

00:08:47,600→00:08:49,200
电磁噪声中

00:08:50,560→00:08:53,720
测控系统需要想方设法

00:08:53,720→00:08:55,680
把其他无用的电磁干扰

00:08:55,680→00:08:58,640
屏蔽滤除

00:08:58,640→00:09:02,840

此外 科学家们还从射电天文观测中

00:09:02,840→00:09:05,760
找到了一个巧妙的方法

00:09:05,760→00:09:08,880
在射电天文观测中有一种技术

00:09:08,880→00:09:11,760
就是把几架小望远镜联合起来

00:09:11,760→00:09:16,120
达到一架大望远镜的观察效果

00:09:16,120→00:09:17,640
由北京 上海 昆明

00:09:18,800→00:09:21,480
和乌鲁木齐的四个望远镜

00:09:21,480→00:09:24,800
构成了一个相当于口径为3000多千米的

00:09:24,800→00:09:27,120
巨大综合望远镜

00:09:27,120→00:09:30,080
这样 嫦娥一号的位置

00:09:30,080→00:09:32,720
就能被我们准确地锁定了

00:09:33,920→00:09:36,480
带着中国人的探月梦想

00:09:36,480→00:09:38,840

2007年10月24日

00:09:38,840→00:09:42,280
嫦娥一号踏上了奔月的旅程

2. 英译汉字幕翻译

请将以下英语字幕翻译为汉语,该字幕选自纪录片 *When We Left Earth: The NASA Missions*。

0:01:44,25→0:01:48,58
The Soviet Union holds an early lead in the space race,

0:01:48,65→0:01:52,98
launching the first unmanned satellite to orbit the Earth.

0:01:53,05→0:01:57,22
BARBREE: On October 4, 1957 when Sputnik went into orbit,

0:01:57,29→0:01:58,45
people were so upset.

0:01:58,53→0:02:01,09
They said, "These people can't build a refrigerator.

0:02:01,16→0:02:03,15
How can they get into orbit?

0:02:03,23→0:02:05,72
How did this happen?"

0:02:07,27→0:02:11,71
MAN: 5... 4... 3... 2... 1...

0:02:11,77→0:02:13,24
NARRATOR: To beat the Soviets,

0:02:13,31→0:02:16,14
NASA must launch a man into Earth orbit.

0:02:16,21→0:02:18,70
Only rockets could go fast enough…

0:02:18,78→0:02:21,27→
more than 17,000 miles per hour.

0:02:21,35→0:02:24,58
They call the program Project Mercury

0:02:24,65→0:02:28,49
and rally a team of determined young scientists and engineers

0:02:28,56→0:02:30,82
to figure out how to fly a military missile

0:02:30,89→0:02:32,79
with a man on top.

0:02:32,86→0:02:35,83
KRANZ: Most of us came in from aircraft flight desks,

0:02:35,90→0:02:37,30
and we knew nothing about rocketry,

0:02:37,37→0:02:39,20
or we knew nothing about spacecraft.

0:02:39,27→0:02:40,53
We knew nothing about orbits.

0:02:40,60→0:02:43,63
NARRATOR: Gene Kranz joins the flight director's team

0:02:43,71→0:02:45,83
in NASA's earliest days.

0:02:47,21→0:02:49,34
KRANZ: So it was a question of learning to drink

0:02:49,41→0:02:50,78
from a fire hose.

0:02:50,85→0:02:52,81
We had to learn all about trajectories.

0:02:52,88→0:02:54,94
I'd never heard the term "retrofire"

0:02:55,02→0:02:56,54
coming on down from orbit,

0:02:56,62→0:02:58,3
getting the spacecraft back home.

0:02:58,42→0:03:01,18
NARRATOR: Kranz develops many of the mission-control procedures

0:03:01,26→0:03:03,99
for launching a man into space.

0:03:05,19→0:03:07,39
The Mercury program was…

0:03:07,46→0:03:09,16
To me, it was the most challenging,

0:03:09,23→0:03:11,89
because we had to virtually invent or adapt

0:03:11,97→0:03:14,66
every tool that we used.

0:03:16,04→0:03:19,10
NARRATOR: No man has ever survived a vertical blast-off

0:03:19,17→0:03:20,61
on top of a rocket.

0:03:22,24→0:03:24,27
The risks are extremely high.

0:03:27,15→0:03:31,11
At first, even stuntmen are considered for the job.

0:03:33,72→0:03:34,88
GLENN: There were suggestions

0:03:34,96→0:03:36,45
they take people like Evel Knievel

0:03:36,53→0:03:38,96
or race drivers or something like that.

0:03:39,03→0:03:41,12
And then President Eisenhower said

0:03:41,20→0:03:44,32
he'd rather have it be military test pilots.

0:03:44,40→0:03:46,77
NARRATOR: Test pilots are trained to operate

0:03:46,84→0:03:50,43
and analyze experimental flying machines.

0:03:54,88→0:03:58,31

110 of the military's best pilots qualify.

0:03:58,38→0:04:01,32

NASA selects the top seven.

0:04:01,38→0:04:03,54

MAN: These ladies and gentlemen

0:04:03,62→0:04:07,05

are the nation's Mercury astronauts.

0:04:10,66→0:04:12,49

NARRATOR: The Mercury Seven astronauts

0:04:12,56→0:04:14,50

become instant celebrities.

0:04:14,56→0:04:16,90

The press follows their every move.

0:04:18,07→0:04:19,97

BARBREE: You knew these guys.

0:04:20,04→0:04:22,53

You lived with these guys. You socialized with them.

0:04:22,60→0:04:24,57

They were the story.

0:04:25,41→0:04:28,47

Wally Schirra, a man of detail,

0:04:28,54→0:04:31,31

made the best textbook flight of them all.

0:04:31,38→0:04:34,78
Alan Shepard, extremely smart.

0:04:35,65→0:04:40,18
Scott Carpenter, the first scientist astronaut.

0:04:40,26→0:04:44,19
Gordo Cooper, the best pilot of the bunch.

0:04:44,26→0:04:46,63
Deke, nobody messed with.

0:04:46,70→0:04:49,06
Great human being in every way.

0:04:49,13→0:04:54,86
Gus Grissom, engineering savvy, quiet intellect.

0:04:54,94→0:04:59,93
John Glenn, civilized man, probably the most level-headed.

0:05:00,01→0:05:03,27
NARRATOR: Glenn is already a public figure

0:05:03,35→0:05:08,18
after making the first cross-country supersonic flight.

0:05:08,25→0:05:12,91
But even for a Marine, astronaut training is intense.

0:05:14,46→0:05:17,08
GLENN: They ran us through every check they knew how to run.

0:05:17,16→0:05:18,59
I think, every medical test

0:05:18,66→0:05:20,86

they knew how to do on the human body.

0:05:20,93→0:05:23,83

It was a very thorough going-through.

0:05:23,90→0:05:25,42

MAN: Prepare to be at 0.5 G.

0:05:28,00→0:05:31,13

NARRATOR: To carry the first astronaut safely into space,

0:05:31,21→0:05:33,90

NASA designs a pressurized capsule.

0:05:33,98→0:05:37,78

The one-man spacecraft replaces a nuclear warhead

0:05:37,85→0:05:41,18

as the payload for a Redstone missile.

0:05:41,25→0:05:45,08

But they're not ready to launch men into space.

第七单元　航空航天新闻专题片的翻译

前一单元讲述了航空航天纪录片的翻译,本单元将讨论航空航天专题片的翻译。专题片和纪录片的界限模糊不清,有必要先做一下区分。纪录片和专题片的共同点在于二者的创作都以事实为素材。纪录片的英文是"documentary",意为文献资料。专题片的英文是"feature film",专题片更强调"纪录"的动词属性;而纪录片更偏向"纪录"的名词属性。在某种程度上,在同样追求历史、文化和社会价值的基础上,纪录片更偏向长期效果和文献价值,而专题片更追求当前效果、新闻价值和实用价值[①]。

本单元重点讨论航空航天新闻专题片的视听翻译过程,在对新闻专题片的基本概念和文本特点进行概述的基础上,总结了航空航天新闻专题片的翻译原则。而后,通过个案分析对机器翻译的译前准备、译后编辑和译后审校过程进行了详细的描述,重点聚焦译前编辑、软件操作、字幕添加等翻译技术,以期为视听翻译实践提供有益的借鉴。本单元选取的两个航空航天专题片案例为《神舟14号载人航天任务》(汉译英)和《SpaceX第五次载人航天任务》(英译汉),源语文本可以分别从CCTV官网和NASA官网获得,字幕翻译为笔者所在项目组原创制作。

第一节　语言特点

要研究航空航天新闻专题片的翻译,首先要厘清相关概念。本节先对新闻专题片进行概述,明确航空航天专题片在本书中的工作定义,进而阐述航空航天新闻专题片的语言特点。

一、航空航天新闻专题片概述

近年来,随着互联网的进一步发展和新兴媒介的不断丰富,通过官网可获取的电视节目和新闻报道纷至沓来,这不但拓宽了人们获取信息的渠道,也大大满足了人们的文化需求。在众多的节目类型中,电视专题片可谓一枝独秀,深受观众朋友们的喜爱。什么是专题片呢?邵雯艳曾进行了如下概括:"专题片是基于客观事实之上,根据某一个专门的思想或宣传主题、某一类专门的题材内容、某一桩特别有影响的事件、某一方面的专门工作、某一个专门的人物、某一类专门的自然现象和某一个专门

---

① 赵新梅.纪录片与专题片的边界探究[J].记者摇篮,2022(1):93-94.

的知识领域等对象,根据相关要求写好文字文本后,运用现场实录、资料剪辑、情景再现、访谈口述和数码成像等手法进行拍摄而成的影视片。"[1]该定义对"专题"二字进行了重点解读,专题是指聚焦一个主题进行深入探讨的报道,通常用来说明某个事件或讲明某种科学。专题片被认为是通过画面、音乐、声音等视听手段来传递抽象的理念,进而引导观众接受声画背后所要传递的理念[2]。

专题片的分类方法很多。根据所记录的内容,可分为历史专题片、人物专题片、人文专题片、技术专题片等多个专题分类;根据拍摄风格,可分为纪实性专题片、写意性专题片和写意与写实综合的专题片;根据电视栏目可分为专题栏目片和非专题栏目片;从叙述角度来划分,可分为新闻性专题片、纪实性专题片、科普性专题片与广告性专题片等。作为专题片的一个子分类,"新闻专题片一般表现为深度报道,通常在某个时段内会分期连续报道。电视新闻专题片是指与某一新闻事件或新闻话题相关的新闻集合,具有新闻的时效性,又具有专题的翔实和深度。新闻专题片一般用来报道突发的或有重要社会影响的新闻事件"[3]。通过深入挖掘事实,对事件进行全方位解读。专题片经常进行跟踪报道,推出系列性节目。

通过上述观点可以看出,新闻专题片更注重新闻的深度报道,由此"放大新闻节目的人文价值与社会价值"[4]。电视专题片自诞生之日起,就承载着新闻传播和艺术表现的双重使命,更兼具宣传的社会功能。拍摄电视新闻专题片的前期需要进行科学的策划和选材,专题片的选题广泛,涉及当前的社会事件、民生报道、热点现象或历史热点等[5]。选材要精准掌握受众的需求和关注点,选择人民群众普遍关注的主题,这样才有深入报道和宣传的价值,使受众产生情感的共鸣。"专题片的全面不仅体现在横向的覆盖面之宽泛,还表现为纵向的深度。在信息量达到一定程度后,对深度的追求是必然的。专题片要透过表面事实的浮光掠影,充分挖掘人物、事件、自然现象背后的深层事实,对问题进行解释、分析,使受众对事实的本质与意义有纵深的理解。"[6]

综上,本书将"航空航天新闻专题片"的工作定义归纳为:航空航天专题片利用纪实性的拍摄手法,对航空航天的新闻题材进行全面而深入的报道,向观众展示事件背景、人物、过程、结果以及新闻的意义。电视记者以主持人或报道者的身份出现,通过现场采访的报道方式,以现场实景、人物访谈和适当的解说词展现整个航空航天新闻事实,并启发观众思考。航空航天新闻专题片的文本由解说词、镜头、音乐、画面等构成,发挥了视听语言的艺术感染力,具有宣传功能。需要说明的是,本单元将航空航

---

[1] 邵雯艳. 唯美与功利之间[J]. 中国电视,2008(3):20.
[2] 邵雯艳. 电视专题片本义初探[J]. 常熟理工学院学报,2007(3):107-110.
[3] 唐连满. 电视新闻专题片创作刍议:以福州电视台《东街口天桥记忆》为例[J]. 中国电视,2012(8):39.
[4] 马程光. 新媒体时代下电视新闻专题片的采访技巧[J]. 记者摇篮,2022(1):110.
[5] 赵新梅. 纪录片与专题片的边界探究[J]. 记者摇篮,2022(1):92-94.
[6] 邵雯艳. 电视专题片本义初探[J]. 常熟理工学院学报,2007(3):110.

天新闻专题片的范围由电视媒介扩大到网络媒介,不仅包括电视节目,还包括互联网的新闻节目、直播节目、企业宣传片等。

二、航空航天新闻专题片的语言特点

1971年,德国功能主义(Functionalism)学派的代表人物凯瑟琳娜·赖斯(Katharina Reiss)在《翻译批评:前景与局限》(*Translation Criticism—The Potentials and Limitations*)一书中,提出了文本类型理论(Text Typology)[①]。赖斯将文本分为信息型文本(informative texts)、表达型文本(expressive texts)、感染型文本(operative texts)三种主要类型。同时,还提出了第四种类型,即视听型文本(audio-medial texts),作为补充。赖斯的文本类型理论将语言功能与相应的语言特点、文本类型及翻译方法联系起来(见表7-1),这为分析航空航天新闻专题片的语言特点及翻译原则提供了有益的思路。

表7-1 不同文本类型的功能、特点及对应的翻译方法[②]

文本类型	信息型	表达型	感染型
语言功能	表现事物与事实	表达情感与态度	感染文本接收者
语言特点	逻辑的	美学的	对话的
文本焦点	侧重内容	侧重形式	侧重感染作用
译文目的	传递原文指称的内容	表达原文的美学形式	引起预期回应
翻译方法	简朴的语言,按要求做到简洁明了	仿效,忠实于原作	编译,等效

如表7-1所列,赖斯将文本类型的特点做了如下归纳:信息型文本注重信息的提供、知识的传播和观点的表达,且语言具有一定的逻辑性和指称性,交际的重点是内容与主题。新闻、科技文献、讲座、操作指南是典型的信息类文本。表达型文本是一种创造性写作,非常注重形式,比如诗歌、戏剧、散文等,其语言具有美学特点。操作型文本旨在说服和感染受众,语言形式以对话为主,以信息接收者为中心,强调感同身受。感染型文本包括广告、公示语、宣传片、竞选演讲等。此外,赖斯还提出了"视听型文本"类型,如电影、戏剧、电视广告等。赖斯认为,在这三种典型文本之间,又存在着许多混合型文本,例如,人物传记可能位于信息型和表达型文本之间,因为传记一方面提供了相关主题的信息,同时也在一定程度上发挥了文学作品的作用。如果它试图使读者相信主人公行为正确与否的话,甚至还会包含感染功能[③]。尽管

---

① Reiss K. Translation Criticism: The Potentials and Limitations: Categories and Criteria for Translation Quality Assessment [M]. Manchester: St. Jerome Publishing, 2000: 25.
② 杰里米·芒迪. 翻译学导论:理论与应用:第三版[M]. 李德凤,等,译. 北京:外语教学与研究出版社,2014:107.
③ 杰里米·芒迪. 翻译学导论:理论与应用:第三版[M]. 李德凤,等,译. 北京:外语教学与研究出版社,2014:108.

很多文本是混合型的,可能存在多种功能,赖斯强调在翻译过程中,要区分功能的主次,评判译文是否传达了原文的主要功能。

根据赖斯的观点,航空航天新闻专题片是混合型文本,它是视听型文本,同时又具有信息功能(informative)和感染功能(appellative)。文本类型在一定程度上决定了译者的翻译策略,评判译文最重要的因素是看它是否传达了原文的主要功能[①],可见识别文本的主要功能意义重大。下面拟从视听文本、信息型文本、感染型文本三个方面来分析航空航天新闻专题片的语言特点。

(一) 视听型文本

航空航天新闻专题片是一种综合性的视听型文本,具有声画统一的基本特点。新闻专题片中的语言,无论是主持人的采访对话,还是旁白、音乐等都是视听型文本的组成部分,无法形成文本自足,必须通过"声"与"画"的配合,文本才具有观赏价值。专题片通过结合声音元素和画面元素,突显主题,表达了创作者的核心观点。在这种表现方法的指引下,"声音"与"画面"呈现出了一种相辅相成的合作关系。借助主持人、嘉宾和解说员等人的"声音","画面"得到了进一步的补充与说明;而"画面"的呈现,又是对"声音"的一种反哺,使一些抽象概念或者难以理解的观点得到了直观的展示。声画同步的表达方式赋予了字幕翻译的特殊性。一方面,字幕翻译与配音翻译具有同样的功能——传情达意、塑造形象;另一方面,字幕虽然表现为文字性,是让观众"看"的,但是看字幕与看书不同,因此,在句子长度、节奏等方面必须与"话语"吻合,让观众在"看"的同时获得"听"的感觉[②]。声画同步的语言特点使视听文本具备了无法比拟的魅力,理解这一点对于新闻专题片的翻译来说具有重要意义。

(二) 信息型文本

航空航天新闻专题片兼具新闻文本与科技文本的特点,属于信息型文本。下面从信息功能的角度对航空航天新闻专题片的语言特点加以归纳。

1. 言简意赅,突出主题

航空航天专题片的解说词和画面中的文字,要力求简洁,直击要害。航空航天属于专业的科技领域,语言表达方式以讲解、说明为主,须将各种探讨的问题和阐述的道理,清晰地、有逻辑地呈现出来。为此,专题片的语言要尽量避免对画面元素的重复叙述,从而减少给观众带来的冗余信息。采访中的对白也具有简洁精炼、突出中心的特征。在词汇方面,航空航天新闻专题片会大量地使用简洁的名词短语,即两个名词连用,前一个名词对后一个名词进行修饰,或者使用连字符(-)连接的词语、新闻文

[①] 杰里米·芒迪. 翻译学导论:理论与应用:第三版[M]. 李德凤,等,译. 北京:外语教学与研究出版社,2014:109.

[②] 麻争旗. 英语影视剧汉译教程[M]. 北京:中国传媒大学出版社,2012:3.

体专有词汇、新词及外来词等。句法上多使用简单句、重复语句、松散句。例如,在BBC发布的新闻专题片"UK space launch: Anomaly prevents rocket reaching orbit"中①,对嘉宾Grant Shapps进行介绍时,采用了以下表述:

例1: I'm really pleased to introduce the Secretary of State Grant Shapps, who's in charge of the Department for Business Energy and Industrial Strategy, leading an economy-wide transformation by backing Enterprise, and unleashing the UK as a science superpower through innovation.

译文: 我很高兴向大家介绍英国国务大臣格兰特·沙普斯,他是商业能源和工业战略部的负责人。他为企业提供了相关支持,从而领导总体经济的转型,并通过创新让英国成为科学超级大国。

分析: 原文体现了新闻专题片的语言特点:在词汇层面上,出现了连字符连接的词汇(economy-wide),用以表达较为抽象的"总体经济"的概念,此外还将两个名词进行连用(science superpower),其中"science"对"superpower"进行修饰,指明沙普斯所采取策略的目的是将英国转变为科学技术方面的超级大国。在句法层面上,多使用短句,避免使用较长的句子。

此外,由于画面所承载的信息量巨大,观众在第一时间观看时,不容易抓住重点。因此,解说词在做到简洁的同时,应在自己的职责范围内突出重点,主次分明,从而引导观众快速理解画面。也正是由于这一特点,专题片的解说词通常对所需描述的内容进行高度凝练,力争在有限的篇幅内发挥最大的效用。此外,对于航空航天这类科技题材而言,创作者在制作关于片头、片尾、字幕以及音效等方面也应当注重简洁性,若使用过于繁杂、花哨的方式,或炫酷的特效进行后期制作,往往会与科技类专题片的严谨性背道而驰②。

2. 讲求事实、客观性强

新闻的主要特征是用事实说话,真实是新闻的生命,离开了事实,新闻也就失去了存在的基础。同样,科技文本也要求数据详实,客观陈述。科技文章反映的是事物逻辑思维的结果,概念明确,逻辑严密,表述无懈可击。因此,航空航天新闻专题片是对航空航天事件的真实描述,并将事实进行还原,需要客观地、准确地界定概念,把最真切的感受、心理活动和真实环境等描述出来,并从中发现问题,探求规律,准确地传播知识和信息。与此同时,航空航天类科技题材的专题片在拍摄过程中,也应当遵循客观性原则,不能弄虚作假,更不能主观臆断和盲目总结。要把航空航天科学技术原理用真实的画面、以直观的方式展现给大众。

为了实现文本表达的真实性和客观性,航空航天专题片经常出现以下语言现象。

首先,频繁使用There be句式。通常情况下,撰稿人在撰写新闻稿时,有时无法

---

① 见 *Uk Space Launch: Anomaly Prevents Rocket Reaching Orbit*。
② 李嫦. 分析科技类专题片的创作思维[J]. 传媒论坛,2020,3(17):140-141.

在有限的时间内对某一个事件进行仔细和全方位的调查。在这种情况下，There be 句式就可以对某一事件、某一动作的施动者进行省略，从而提高撰稿人的工作效率。此外，由于 There be 句型省去了施动者的原因，也可以更好地体现新闻文体的客观性，仅展现给观众某一事件的过程或结果，避免让观众的注意力聚焦在"人"的身上，从而忽略事件本身。此外，被动语态也是科技文体的常见特征之一，航空航天新闻专题片也不例外。这是因为航空航天类文本通常聚焦于客观的事物、过程或某种现象，而这些都具有一定的独立性，不以人的意志为转移，因此，文字叙述应尽量保持客观中立。被动语态可以在叙述中最大限度地削弱"人"的因素，使整个句子不见动作的发出者而显现动作，因此，使用被动语态就成了追求叙述客观性的必要手段。比如，在专题片"Space—Into the Unknown: James Webb Space Telescope, SpaceX & ExoMars Rover"中①，就出现了 There be 句型和被动语态的应用：

例 2：<u>There are</u> hundreds of billions of stars in our Milky Way galaxy alone and <u>there are</u> hundreds of billions of galaxies, so the number of stars is almost uncountable.

译文：仅在我们的银河系中就有上千亿颗恒星；而（在宇宙中像银河系）这样的星系有上千亿个。因此，恒星的数量可谓不计其数。

例 3：<u>Propelled</u> by the Falcon-9 Rocket, the two men aboard the Crew Dragon capsule were able to reach the international station without any problems.

译文：在猎鹰9号火箭的推动下，"龙"飞船太空舱乘组中的两名宇航员顺利抵达国际空间站。

分析：例2原文叙述的是天文方面的客观现象，讲述了宇宙中恒星数量的巨大。这本就是一个客观现实，因此采用 there be 句型能够充分地体现客观性，减少作者的主观倾向。而在例3中，被动语态的使用将该句转换为无主句，省略了"人"的因素，将更多的描述着墨于结果，即宇航员抵达国际空间站一事，从句子的整体叙述上体现了客观性。

其次，名词化现象。名词化的使用是科技文体的另一常见特征。大量的名词或名词词组常见于科技类文体中，这些名词多数是由动词派生而来的（或动词自身具有名词词性）。它们取代了原句中动词或形容词的位置，对句子进行了重构，进而实现了对动作、状态或过程等的抽象化处理。这是一种以静制动的语言手段，能够以较高的抽象度表现科技文体中的逻辑思维或抽象思维。从另一个角度来看，名词化的应用可以省去句中动态倾向较强的动词，而与此类动词相关联的其他句子成分也可一并省去，在此基础上，句子也相应地缩短，所表达的含义则不会受到影响。由此也可以看出，抽象程度较高的名词化不仅仅可以体现思维逻辑，使表达更加客观真实，还可以让句子的表达更加凝练，文体更加正式。在专题片 *The Year of Pluto—New*

---

① 见 *Space—Into the Unknown: James Webb Space Telescope, SpaceX & ExoMars Rover*。

Horizons Documentary Brings Humanity Closer to the Edge of the Solar System 中①，解说词里就含有典型的名词化使用现象：

例 4：Because it's so far took [sic] a lot of time, it requires a lot of patience, a lot of dedication, a lot of perseverance.

译文：因为到目前为止，本项目已经耗费了很多时间，此项目需要相当多的耐心、奉献精神和毅力。

分析：在本例中，解说员使用了多个名词化的词汇（patience、dedication、perseverance），利用这些抽象名词总结了完成该项目所具备的品质，但仅使用了"require"一个动词将主语与这些名词进行连接，这在极大的程度上削弱了语句的动态，名词化的使用使得句子简洁有力，且符合英文的表达习惯。

再次，专业术语和缩略语的使用。 航空航天题材的文本具有较强的专业属性，有明确的受众群体，不可避免地会使用一些专业术语，这些专业术语或是晦涩复杂，不熟悉此行业的读者完全不理解；或是看上去简单，但对于航空航天领域具有特殊含义。专业术语在一定程度上可以说是科技文体语篇建构的基础，其语义具有专一性，合理地应用专业术语可以使得语篇简洁而准确。除了专业术语之外，航空航天新闻专题片也会出现缩略语。这是因为撰稿人为了快速地在有限的时间里完成新闻播报，往往会对这些名称进行缩写，即采用这些名词的首字母，形成缩略语。由于新闻专题片所涵盖的地理范围与人员范围较广，这也注定在文本中会出现大量的人名、地名、组织名等，撰稿人为了提高效率，节省写作空间，会频繁地使用缩略语。如何正确地翻译术语和缩略语，译者自身的创造能力并不会占太大优势，关键在于对相应行业的把握程度，这是对译者行业调查能力的一种考验。

3. 内容新颖，时效性强

新闻在内容上要求新，给人以新的感受，传递新的思想。航空航天事件向来是新闻的热点，是业内人士和大众普遍关心的问题，是有重大影响的新经验和新问题。新闻专题片在形式和语言上要不断创新，通过创新给人以新的感受。因此，新闻专题片会使用一些使新闻保鲜的手法。比如，经常使用一些"新词"或外来词，在专题片"Watch NASA's SpaceX Crew-3 Mission Splash Down on Earth"中②，解说员就使用了"thumbs up"这一新词：

例 5：We definitely saw a big thumbs up from Marshburn on coming back from his first space flight.

译文：我们一定看到了马什本对他第一次太空飞行点了一个大大的赞。

分析："thumbs up"（在汉语中常译为"点赞"）一词是在网络自媒体逐渐兴起后

---

① 见 *The Year of Pluto—New Horizons Documentary Brings Humanity Closer to the Edge of the Solar System*。

② 见 *Watch NASA's SpaceX Crew-3 Mission Splash Down on Earth*。

常用的一个表达。其原意是"翘起拇指",但随着自媒体的发展,"thumbs up"又被赋予了新的意义,即表示观众对自媒体发布者发布的视频进行好评。随着该词逐渐被大众接受,越来越多的官方媒体也倾向于使用该词来跟上大众语言的发展潮流。

新闻的时效性较强,只有及时报道才能发挥新闻的作用,提高新闻的价值。考虑到新闻的时效性,并给观众留下此新闻依然较"新"的印象,撰稿人往往会超越语法的规则,根据实际情况选择时态,这就会出现时态混用的现象。一般情况下,在英文写作中,有些从句的谓语动词受到主句谓语动词的影响,我们需要在时态上让两者保持一致。但是撰稿人在获取新闻信息和撰写新闻稿件时,该新闻还是相对较新的,而在新闻播报时,该新闻则已经相对滞后了。所以在新闻专题片中,我们会发现在同一句话中,采用的时态并不一致。这恰恰体现了撰稿人实事求是的新闻精神。而作为译者,需要明确事件的先后顺序、逻辑顺序等,进而合理地对源语言进行翻译。

(三) 感染型文本

航空航天新闻专题片除了具有信息功能之外,还具有一定的感染性。赖斯认为广告是典型的感染型文本,旨在引起消费者的行为反应,如购买某种商品。航空航天新闻专题片在讲解知识和传播信息的同时,也具有一定的感染力和说服力,本质上具有宣传的属性,能够在塑造和提升国家形象方面起到积极的促进作用。电视新闻专题片是一种视听艺术产物,是对采访内容的加工、制作和包装。拍摄活动不仅仅是简单的画面拍摄,也需要拍摄出有创意、有美感的镜头,从而提高画面的视觉美感,带领大众用眼睛去感受科技的奥妙与神奇[1]。

航空航天新闻专题片是新闻与电视纪录片的结合体,兼具新闻与纪录片两者的特性。作为新闻,必须恪守真实原则,但专题片却可以借鉴和利用艺术手法来丰富和强化自身的表达。航空航天新闻专题片可以做到化平淡为新奇,去枯燥,立形象,既富有艺术魅力,又不会触动最敏感的新闻属性[2]。航空航天新闻专题片是介乎于新闻和电视艺术之间的一种电视文化形态,它拒绝乏味的叙事和冗长的镜头,追求艺术性和可视性。新闻专题片在对航空航天事件进行回顾时,画面中时常会出现壮丽雄伟、气势磅礴、瑰奇雄伟的景象,在给受众带来视觉震撼的同时,也带有强烈的抒情色彩。优秀的航空航天新闻专题片,如"中国珠海航展"系列专题片已成为珠海的"天上名片",更是一张耀眼的"国家名片",俨然成为展示综合国防实力和军民融合发展成果的重要窗口,一个面向世界的窗口[3]。随着全球经济一体化的快速发展,各个国家都愈发重视对国家形象的塑造与构建。航空航天新闻专题片是世界各国都高度重视的军事外宣方式,有助于提升国家形象和国际公信力。

---

[1] 彭勃.电视新闻专题片拍摄制作的问题与解决措施[J].新闻传播,2022(1):95-96.
[2] 张亚敏.电视新闻专题片的艺术化表现[J].中国广播电视学刊,1993(2):103.
[3] 张帆."斗门智造"为中国航展"撑"场[N].珠海特区报,2022(11):4.

综上所述,作为视听型文本,航空航天新闻专题片兼具信息型文本和感染型文本的功能。作为视听型文本,它具有声画统一的特点;作为信息型文本,它具有言简意赅、主题突出、讲求真实、客观性强、内容新颖和时效性强的特点;作为感染型文本,具有感染力强、说服力强的特点。

第二节　翻译原则

在深入了解航空航天新闻专题片的语言特点、语言功能和文本类型之后,本节进一步探讨航空航天新闻专题片的翻译原则。

一、声画同步原则

航空航天新闻专题片并未超出视听艺术的范畴,集声音、镜头、场景、对话等符号为一体,具备视听文本的基本特征。在视听翻译中,声画同步是必须遵循的原则。视听作品的语言翻译要掌握时空观念,在配音译制时,译者要注意台词的长短、角色说话的速度和停顿,保持口型一致。同时要注意角色的动作节奏与情绪神态,当出现角色面部特写镜头时,要对好口型。并且要考虑观众的听觉效果,让观众听得舒服。在字幕翻译时,不受口型的限制,但是译者会受到字数的限制,字幕与画面的变化必须保持一致。当然,字幕跟画面完全同步是很难做到的,因为人们说话的速度通常比阅读的速度要快,再加上画框的空间有限,以及字幕在屏幕上停留的时间有限,所以,当解说以平和甚至缓慢的速度说话时,字幕一般能够跟画面同步,这对于观众观看来说不会产生太多困难。但是,当节奏紧张,语速加快且言语连贯、密集的时候,字幕就显得凌乱了。这时就需要译者考虑到字幕的时空限制,通过压缩或删减等手段,以保证应有的节奏①。

二、忠实、准确性原则

除了新闻采访,航空航天新闻专题片还涉及众多航空航天领域的话语,属于科技文本。科技文献的翻译强调对原文语义的忠实,强调语言的正确性和科学性。航空航天领域专业性强,文本含有丰富的航空航天知识信息,讲求的是语言表述的客观性、概念推广的逻辑性、理念传递的专业性。航空航天科技理论是理性的、冷静的,以人类普遍存在的客观规律为信息核心。因此,在翻译过程中,以准确传达原文信息为第一要义,应遵循忠实原则和准确原则。

"所谓忠实原则,指的是忠实于术语,归化表述语。信息型文本特别是科技性文

---

① 麻争旗. 译制艺术导论[M]. 北京:光明日报出版社,2020:10.

本讲究表达的专业性,因此对于科技语篇中的术语,必须百分之百的忠实。"①在应对航空航天文本翻译时,如遇到难懂的术语及复杂的句子,需要忠实地再现原文观点,使译文尽可能地贴近源语的语义和句法结构。相比其他文本类型,信息型文本的译文与源语的贴合度应最高。译文应遵循忠实性原则,准确地翻译出全部信息,不必拘泥于形式。"准确原则是指汉译外来词语时,不管用何种策略、或异化、或归化、或音译、或意译、或音义结合,都必须以相关的专业知识为前提,在翻译时准确遣词,而不能以常见常用词义随意地翻译"②。信息型文本强调"真实性",力求忠实于文本原貌,并且将全部信息翻译出来,以实现准确传达理念的目的。当然,我们要避免译文的"伪忠实"现象,即译文貌似忠实,但翻译得呆板、机械、缺乏流畅性。航空航天类文本的翻译是关系到国家战略和国力发展的大事,在翻译实践中,如果被伪忠实性所桎梏,不仅无助于翻译产品的流传,而且更会有损航空航天知识的传播。

三、简洁化、通俗化原则

从语体特征来讲,航空航天新闻专题片中主持人的采访部分,具有口语体的特征。关于对话的翻译,需要考虑句子长度、节奏等方面,注重译文口语化,让观众在"看"的同时能获得"听"的感受。即使探讨的是航空航天的专业问题,翻译的语言也要尽量贴近观众,让观众能看懂、能听懂。信息型文本特别是科技类文本,其最终目的是把相关信息传递给受众,起到科普的作用。因此,此类文本的译文更重视受众对信息的理解和把握。试想耗时耗力译制出的航空航天专题片,却无法让观众看懂,也就失去了存在的价值。字幕虽然表现为文字性,是让观众"看"的,而看字幕与读书并不相同,因为字幕不是原创的书面材料,字幕受时空的限制。为了便于观众"阅读",译者往往会选择化繁为简的语言策略③。如在 ITV 出品的 *Britain's Busiest Airport—Heathrow*(《英国最繁忙的机场——希思罗机场》)④中,主持人对机场工作人员的工作状态进行了如下表述:

例 6:It's 8 a.m., and he just started his day shift by patrolling the airfield.

译文:早上 8 点,轮到他上白班,巡逻机场。

分析:以上是国内媒体平台的官方译文。不难发现原文结构严谨、句子完整、表达流畅。依据语法结构,可译为"早上 8 点,他开始以巡控机场的方式来开始他的白班"。但与官方译文相比,此种翻译方式虽然表意完整,但却过于繁杂冗长,不易于让观众在极短的时间内抓取到句子的重点。原文所要传达的信息实际上只有三个方面:时间、工作人员的班次、工作人员的工作内容。官方译文抓住了这三个关键点,直

---

① 原传道. 英语"信息型文本"翻译策略[J]. 中国科技翻译,2005(3):51.
② 同上一条.
③ 麻争旗. 英语影视剧汉译教程[M]. 北京:中国传媒大学出版社,2012:3.
④ 此片请参见网址:https://www.itv.com/watch/heathrow-britains-busiest-airport/2a3168.

接将复杂的句子简化,给出这三个要点的内容。如此翻译出的译文,简练却不简单,易于阅读却不遗漏信息。

也就是说,译者应采用化难为易、通俗易懂的策略,向观众普及航空航天知识,进而取得良好的社会传播效果。因此,译者在忠实原则的基础上,要适当把疑难问题简单化、通俗化。重视目的语受众的信息接受习惯和接受能力是翻译此类文本的重要原则。而且,视听作品与文学作品不同,不能做注释,也不能像DVD一样,重复观看。字幕与画面,转瞬即逝,这必然要求视听语言的翻译要遵循通俗易懂的原则。观众的眼睛不仅要看画面,还要兼顾字幕,所以字幕翻译要清楚简洁、一目了然。

四、艺术性原则

字幕翻译是一门艺术,译者不能只追求"把意思翻对",字幕翻译也要有自己的艺术追求。字幕的语言和生活中的语言不同,是经过加工的艺术语言,艺术语言追求审美情趣和感染效果。在专题片中,字幕的语言要符合人物的特征,观众读字幕应该与听配音产生同样的感受。好的字幕翻译读起来是有节奏、有个性的,能够感染观众,给人以美的享受。与配音相比,字幕不能表演声音,但观众可以根据自己的理解,找到节奏,产生共鸣[①]。这与赖斯提出的"感染型文本的译文应能在译文读者中产生预期的反应"的观点不谋而合。例如,在"探索频道"出品的专题片 Through the Wormhole(《穿越虫洞》)中,第一季第四集的英文题目为 What Happened Before the Beginning?,该集采用理论和相关实验结合的论述方法,对宇宙大爆炸(Big Bang)前所发生的事件进行了推测。在"探索频道"的官方译文中,该集的题目译为《太初之前,宇宙若何?》。"太初"一词出自《列子·天瑞》[②],即指比混沌更加原始的宇宙状态,近似于我们当前所指的宇宙大爆炸,此译文借用了汉语典籍中的文化负载词,给原本通俗的词汇又增添了一份底蕴。此外,该译文上下各四字,字数对等,观众在阅读时也有朗朗上口的感觉。

从上文可以看出,科技翻译同样离不开艺术性。虽然航空航天是科技性题材,翻译时要遵循忠实性原则,但是也不能忽视其可读性。科技文体的表达往往客观冷静、思维缜密、无懈可击,因此译文应该在追求忠实、准确的基础上,在不损害原文信息准确性的基础上,要尝试再现科技文本的逻辑之美、思辨之美和哲学之美。保持原文的科技之美,增加文本的可读性,这是翻译工作者应该追求的艺术。航空航天文本的翻译既离不开知识的专业性,也离不开语言的艺术性,只有做到科学性与艺术性的统一,才可称得上佳译。

[①] 麻争旗.译制艺术导论[M].北京:光明日报出版社,2020:10.
[②] 《列子·天瑞》相传是战国时期列御寇所作。"太初"的原文如下:有太易,有太初,有太始,有太素。太易者,未见气也;太初者,气之始也;太始者,形之始也;太素者,质之始也。

最后，需要提及的是，学者孙瑾曾对信息型、表达型与感染型文本在机器翻译应用中的适应性差异进行了探讨。他认为信息型文本注重译文的准确性和简洁性，且具有术语复杂、句式固定的特点，所以在机器翻译的应用中呈现出了较高的适应性，感染型文本在翻译时追求译文的创新性和感染性，但由于机器翻译是基于规则和语料库所建立的语言程序，因此对于现阶段的机器翻译技术而言，尚且无法达到该类文本的翻译标准，因此感染型文本的机器翻译适用性最低。信息型文本可以通过增加词汇、句法总结等手段来提高机器翻译水平，而表达型文本中的谚语和俗语部分也可以通过丰富的语料库来提升机器翻译识别度。但表达型文本中的其他文本以及感染型文本，在短时间内仍旧无法由机器翻译来完成①。由此可见，如果使用机器对航空航天新闻专题片进行字幕翻译，涉及航空航天技术的内容，机器翻译具有很好的适应性。而关于采访部分和具有感染力的艺术性语言，需要译者发挥主体性，进行仔细的校对和译后编辑。不同文本在机器翻译的应用中存在着明显的翻译质量差异，这为本单元第三节、第四节使用机器翻译，对航天新闻专题片进行案例分析提供了有益的指导。

第三节 《神舟十四号载人航天任务》专题片的字幕翻译（汉译英）

本案例的视听文本取材于 CCTV-13 对"神舟十四号载人飞行任务"的专题报道②。该新闻专题片时长 5 分 49 秒，内容包括神舟十四号载人飞行任务事件的描述、航天员的采访报道、相关专家和技术人员的访谈等。专题报道融画面、声音、音乐、镜头、解说词为一体，具备视听语言的基本特点。其中既有关于专业技术的科技文体，又有客观描述和充满感染力的口语体。本项目拟采用"网易见外平台"在线系统，对该新闻专题片进行字幕翻译，从译前准备和译后编辑两方面对字幕翻译过程进行描述，并展开分析。

一、译前准备

在翻译工作开始之前，应做好相关的准备工作。对于航空航天类题材的科技翻译，译前准备必不可少。充分的译前准备不仅可以帮助译者积累事件的背景信息，还可以帮助译者了解航空航天专业的基本知识，进而熟悉该行业的术语、技术特点、习惯用语、文体风格等。在进行翻译实践前，了解原文的基本内容、收集相关资料、查找原文出处、阅读相关专业文献等至关重要。

---

① 孙瑾.基于文本类型理论的机器翻译研究[J].中国科技翻译,2016,29(3): 27-29,11.
② 请参看网址:https://tv.cctv.com/v/v1/VIDEOnHMvAWX6d8z3zwe9OSP220902.html.

(一) 背景信息的收集

通过学习可以对神舟十四号建立最基本的认识:神舟十四号于北京时间 2022 年 6 月 5 日 10 时 44 分发射升空,在北京时间 2022 年 6 月 5 日 17 时 42 分时,成功对接于天和核心舱径向端口,整个对接过程历时约 7 小时。北京时间 2022 年 11 月 30 日 7 时 33 分,神舟十四号乘组迎来神舟十五号的 3 名航天员(陈冬、蔡旭哲、刘洋)顺利进驻中国空间站,完成"太空会师"。2022 年 12 月 4 日 20 时 09 分,神舟十四号载人飞船返回舱在东风着陆场成功着陆,整个任务过程用时 6 个月,载人航天任务取得圆满成功。

本次载人航天任务的主要内容包括:配合问天实验舱、梦天实验舱与核心舱的交会对接和转位,完成中国空间站在轨组装建造;完成空间站舱内外设备及空间应用任务相关设施设备的安装和调试;开展空间科学实验与技术试验;进行日常维护维修等相关工作;同时,也实现了自主对接、温度控制、生活保障等多个方面的技术创新。

通过背景调查,我们对神舟十四号载人航天任务的全过程有了基本了解,下面可以通过观看视频划定字幕中的关键词和带有专业属性的词汇,并收入术语库。

(二) 软件的选择

考虑到该专题片的持续时间较短,字数较少,项目组选择了"网易见外平台"作为字幕添加软件,因为在进行字幕添加时,"网易见外平台"具有以下几方面的优势:

第一、**网络平台,无须安装**。"网易见外平台"是一种线上操作的字幕添加软件,使用时无须在电脑上安装客户端,这样便减少了项目推进时的附加工作,也减少了项目组成员学习新软件的工作量。

第二、**音频转写,获取文本**。本案例中的原视频不带字幕,因此,首先需要解决的问题是如何获取源语文本。该平台自带音频转写功能,可通过转写获得文本,之后再进行译前编辑,以确保文本的准确性。这样操作可以大大减少人工听写的工作量,从而提高工作效率。

第三、**自带翻译,编辑便捷**。该平台融合了翻译的功能,可以辅助译员进行文本粗翻。在获取到机器翻译的译本后,译员则需要在机器翻译的基础上依据制定的风格指南与选定的术语进行译后编辑,从而进一步确保译文的准确性。

由于本项目的体量较小,使用"网易见外平台"可以说是极佳的选择。但项目软件的选择是没有固定答案的,在进行不同的项目时应该根据项目本身的特点选择最适用的软件,其最终目的是减少不必要的工作量,提高工作效率。

(三) 术语库(Terminology Bank)的建立

本部分为关于技术原理和技术应用的讲解,包含大量的航空航天技术术语和专业名词,首先需要解决的问题就是如何正确地翻译这些术语。充分利用网络资源,借助"国家航天局(英文版)"[①]""术语在线"[②]等网络平台,可以准确地找到这些术语对应的英文词汇并进行审核,查证是否可用,进而对这些术语的翻译进行规定,并建立术语库。

表7-2是本项目建立的术语库。需要注意的是,一些术语的出现频率很高,在确保术语翻译准确的同时,还要保证术语翻译前后的一致性。在翻译术语时,除了查阅资料,参考前人的译文,还需要翻译工作者根据实际情况进行译文的调整。如术语对照表(见表7-2)中的词条"小机械臂",在对其进行翻译时,翻译团队就充分考察了"小机械臂"的功用。"小机械臂"是相对于"大机械臂"而言的,其中的"小"并非只局限于尺寸的大小,更多的是着眼于其协助功能上,即对"大机械臂"进行辅助,并为航天员提供支持。因此,经过综合的思考,翻译团队最终确定将"小机械臂"翻译为"secondary mechanical arm",而并非"small mechanical arm"等其他方案。

表7-2 术语对照表

中文	英文
中国载人航空工程办公室	China Manned Space Engineering Office
神舟十四号	Shenzhou XIV
航天员	astronaut
问天实验舱	Wentian lab module
气闸舱	airlock module
小机械臂	secondary mechanical arm
扩展泵组	extended pump pack
全景相机	panoramic camera
舱外自主应急返回验证	external autonomous emergency return
世代舱外航天服	generation extravehicular space suit
角限位器	angle limiter
舱外操作台	outside deck
核心舱	core module
间断舱门	intermittent hatch
中国航天员中心	Astronaut Center of China
中国载人航天工程	China Manned Space

二、译后编辑

经过充分的译前准备,就可以开始利用翻译平台进行机器翻译了。译后编辑要

[①] 国家航天局(英文版)网址:http://www.cnsa.gov.cn/english/index.html.
[②] 术语在线网址:https://www.termonline.cn.

基于前期制定的译后编辑指南(Post-editing Style Guide),并采用相应的翻译策略进行译后编辑。随着神经网络机器翻译技术的不断发展,机器翻译的使用越来越受到人们的青睐,机器翻译的优势毋庸置疑,但是机器翻译的局限性使得译文有很大的改进空间。崔启亮指出,机器翻译的错误可以归纳为过译(over-translation)、欠译(under-translation)、漏译、术语翻译错误、形式错误、格式错误、短语顺序错误、词性判断错误、从句错误等[①]。因此要想借助机器翻译获取高质量译文,必然要进行人工校对,即译后编辑(post-editing/post editing,缩写为 PE)。译后编辑是指根据一定的目的对机器翻译的原始产出进行加工与修改的过程,包括更改翻译语言错误、提高机译产出的准确性与可读性等[②]。机器翻译配合译后编辑是一种有效的翻译模式。

(一)译后编辑指南的制定

在机器翻译前,需要制定译后编辑风格指南。译后编辑风格指南可以确定工作目标、译文错误的常见类型、译后编辑的一般规则和具体规则等。译后编辑风格指南旨在保证译文质量的基础上提高译后编辑的规范性和效率,实现更好的投资回报[③]。根据本项目需求,项目组制定的译后编辑指南如下。

1. 语言规范

(1)首字母缩略词

一般情况下,不推荐保留术语缩写以外的其他缩写形式,即源语中的技术术语若出现了缩写,在此情况下,可保留英文缩写。但值得注意的是,在该术语第一次出现时必须翻译,翻译格式为:"中文(英文缩写)",之后再次出现则不必翻译,仅保留英文缩写即可;其他缩写(如时间,"8 a.m."应翻译为"上午 8 时")则须译为中文。

(2)简 称

一般情况下,出现简称时应翻译为对应的中文简称(如:"Tue",须译为"周二",而"Tuesday"则须译为"星期二")。此外,一些常见且广为人知的简称(如:NASA),则无须翻译。另请注意,如简称为复数(如:DVDs),翻译为中文后须保留英文且转换为单数。

(3)大小写

如一行字幕是一个完整的句子,首个单词的首字母必须大写;如一句话拆分为两行字幕(同一画面中不应出现双行英文/汉语字幕),则第二行首单词的首字母无须大写。此外,公司名/专有名词/供应商品牌首字母应大写。

(4)货币/价格

无论原文采用何种货币/价格的表达方式(例如:1,000 USD/1,000 dollar/

---

① 崔启亮,李闻. 译后编辑的错误类型研究:基于科技文本英汉机器翻译[J]. 中国翻译,2015,4(20):19-22.
② 冯全功. 译后编辑研究:焦点透视与发展趋势[J]. 上海翻译,2016,6(67):67-74,89.
③ 崔启亮. 论机器翻译的译后编辑[J]. 中国翻译,2014(6):68-73.

$1,000），应统一翻译为"×××+货币名称"（即：1 000 美元）。另请注意，在翻译中，价格数须用千分位号进行分隔。

（5）日期与时间

日期与时间的翻译均应按照中文惯例。表 7-3 所列为日期与时间翻译的案例。

表 7-3 日期与时间的翻译

原 文	译 文
8 AM to 16 PM	上午 8:00—下午 16:00
8-June-2012	2012 年 6 月 8 日
12/31/2012	2012/12/31
Q4 12	2012 年第 4 季度

（6）千分位分隔符与较大的数字

对数字的翻译，应秉持易读原则。无论原文对于数字如何表达（阿拉伯数字表示/单词表示），如果该数字为整数，应翻译为全中文（如：one thousand/1,000，应翻译为一千）；如该数字不是整数，应翻译为阿拉伯数字，计数单位保留中文（如：1.357 billion，则应翻译为 13.57 亿）。

（7）百分数/百分号

对于英文表述中的百分数，应依据英文原文的表达方式相应地进行翻译，如原文中采用数字和百分号的表达方式（如：50％），则应在中文中保留此表达；如原文中采用文字表达（如：five percent），则也应在中文中翻译为对应的中文表达（即：百分之五）。另请注意，如果数字过于复杂或细碎（如：12.7％），则应在中文中保留此表达。

（8）破折号、连字符与范围符号

在翻译中，绝大多数情况下应避免使用连字符，仅在以下情况可使用连字符（见表 7-4）。

表 7-4 破折号、连字符与范围符号的处理

源 语	翻 译
Figure 2-1	图 2-1

在表示数字/时间范围时，应使用范围符号（～）。如：下午 3 点～5 点。

英文表述中的长破折号不应保留在中文中，应根据句意，使用对应的语法结构，翻译为中文，或可添加括号内容，转换为补充内容。如：在"Traveling—that is, traveling by public transit—can be a relaxing activity if you bring music and reading material along with you."中，出现了两处破折号，共同引出了插入语部分，在对其进行翻译时，应将其翻译为"如果你随身携带着音乐和阅读材料去旅行，也即乘坐公共交通工具去旅行，那么它就成了一种放松身心的活动。"

(9) 标点符号与空格

一般情况下,无须在字幕中添加标点符号。如果字幕中出现了对名著的引用,可以使用书名号进行标注。另请注意,如果中文译文中掺杂了数字与英文,则须在数字和英文的前后留出一个字符。

(10) 人名与地名

在对人名和地名进行翻译时,如果该人名为众所周知的或有特定翻译的,应遵循该译名进行翻译。地名的翻译应遵循标准的翻译,无须保留英文。

(11) 网站的处理

专题片中如出现相关的网站的引用(如:"更多相关信息,请访问 https://www.nasa.gov/ 进行了解。"),请进行如下操作:

如果该网址是网站首页(Homepage),则请翻译为"×××官网";

如果该网址导航到网站内的某一页面,则请翻译为"请转至[网址 URL]";

如果所引用的为社交媒体,英译汉无须进行翻译,汉译英则需要进行翻译(如:请关注我们的 Twitter 账号/ Please follow our WeChat official account)。

2. 语体风格

专题片对观众的称呼应是亲切而有礼貌的。无论是专题片中的技术讲解部分还是主持人或嘉宾的访谈部分,如涉及对观众的称呼(如:"You"),则应当翻译为"您"而不是"你"。专题片中会经常涉及主持人对嘉宾的采访。在此情况下,对于主持人所提出的问题,若涉及嘉宾的公司/就职单位等提问,宜采用正式用语(如:"贵公司")。此外,汉语中存在着口头语的现象。请在翻译时注意区分口头语与正式的书面语(如:采访中主持人和嘉宾的对话)。需要特别注意的是,采访中所出现的口语习惯(如:"uh-huh""woah"等语气词),不需要翻译,可直接省略。

专题片的目的多为技术展示和成果展示,配以主持人和嘉宾的互动,以及对相关信息进行补充。因此,宜采用直译与意译相结合的翻译方式。对于技术、原理等知识输出的部分,宜采用直译的翻译技巧,贴近于源语文本,进而更充分地展示该部分的内容。而对于采访部分的翻译,则可以采用意译的方式,依据讲话人的语调、神态,在不偏离源语文本的前提下进行翻译,并使译文更加符合目的语表达习惯。

3. 阐释性字幕

专题片中偶有出现具有背景信息的概念,在此种情况下,应当对此概念进行解释,从而弥补缺失的信息,帮助观众更好地理解。阐释性字幕应添加在视频的上部,居中对齐,字号相应调小,语言应简练,不可大面积遮挡画面。

例 7: Because Duke and Josh are the very last 8 ball to make it to space and so to celebrate this we have a special gift.

机译译文:因为杜克和乔希是最后进入太空的8个球,所以为了庆祝这一点,我们有一个特别的礼物。

译后编辑:原因还在于,杜克和乔什的加入是最后成就这场太空之旅的八号球,为了欢迎他们,我们准备了一份特别的礼物。

译例分析:本案例的特殊之处为源语文本中含有"8 ball"这样一个文化负载词,若不具备相关的背景知识,就很容易出现如机译译文中所出现的错误:将其翻译为"8 个球"。实际上,"8 ball"是指 8 球制台球中的八号球,往往是较重要或决定胜负的球。将这样一个词汇放到文本中,其实体现了乘组人员对杜克和乔什的重视,将他们视为决定本次航行任务的决胜因素。机译译文除误译了该文化负载词外,对句子的整体翻译其实还是比较准确的。因此,结合对话的背景,在进行译后编辑时,我们可以考虑保留"8 号球"这样形象生动又有些风趣的表达,并在画面的上方加入注释,对"8 ball"进行解释(见图 7-1)。

图 7-1 阐释性字幕翻译

无论是哪个领域的文体,都会有一定的背景知识。熟悉这一行业的读者(观众),多数也会对这些背景具有一定的了解,但对于新手或者完全不了解这个领域的人来说,则较少会具备这些知识。这些背景的缺失,轻则影响读者(观众)的全面理解,重则会使得这份文件完全不可用。因而,译者在进行翻译时,可以采用阐译策略,对一些背景知识进行补充附带,进而对读者(观众)进行辅助。

通过以上风格指南,能够了解译文应达到的效果。该指南的涵盖面很广,既有对风格的整体要求,也有对行文的具体要求。对于这些具体要求,译者可以按图索骥,在遇到实际问题时采用对应的译后编辑方法进行处理。当然译后编辑指南并非一成不变,译者在特殊情况下可以灵活处理。制定风格指南对翻译过程和审校过程都是至关重要的。只有这样,译者和审校才可能在翻译规范下达成一致,顺利地完成翻译任务。

(二)译后编辑

本案例选取的原文为"神舟十四号航天任务"汉语字幕,共计××××汉字。该视听材料属于航空航天新闻专题片,其中关于航空航天的科技文本部分用机器翻译处理有着得天独厚的优势,但是译文的质量明显不高。笔者将原文与机器输出的译文做比较,将主要的错误类型总结如下,并以此说明译后编辑的必要性。

1. 格式错误

机器翻译的格式错误比较常见,格式错误是指排版、标点符号、字体等方面的错误。请看图7-2～7-4中的相关例句。

例8:

图7-2 排版错误1(声画不同步)

例9:

52↵
00:02:28,600 —> 00:02:30,775↵
<u>Basically,   the</u> secondary mechanical arm completes the mission

图7-3 排版错误2(空格使用错误)

例10:

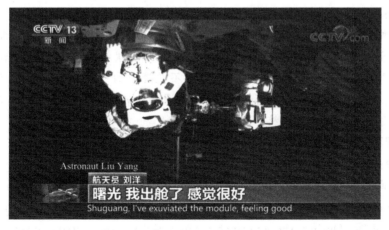

图7-4 排版错误3(标点使用错误)

例8～例10均属于排版上的错误。例8将多句字幕重叠到了同一画面中,从而使得字幕产生了覆盖重叠,难以辨识,需要重新对字幕的时间进行调整;在例9中,通过字幕的文本文件可以发现,在"Basically,"和"the"之间存在着多余的空格,如果不删除该空格,那么在添加为字幕后,字幕行会同样多出空格,降低了字幕的美观度;在例10中,原文是航天员所说的话,依据所制定的风格指南,需要在对话前添加"—"符号,即英文破折号来进行标识,因此需要在英文字幕中予以添加,但注意不是两个英文两字符(两字符在屏幕上显现时,中间会有一个小空)。添加字幕时粗心大意,必然会大大降低字幕的美观性和专业性。这些错误虽然不会影响观众对译文的理解,但是译文字幕画面中出现的排版错误必然会使画面变得粗糙,有失水准。

2. 语序不当、逻辑混乱

航天专题片属于科技类文本,术语多、逻辑关系强。此类文本的译后编辑首先要保证译文的准确性与严谨性。机器翻译模型的基本特点是能够做到词的翻译和短语的翻译基本正确,但语序经常会出现混乱,这是机器最不容易解决的问题之一。只能通过人工校对、译后编辑来调整语序,使句子通顺,衔接得当。而且,机器翻译不能兼顾英汉两种语言的特点和差异,通常根据汉语句子结构的特点进行英文翻译,见到逗号就拆分,把英文写成了流水句,不符合目的语的语言特点。

例11:天地一心,向前一步,虽然充满了艰辛和挑战,但每前进的一小步都是梦想的一大步,中国空间站永远值得期待。

机译译文:Heaven and earth are one, one step forward, although full of hardships and challenges, but every small step forward is a big step of the dream, the Chinese space station is always worth looking forward to.

译后编辑:Let's strive together to advance our aerospace career. Although full of hardships and challenges, every tiny achievement we made means a lot to our aerospace endeavor. You can always believe in China Space Station.

分析:在本译例中,机译译文对"天地一心,向前一步"的处理只是基于机械性的词对词的处理;"虽然充满了艰辛和挑战,但每前进的一小步都是梦想的一大步"部分也没有补全相应的主语,从而使得译文逻辑混乱,难以理解,在进行译后编辑时,可以在译文中补全主语"we",用主语串联起原本不甚清晰的逻辑关系。此外,译后编辑也同样对"天地一心"部分进行了整体的修改,调整后的译文充分体现了原文的内核,体现出了原文深层的信息内核。

3. 词不达意、语义错误

例12:航天员出舱活动期间,天地间周密协同、舱内外密切配合。

机译译文:Astronauts out of the cabin during the activity, between heaven and earth in close coordination, close cooperation between the cabin and outside.

译后编辑:During the extravehicular activity, the astronauts and ground controllers worked together and the astronauts inside and outside the module worked in mutual efforts.

例 13：全过程顺利圆满，检验了航天员与小机械臂协同工作的能力，也验证了问天实验舱、气闸舱和出舱活动相关支持设备的功能性能。

机译译文：The whole process was smooth and successful, testing the ability of the astronauts to work with the small robotic arm, and also verifying the functional performance of the Ask Sky Experiment Module, the airlock module and the support equipment related to the exit activities.

译后编辑：The whole process is smooth and complete, as the astronaut's ability to work with a secondary mechanical arm was tested, the functional performance of the Wentian lab module, airlock module, and the support equipment for the extravehicular activity are also verified.

分析：例 12 和例 13 的机器翻译都有语义错误。例 12 中原文采用了对仗的手法："天地间"与"舱内外"对应，"周密协同"与"密切配合"对应。后两个分句工整简洁、表达传神，是典型的汉语表达方式。然而，当我们审视机译译文时，则可以发现其系统机械地将"天"译为"天堂（heaven）"，将"地"译为"地面（earth）"。可以很容易看出机器译文的词不达意，实际上原文中的"天"与"地"，分别代表了执行任务的宇航员和地面控制中心的工作人员。因此，译后编辑时需要结合语境将这两个深层的含义准确地表达出来，可以将"天地间"译为"the astronauts and ground controllers"。除此之外，机译译文对于"舱内外"的翻译也过于机械化，在译后编辑时，可以将其调整为"the astronauts inside and outside the module"。

例 13 的机译译文出现了术语和专有名词的语义错误。机器翻译系统能将大多数术语翻译正确，但对于一些多义词或者没有收进语料库或者术语库的术语，机器却很难把握。我们在建术语库时，已经对"小机械臂""实验舱"等进行了规定，而机器翻译对这些术语的处理与我们的规定大相径庭，这需要在译后编辑的过程中进行修改和订正。至于"问天"这一专有名词的处理，机译译文将其译为"Ask Sky"，有些欠妥。随着近些年的航天科技发展，很多具有中华民族特色的项目名称已不再进行字面直译了。机译译文没有考虑到航天学术语境，如果在译后编辑中结合语境问题进行考查，术语和专有名词翻译的准确性便触手可及。

4. 译文呆板、机器腔

例 14：先后完成了问天舱扩展泵组安装、问天舱全景相机抬升、舱外自主应急返回验证等任务。

机译译文：Successively completed the installation of the extended pumping group of the Asking Sky Module, the lifting of the panoramic camera of the Asking Sky Module, and the verification of the extra-vehicular autonomous emergency return and other tasks.

译后编辑：They have completed the task of extended pump pack installation, panoramic camera lifting, and external autonomous emergency return verification for the Wentian module.

分析：在本案例中，原文是没有主语的，但是放置到语境中，我们仍然可以分析出上述的几个行为都是由航天员完成的，但机译译文没有将主语补充出来。在这种情况中，需要对译文进行增译，将句子主语补充出来。在原文中出现了两次"问天舱"和一次"舱"，实际上，无论采取哪种表达方式，这里的"舱"指的都是"问天实验舱"。反观机译译文，在处理这些同类词汇时，出现了重复表达的问题，给每个小分句都加上"问天舱"。机器翻译在应对一些运用相同词汇的句子时，往往采用单一的翻译方法，词语的翻译一般只采用一种版本，就会造成句式单调、用词重复的现象。在进行译后编辑时，可以将"问天舱"单独抽离出来，作为句子的定语，这样修改后的译文简洁明了，易于阅读。此外，无论是机译还是译后编辑，我们都对原文中的"先后"进行了省略，结合之前所述的两个方面，本句既有增译，又有略译，是"编译"手法的最佳体现。

从本项目来看，机器翻译在应对航空航天类技术文本时，在对原文的理解和表达方面有很大的可取之处。译者应发挥主观能动性，在利用机器翻译的优势的情况下，能够识别机器翻译的常见错误，并进行有效的译后编辑。译者在对航空航天新闻专题片进行译后编辑时，难以避免地会遇到这样或那样的翻译难题。要解决这些问题，一方面需要译者严格遵守风格指南，另一方面，译者也需要发挥主观能动性，探索译后编辑的策略。总之，以机器翻译在航天新闻专题片中的常见错误为例，译者应正确采用译后编辑策略，如调整格式、调整语序和逻辑关系、拆分句子、选择术语翻译的对应词义。同时，译者在机器翻译的基础上，回归翻译技巧，灵活使用增译、减译、编译、阐译等翻译方法，进行译后编辑。当然，翻译策略的选择，必须符合翻译的目的，最终产出符合风格指南的译文。

第四节　NASA's SpaceX Crew-5 专题片的字幕翻译（英译汉）

上一节从汉译英角度对航空航天新闻专题片的字幕翻译过程进行了案例分析，重点聚焦机器翻译的译前准备和译后编辑两个方面。本节拟从英译汉的角度重点讲解航空航天新闻专题片字幕的翻译流程，内容涉及翻译本地化团队分工、译前编辑、软件操作、译后审校等方面。

一、翻译团队的分工

本翻译案例取材于 NASA 官方网站推出的系列新闻专题片 *Expedition 68—*

NASA's SpaceX Crew-5 Flight Day 2 Highlights Oct. 6，2022①，本专题片的主要内容是 NASA 与 SpaceX 第五次合作的载人航天飞行的全过程直播。与上一节 CCTV 关于神舟十四号飞船的专题报道相比，本报道具有时间长、涵盖广、语速快等特点；内容方面包含了航天技术讲解、流程解说、航天员发言等。

考虑到此专题片的翻译任务量较大，在开展翻译工作前，需要明确的是翻译团队每人的分工，从而提高工作效率。根据本地化翻译在进行翻译工作时常见的人员配置，本项目翻译团队成员甲、乙、丙分别担任了项目经理、译员、审校②这三类角色。项目经理（甲）主要负责把控翻译任务的进度，确保翻译任务的不同环节可以在规定的时间内完成，同时也负责源语文本整理和术语库、翻译记忆库等相关语言资产的编订与维护；译员（乙）主要负责翻译的实操，同时也需要在翻译的过程中对术语库的准确性与适用性进行考察，并在出现问题时向项目经理进行反馈，确保译文质量；审校（丙）则主要负责对译文进行最终的纠错，并给出修改意见，并在此基础上辅助项目经理完善术语库、翻译记忆库。

二、字幕软件的选择

目前市场上主流的字幕生成软件有 Premiere、After Effect、Final Cut Pro X、Arctime PRO、网易见外平台等，每种软件均有自身的突出优势，也相应地会出现一些使用门槛或功能限制。综合多方面的考虑，本案例选用的字幕软件为 Arctime PRO。Arctime PRO 在进行字幕添加时具有以下几个方面的优势：

（一）入门难度低

Arctime PRO 的功能涵盖面较窄，除与字幕相关的功能外，不涉及其他纷繁复杂的操作，初学者在上手练习时不易受到其他操作的干扰。此外，Arctime PRO 配有中文版本，对于一些较为专业的操作选项，也比较容易理解。

（二）基本功能全

虽然 Arctime PRO 无法实现画面中文字修改之类的复杂功能，但完全可以满足中英文双语字幕添加、字幕基本效果设置等功能。对于本翻译案例的字幕添加实操而言，具备这些功能已经可以达到目的了。

（三）容易添加时间轴

作为制作字幕的第一步，添加时间轴往往是最考验制作人员耐心的。制作人员

---

① *Expedition 68—NASA's SpaceX Crew-5 Flight Day 2 Highlights Oct. 6，2022* 是 NASA 对 SpaceX 第五次合作的载人航天飞行全过程直播，原视频文件是英语单语字幕，可查看 NASA 官网。

② 翻译团队成员分别为北京航空航天大学外语学院翻译硕士研究生聂磊、黄雨琪、郝菲菲。

需要将字幕与声音精确对应并设置时间,有时对于时间的对应甚至需要精确到毫秒。而 Arctime Pro 则可以通过在视频的音频谱中添加字幕(如图 7-5 所示)、文本框添加字幕(如图 7-6 所示)、AI 自动添加时间轴等功能,以简化添加时间轴的难度。

图 7-5　在视频对应的时间点添加字幕

图 7-6　文本框添加字幕

(四)便于添加效果

在添加字幕后,制作人员还要考虑字幕的美观度,要确保嵌入画面的字幕不会与画面的颜色混淆,而 Arctime PRO 可以对字幕的效果进行调整(如图 7-7 所示),进而避免出现此类问题;字幕的位置也是不容忽视的方面,特别是阐释性字幕的位置安排,一般需要将其调整到画面上方居中的位置(如图 7-8 所示)。

字幕软件是字幕添加过程中的重要工具,是否选择合适的软件将会直接影响视频产出的进度。随着非官方字幕组的逐渐兴起,字幕添加的方式、效果等也逐渐变得更加多样化、生动化。在这些现象的背后,少不了相关技术人员对此类软件的扎实掌握。对于初学者,通透地了解一种软件而后逐渐扩大掌握面,也不失为一种良策。

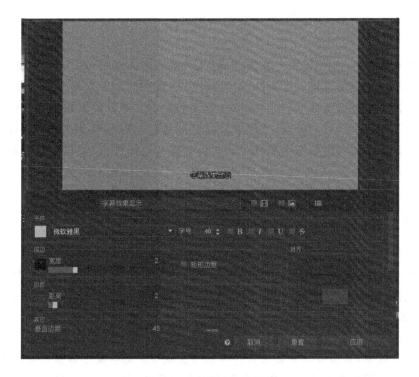

图 7-7　字幕效果的调整

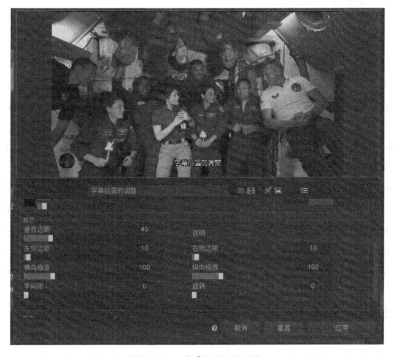

图 7-8　字幕位置的调整

三、译前编辑

在完成团队分工、明确软件选择后,翻译团队利用音频转换文本的相关操作,对专题片的英文源语文本进行了提取。采用此操作得到的源语文本会存在错误,因此需要对源语文本进行细致的修改和整理,即译前编辑。译前编辑是指译者针对机器翻译之前的源语文本进行修改、增删以及编辑的过程。对源语文本进行这样预先编辑处理的目的是使得源语文本具有一定的可读性和可译性,以便机器翻译能够更好地识别源语言的含义,从而得到较高质量的译文[①]。在本项目中,对源语文本进行的译前编辑主要集中在文字勘误、排版纠错、文意通顺几个方面。

(一)文字勘误

在本翻译案例中,翻译团队采用了机器翻译与译后编辑相结合的翻译模式。这对源语文本文字的正确性提出了较高的要求。如果源语文本中包含错误用词、文字重复等现象,机译译文中就会犯相同的错误,进而为译者增加无谓的工作量。

例 15:So, this is a little bit different than what <u>we'll we'll</u> see.

错误分析:在利用计算机进行音频转换文本时,系统对专题片中说话人的用语进行了无差别收录,从而导致重复用语。口语中出现个别的重复用语属正常现象,但在书面用语中出现此类既不符合语法又扰乱句意的现象,则是明显的错误。因此,在译前编辑阶段,必须给予纠正。

(二)排版纠错

在进行排版纠错时,需要特别关注原文文本是否正确、合理地使用了标点符号,原文中的断句是否合理。特别是在本翻译案例中,主持人的讲话语速较快,两个句子之间的停顿间隙都是极为短暂的。面对此类情况,翻译团队只能耐心地结合纪录片的音频进行纠错和修改。

例 16:Dragon systems look good and then it automatically does that final fly-in from just 20 meters away ultimately linking up with the station and that no two forward port and then we step into all of the usual hatch operations that <u>takes</u> a couple of hours to pressurize the vestibule that space between the two hatches we have one of the crew members on station who in this case is going to be <u>uh</u> Chell lingrin is going to be leading the hatch operations on the station side and then we'll have the crew five astronauts on board we're going to have 11 crew members on the space station for a short period of time.

错误分析:例 16 的源语文本直接对计算机的语音进行转写,完全忽略了句子之

---

① 李亚民,冯丽. 人机合作中的译前编辑与译后编辑[J]. 边疆经济与文化,2020,1(102):101-104.

间的语言结构,机械地呈现了主持人所说的每个单词,而没有使用标点符号来对句子进行正常断句。此外,还在"takes"一词单复数形式的使用上出现了错误,并将"uh"这种并非必要的口水词转写了出来。通过添加标点进行纠错,这段源语文本的合理排版如下:

Dragon systems look good and then it automatically does that final fly-in from just 20 meters away, ultimately linking up with the station and the No. 2 Forward Port. Then we step into all of the usual hatch operations that take a couple of hours to pressurize the vestibule——the space between the two hatches. We have one of the crew members on station——who in this case is going to be Chell Lingrin, to be leading the hatch operations on the station side. Then, we'll have the Crew 5 astronauts on board. We're going to have 11 crew members on the space station for a short period of time.

整理并经过排版的文本逻辑清楚,句意明确,无论是在进行机译时还是在进行译后编辑时,都可以帮助译员更加透彻地理解原文的意思。

(三) 文意通顺

由于英文中存在音近词,计算机在进行语音识别时,偶尔会出现识别错误,将发音相似的词识别为与句意毫不相干,甚至是格格不入的词语。在文本整理阶段,翻译团队对相似语音的单词判定方面产生了分歧。为了处理此类词语,团队成员对相关的背景知识、行业用语进行了查证,从而识别出正确用词。

例 17: And then on the left, there is Russian cosmonaut on a kikuna——also making her first trip into space.

错误分析:在本示例中,"on a kikuna"这一部分的意义含混,与其前后的成分无法形成完整的意群,但根据句子的其他部分,还是可以推断出本示例是对俄罗斯航天员的介绍。基于此判断,翻译团队对载人航天组的成员进行了再次查证,最终确定"on a kikuna"实际上是俄罗斯航天员 Anna Kikina[①],这是非常典型的音近词误判现象。经过修改后,文本的含义明确、结构清晰,不会为后期翻译工作带来障碍。

总之,译前编辑针对源语文本的预先处理和修改,以便使机器和翻译软件能够正确地理解,可以剔除机器不易识别的表达方式和句型。"由于译前编辑已经对源语文本进行了相对科学的预处理,那么在对机器译文进行译后编辑时则大大提高了工作效率和译文质量。"[②]

[①] Anna Kikina 是俄罗斯航天员,详见 NASA 关于 SpaceX 第五次载人航天任务的介绍:https://blogs.nasa.gov/crew-5/.

[②] 李亚民,冯丽. 人机合作中的译前编辑与译后编辑[J]. 边疆经济与文化,2020,1(102):101-104.

四、译后编辑与译后审校

译后编辑的概念、软件操作方法及译后编辑的错误类型已经在第三节的案例分析中进行了详细的讲解,此处只讨论译后审校问题,对译后编辑问题不再赘述。在完成翻译任务后,便进入了译后审校阶段。审校员对译文进行的审查、改动、纠正行为被称为翻译审校。进行审校之前,需要制定具备科学性、便于翻译工作者和审校人员掌握的审校标准。按照这样的标准去审校,才能使译文有章可循,达到更高水准,提高翻译工作的效率[①]。在谈及翻译标准时,我们通常会想到诸如"信、达、雅"等翻译标准,实际上,我们在将这些标准定为翻译标准时,也就将其视为审校的标准。然而,在某些情况下,有些翻译标准是有些抽象的,译者能够在理论上理解该标准的要求,但实际操作起来却十分困难,这便会导致审校过程也变得模糊,审校员无法抓取重点。因此,在对航空航天新闻专题片进行本地化翻译时,我们便需要制定一份条目详细、涉及广泛、要求明确的审校标准。为实现这个目标,我们可以从准确度、流畅度、专业术语这三个角度进行审校。

以下是本翻译团队根据航空航天新闻专题片字幕的翻译特点来制定的审校标准。在准确度方面,审校项目涉及增译、减译、误译、漏译。在流畅度方面,审校项目包含机器腔、语法错误、拼写错误、排版错误、违背一致性、语态风格错误、违背本地语言惯例几个方面。其中,违背一致性是对于在相同使用情景下充当相同语法成分的同一个词语/词组进行了不同的翻译,使得译文的前后不一。如:在对"cosmonaut"进行翻译时,在绝大多数情况下,将其翻译为"宇航员",但有些句子却将其翻译为"航天员",此情况即视为违背一致性。语态风格错误指译文整体的语态风格不符合主题要求,如正式的航空技术文本,采用了幽默调侃的语态,显得不庄重、不正式。违背本地语言惯例是指译文不符合目的语的当地语言习惯,如英汉翻译中,在不必要的情况下,将句子翻译为中文中的被动句。在专业术语方面,包含术语库术语误译和行业惯用术语误译。其中,行业惯用术语并未收录到术语库中,但将其放到某一特定行业时,则具有了适用于该行业的意义。行业惯用术语误译即对此类术语的错误翻译,影响了读者的理解。如:"docking"一词是很常见的,其自身并不带有某一行业特定的术语特征,因此并没有必要将其收入到术语库中。在本翻译实践项目中,将其译为"对接";但在一些海事翻译项目中则需要将其译为"入坞""入港"等。如果本项目中将其翻译为"入港",便是行业惯用术语翻译错误。

为了确保译文的高质量,本项目要求对译员按照审校标准对所提交的译文进行严格审校。主要分为三个步骤:首先,审校员负责审校译员提交的译文,并给出修改建议;其次,译员根据审校建议进行修改,如果意见不同,可讨论确定译文的修改;最

---

① 邱晓伦. 浅谈翻译实践中审校译文的具体原则[J]. 语言与翻译,2000,1(41):41-43.

后,经过修改和润色之后,确定译文终稿。译文质量与时间控制是本地化翻译中的核心内容[①],为了满足这两个方面的要求,本次翻译实践在翻译环节的设置上并非采用先翻译后审校的连续式流程,而是采用了交错式流程:先将源语文本拆分为三个部分,再分别对每个部分进行翻译和审校,即译员提交第一部分译文后,审校便立即开展工作,同时译员可进行下一部分的翻译。经过如此安排,审校便无须等待译员提供完整的译文后再开始自己的工作。同时,这种阶段性的审校可以及时地发现译文中的错误,译员可以及早地收到反馈,避免在接下来的任务中出现同样的问题。

五、字幕的添加

作为本案例的最后一道工序,字幕的添加同样在时间轴设定、字体调整、效果设置等方面存在诸多要点。比如,字幕进出画面的时间应与讲话人的声音同步,不可出现明显的时间差;字幕的字体应庄重自然、大小适中,具有高辨识度、高易读性;字幕应与画面有明显的色差或边框,避免字幕与画面同色而导致无法辨别。

(一) 时间轴设定

时间轴的设定是字幕添加工作中最基础、最重要的一环,其主要工作内容就是将每句话与其出现的时间相关联,对每句话进行时间定位。此前,由于字幕软件功能单一,在设定时间轴时,往往还需要使用独立的时间轴设定软件;而近些年,随着字幕软件集成了更多的功能,已经不再需要使用单独的软件来进行时间设定了。本案例选用的字幕软件 Arctime PRO 可以直接在视频所对应的频谱中依据时间线来添加字幕。对于一些因为时间轴设置而出现的字幕重叠或时间错位问题,则可以通过直接拖拽字幕块进行调整。关于时间轴调整前后的对比可见图 7-9-1 和图 7-9-2。

图 7-9-1 时间轴的调整前后对比(一)

---

① 吕红艳,周志浩.基于翻译项目管理的翻译硕士专业学位研究生实践能力培养[J].上海翻译,2018(3):62-66.

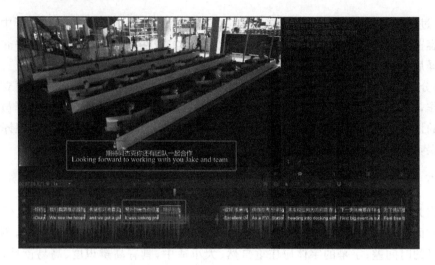

图 7-9-2 时间轴的调整前后对比(二)

(二)字体调整

字幕的首要功用即是为观众提供辅助,因此,字幕必须具有较高的易读性。为了实现这一目的,字幕的字体、字号、字数便是不得不考虑的几个要点。本案例取材于航空航天新闻专题片,因此在字体的选择上需要以庄重为原则。在进行字号选择时,如果过大,则会将观众的注意力全部吸引到文字上来,反而忽略画面的内容;如果过小,观众无法看清,则又完全背离了创建字幕的初衷。除上述两点外,每行字幕的字数也是不得不考虑的问题,合理地依据时间轴安排字幕字数可以帮助观众在有限的时间内以最大的限度获取信息。

在本案例中,利用 Arctime PRO 提供的字体设置功能,画面中的字幕得到了合理安排,在充分满足信息提供的基础上又兼顾了美观的需求,如图 7-10 所示。

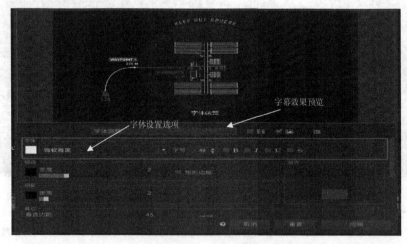

图 7-10 字体调整

(三) 效果设置

随着字幕添加软件以及其他视频后期制作软件的发展,字幕的效果展现得到了长足的发展,满足了观众不断提高的审美需求。然而究其根本,为字幕进行效果方面的设置,还是要服务于易读性。如果字幕的效果华而不实,只顾及美观性、趣味性而忽略了其实用价值,也就背离了其创建的初衷。本案例中的字幕效果设置充分考虑了基本功效,借助字幕软件的效果设置功能,如图 7-11 所示,将画面与字幕进行了显著的区分,进一步提高了字幕的可读性和辨识度,如图 7-12-1 和 7-12-2 所示。

图 7-11 效果设置

图 7-12-1 字幕效果设置前

图 7-12-2 字幕效果设置后

单元小结

本单元的重点在于利用翻译软件对航空航天新闻专题片进行字幕翻译。本单元系统地讲述了对航天新闻专题片字幕进行汉译英的过程,从译前准备和译后编辑两方面分别展开了讨论。想要做好航空航天新闻专题片的字幕翻译工作,译者需要了解相关航空航天技术背景、熟悉源语文本、制定术语表、把控机器翻译的译后编辑过程,从而确保译文的质量。然后,本单元转换汉英思维,从英译汉的角度审视航空航天专题片的字幕翻译。立足于航空航天新闻专题片的翻译团队分工、软件选择、译前编辑、译后审校和字幕添加实践等方面,从英译汉的角度,对字幕翻译工作的流程进行了阐述。翻译项目需要合理的团队分工和合作。译前编辑是机器翻译的前提,译后编辑是机器翻译译文质量的保证。译文审校是翻译项目结束之前对译文质量进行最后把关的一项工作。在机器翻译技术背景下,译后编辑和译后审校显得尤为重要,需要进一步发展和提高。总体来说,翻译工具、译前编辑、译后编辑和译文审校从整体上决定了机器翻译的译文质量。

练 习

一、基础练习

请阅读下列材料,完成练习1与练习2:

We've already executed that the first major phase burn which can kicks everything off that happens in the first hour of launch that was done successfully.

我们已经进行了第一次主分段点火,有了这第一次点火,才能让发射的第一个小时顺利渡过。

The next major maneuver is going to be that boost burn. That's going to do a big push to really raise up on the dragon's orbit.	下一个主要的大动作就是推动点火，推动点火可以提供巨大的推动力，将龙飞船的运行轨道大幅提升。
That'll be a little under a nine-minute firing of those Draco boosters on the outside side of the capsule to gradually raise this up until we're only about 10 kilometers beneath the station.	首先要对舱外的德拉科助推器进行9分钟的点火，然后便可以进行推动点火。在这之后，飞船的运行轨道就会慢慢提升。我们需要将轨道高度提升至距空间站大约10千米的位置。
Then we're going to do a burn called the closed Co-elliptic to really circularize our orbit.	下一步我们要进行的点火为闭环协同，进而使得飞船轨道开始循环。
And this graphic is all relative positioning to space station, so you've got space station in the top left corner there.	您现在看到的图片是空间站的相对位置图，您可以看到空间在左上角的位置。
Those dotted lines represent an altitude beneath the station, and again this not drawn perfectly to scale, but we'll get through that closed Co-elliptic Burn,	图中的虚线代表着空间站下方的海拔高度，这张图也并不是完全按照比例绘制的，但可以帮助我们理解闭环协同点火。
We'll do another one called the Transfer Burn, that'll put us on an orbit.	我们还需要进行一次转移点火，这次点火将帮助我们进入一个轨道。
Just about two and a half kilometers below the station, so a lot closer we do that final Co-elliptic Burn.	该轨道在空间站下方的2.5千米处，在如此接近之后，我们还会做最后一次闭环协同点火。
Again, just to circularize things.	其作用还是让飞船开始自转。

重点词汇：

execute		v. 执行，实施；处决
maneuver		n. 细致巧妙的移动，机动动作；策略，手段
		v. 部署（军队、船只等）；巧妙地移动

| boost | *v.* 促进；增加；支援 |
| | *n.* 推动；帮助；宣扬 |

| push | *v.* 推，按，挤，推搡，敦促，强迫 |
| | *n.* 推；尝试，努力，鼓励，强迫 |

| orbit | *v.* 沿轨道运行，环绕……运行；使（卫星）进入轨道 |
| | *n.* 轨道；势力范围，影响范围；眼眶，眼窝 |

| capsule | *v.* 压缩，简述 |
| | *n.* 胶囊；小容器；太空舱，航天舱 |

| beneath | *adv.* 在下面，在底下 |
| | *prep.* 在……下方；在……表面之下，隐藏在……之下；（对某人来说）不够好，不相称 |

| graphic | *adj.* 详细的，生动的；绘画的，图形的，图示的 |
| | *n.* 图表，图形；绘画，图形设计 |

| scale | *v.* 改变……的尺寸大小；刮去；攀登，翻越 |
| | *n.* 天平，磅秤，刻度，标度；标尺，刻度尺 |

1. 选词填空

execute	maneuver	boost
push	orbit	capsule
beneath	graphic	scale

1) We need a big win to _____ our confidence.
我们需要一个大的胜利来增强我们的自信心。

2) The orientation of the planet's _____ is changing continuously.
该行星轨道的方向不断变化。

3) The research was carried out on a modest _____.
这个研究项目开展的规模不算太大。

4) The exhibition traces the history of _____ design in America from the 19th century to the present.
这个展览会追溯了从19世纪到现在美国平面设计的历史。

5) We are going to _____ our campaign plan to the letter.
我们将严格执行我们的竞选方案。

2. 判断正误

(   ) 1) The first major phase burn is crucial for the first hour of launch.

(   ) 2) The diagram mentioned is identical to the real situation.

(   ) 3) The Draco boosters should be warmed-up for 9 minutes.

(   ) 4) Transfer Burn will directly help the spaceship to start circularizing itself.

(   ) 5) There are two Co-elliptic Burns contained in the process described.

3. 汉译英

1) 随着技术进步,今年的太空授课涉及更多学科。

2) 虽然太空授课的主题多种多样,但目的始终如一。

3) 据新华社报道,天和核心舱发射成功,标志着中国空间站建造进入全面实施阶段。

4) 航天活动可以为青少年树立这样一种理念:爱科学、学科学并勇于面对科学风险。

5) 中国致力于将空间站打造成国家空间实验室,以延长宇航员在太空的时间,支持开展大规模空间科学技术应用试验。

4. 英译汉

1) The Shenzhou-15 mission, the last one in the construction phase of the CSS, will mark the first crew handover in the newly completed three-module space station.

2) Completion of the mission shows China has completed the verification of key technologies of its space station, and also sets a record for Chinese astronauts' time in orbit, the China Manned Space Agency said.

3) They will unlock, install and test 15 experiment cabinets, and carry out more than 40 scientific experiments and technical tests in the fields of space science research and application, space medicine and space technologies.

4) As the future management and control center of China's space station, the total length of the core module is 16.6 meters, around the height of a 5-story building. With a maximum diameter of 4.2 meters, it is more spacious than a train or subway carriage.

5) Long March-5B is central to the space station program because it is now the only Chinese launch vehicle capable of carrying large space station parts into orbit. With its payload of about 22 metric tons, Tuesday's mission made the Long March-5B the most powerful Chinese rocket when it comes to carrying capacity into low-Earth orbit.

二、拓展练习

1. 汉译英字幕翻译

请将以下汉语字幕翻译为英语，该字幕选自CCTV对神州十四号航天员出舱活动的报道。

00:03:02,800→00:03:06,983
航天员陈东　刘洋　蔡旭哲密切协同

00:03:07,350→00:03:10,875
完成出舱活动期间全部既定任务

00:03:10,875→00:03:14,175
陈东　刘洋安全返回问天实验舱

00:03:14,175→00:03:18,246
为你们的精彩表现和协作精神点赞

00:03:18,825→00:03:21,705
让我们以美丽的地球为背景

00:03:21,705→00:03:23,945
记录下这珍贵的一刻

00:03:23,945→00:03:28,992
01 02　我们向着全景相机B挥挥手

00:03:37,452→00:03:43,418
这是航天员第一次从气闸舱出舱

00:03:43,418→00:03:47,500
也是第一次使用小臂

00:03:47,500→00:03:51,918
更是我和01第一次的出舱活动

00:03:51,918→00:03:54,193
在这么多第一次当中

00:03:54,193→00:03:57,164
我们感受到了窗外的美景

00:03:57,164→00:04:01,800
感受到了出舱的不易

00:04:01,800→00:04:07,338
感受到了中国空间站在不断壮大

00:04:07,675→00:04:10,410
谢谢战友们的帮助

00:04:10,410→00:04:12,075
谢谢全体科技人员的支持,

00:04:13,350→00:04:17,125
谢谢全国人民的关注

00:04:17,725→00:04:21,100
天地一心向前一步

00:04:21,100→00:04:25,000
虽然充满了艰辛和挑战

00:04:25,000→00:04:29,513
但每前进的一小步都是梦想的一大步

00:04:30,275→00:04:34,490
中国空间站永远值得期待

00:04:34,490→00:04:36,545
比心　比心

00:04:37,200→00:04:41,525
感谢曙光以及广大科技工作者

00:04:41,525→00:04:42,440
对本次出舱任务的支持

00:04:44,822→00:04:50,597
同时也祝贺 01 02 完成自己的首次出舱任务

00:04:50,597→00:04:53,955
提前祝大家中秋节快乐

00:04:54,275→00:04:54,950
2 号 0 时 46 分航天员陈东　刘洋关闭出舱舱门

00:04:59,700→00:05:04,517
1 时 55 分　蔡旭哲打开问天实验舱断间舱门

00:05:04,517→00:05:06,462
迎接战友凯旋

00:05:06,462→00:05:08,762
此次出舱活动检验了

00:05:08,762→00:05:11,662
航天员与小机械臂协同工作的能力

00:05:11,662→00:05:15,247
验证了问天实验舱气闸舱和出舱活动

00:05:15,247→00:05:17,662
相关支持设备的功能性能

00:05:18,025→00:05:22,697
他们是我们第一次出舱活动过程中

00:05:22,697→00:05:24,327
完成任务最多的一次

00:05:24,327→00:05:25,842
也是最复杂的一次

00:05:25,842→00:05:27,022
也表现出了

00:05:27,022→00:05:30,949
很过硬的心理素质和很好的身体素质

00:05:30,949→00:05:33,642
我们也会及时来总结

00:05:33,642→00:05:36,580
来优化改进我们后续的

00:05:36,580→00:05:37,972
出舱活动的程序

2. 英译汉字幕翻译

请将以下英语字幕译成汉语,该字幕选自 SpaceX 的第五次载人航天任务的专题报道。

00:03:25,142→00:03:26,323
And then we'll start stepping through…

00:03:26,323→00:03:27,779
… what are known as the waypoints.

00:03:27,779→00:03:31,619
So these are pre-positioned areas around the station,

00:03:31,619→00:03:33,345
where Dragon can either hold,

00:03:33,345→00:03:34,186
if we need to.

00:03:34,186→00:03:35,480
Or if everything we capable,

00:03:35,480→00:03:36,920
we'll just continue to fly through them.

00:03:36,920→00:03:40,188
So Waypoint 0 is 400 meters below Waypoint 1,

00:03:40,188→00:03:42,188
which is to be about 220 meters…

00:03:42,188→00:03:45,210
… just in front of the space station.

00:03:45,210→00:03:48,472
So we are going to the Node 2 forward.

00:03:48,472→00:03:52,168
So this is actually a view from Crew 1.

00:03:52,168→00:03:54,168
So this is a little bit different than…

00:03:54,168→00:03:56,168
… what we'll see.

00:03:56,168→00:03:57,515
But this gives you an idea…

00:03:57,515→00:04:00,476
… of what it's like to actually fly up to the space station.

00:04:00,476→00:04:02,476
So in this instance,

00:04:02,476→00:04:06,042
this is a Dragon approaching to the zenith of the space facing port.

00:04:06,042→00:04:09,827
That's why you can see the earth passing…

00:04:09,827→00:04:11,300
… beneath the station.

00:04:11,300→00:04:14,115
And you can see a Dragon actually dock still…

00:04:14,115→00:04:16,315
… to that forward port.

00:04:16,315→00:04:18,315
So where you see a Dragon dock,

00:04:18,315→00:04:20,315
that's where Crew 5 is headed.

00:04:20,315→00:04:23,207
There's currently the Crew 4 Dragon.

00:04:23,207→00:04:26,200
Dragon Freedom has talked to the zenith port.

00:04:26,200→00:04:29,096
So they did essentially what we're watching right now.

00:04:29,096→00:04:33,933
This is a replay though from the Crew 1 mission.

00:04:33,933→00:04:35,697
But once they get onto what's known as…

00:04:35,697→00:04:37,314
… the Docking Axis.

00:04:37,314→00:04:41,133
That's essentially right in front of your docking port.

00:04:41,133→00:04:43,618
For Crew 5, it's going to be 220 meters…

00:04:43,618→00:04:46,892
… in front of the Node 2 forward port.

00:04:46,892→00:04:48,251
They again can pause…

00:04:48,251→00:04:49,869
… or they'll pass right through…

00:04:49,869→00:04:51,869
… if we get the goal from the team in Huston.

00:04:51,869→00:04:53,736
The movement of the keep out sphere…

00:04:53,736→00:04:56,608
…of eventually moving until we get to Waypoint 2.

00:04:56,608→00:04:58,608
That one we will pause.

00:04:58,608→00:05:00,875
And that's where we do our final.

00:05:00,875→00:05:02,084
… go-no-go for docking.

00:05:02,084→00:05:03,507
So that's just final checks.

00:05:03,507→00:05:05,507
Everybody on the SpaceX side,

00:05:05,507→00:05:06,595
the NASA side,

00:05:06,595→00:05:08,862
the international partners operating the space station,

00:05:08,862→00:05:11,888
all confirmed they're ready for the station to receive Dragon.

00:05:11,888→00:05:14,234
And everything on Dragon systems look good,

00:05:14,234→00:05:16,531
and then it automatically does that final fly-in…

00:05:16,531→00:05:19,006
… from just 20 meters away.

00:05:19,006→00:05:21,006
Ultimately linking up with the station,

00:05:21,006→00:05:23,006
and that No. 2 forward port.

00:05:23,006→00:05:26,788
And then we step into all of the usual hatch operations.

第八单元　航空航天电影改编的符际翻译[①]

本单元重点讲解查尔斯·桑德斯·皮尔斯(Charles Sanders Peirce)的符号学理论和罗曼·雅可布森(Roman Jackobson)的符际翻译概念,以《你一生的故事》(*Story of Your Life*)[②]及根据其小说改编的电影《降临》(*Arrival*)为例,利用符号对比的研究方法,结合影视作品中视听符号所具有的特征,从符际翻译的角度来探讨电影改编。重点讨论如何通过符际翻译,克服文字符号转换为影视符号的困难,实现从小说到电影的成功转换。本单元首先介绍皮尔斯的三元符号模型,雅可布森的符际翻译概念和符际翻译的种类,然后确认电影改编是符际翻译的一种,进而探讨改编在符际翻译过程中存在的难点,以及如何采用翻译策略来补偿符际翻译的不可译性。

第一节　符际翻译的概念和种类

一、皮尔斯的符号模型

弗迪南·德·索绪尔(Ferdinand de Saussure)是现代语言学之父、欧洲符号学的奠基人。他率先提出符号学的概念,指出符号学是研究符号的学说,当然这不是严格意义上的定义。索绪尔指出语言符号由不可分割的"能指"和"所指"两部分组成,能指是符号的形式,所指是符号的意义,两者之间的关系是约定俗成的。美国哲学家查尔斯·桑德斯·皮尔斯(Charles Sanders Peirce)在继承索绪尔观点的基础上,提出了三元符号观,打破了能指与所指的二元对立。索绪尔的二元符号关系基于的研究方法应用在语言学领域和心理学领域,具有得天独厚的优势,但是却很少被扩展到其他学科领域。皮尔斯符号学理论之所以能够独立于索绪尔符号理论而广为流传,是因为他对符号概念进行了创造性解读[③]。皮尔斯认为符号不是直接指称事物的,是人通过符号来指称事物。符号代表的对象是客观的,而解释是主观的,人对符号的认识体现在解释项上[④]。皮尔斯为翻译研究的符号学转向做出了巨大的贡献。

[①] 本单元前三节的部分内容来自以下论文:王晨爽,文军. 电影改编的符际翻译:以《喜福会》的心理描写为例[J]. 中国外语,2016,13(2):103-111;王晨爽. 符际翻译视角下的《喜福会》电影改编研究[J]. 东北大学学报,2017(3):325-330.
[②] Chiang Ted. Stories of Your Life and Others [M]. New York: Tor Books, 2002.
[③] 许恒通. 依据皮尔斯符号学理论解析《达芬奇密码》中的宗教符号[D]. 上海:华东师范大学. 2017:18.
[④] 于鑫. 照片符号的述真问题[J]. 天津外国语大学学报,2020(1):89-97.

皮尔斯是美国著名的哲学家、符号学家。他出生于马萨诸塞州剑桥镇的一个充满学术氛围的贵族家庭里,他的父亲是美国学术界的泰斗,母亲是参议员之女。皮尔斯天赋异禀,对数学、化学、逻辑学、物理等学科产生了浓厚的兴趣。在父亲的熏陶下,他从小便形成了创造性的思辨能力和科学观。皮尔斯的科学观直接影响了他对哲学的认识,从某种程度上而言,其符号理论实际上就是对科学领域里所运用方法思考的结果[①]。他致力于学术研究并撰写了大量论文,令人遗憾的是他的思想在当时并没有得到学界的认同。直到20世纪中叶,皮尔斯的思想才引起了广泛关注。近年来,皮尔斯的符号学说被应用于很多领域,成为研究热点。皮尔斯是符号学界公认的现代符号学理论的创始人之一,但皮尔斯一生并未出版过符号学方面的专著,也从未系统地归纳过他的符号学思想。直到20世纪30年代,随着《查尔斯·桑德斯·皮尔斯论文集》(*Collected Papers of Charles Sanders Peirce*)的正式出版,他的符号学理论才引发关注[②]。

皮尔斯符号学和哲学理论的基础是范畴论,它将现象界的普遍范畴分为三类:第一性、第二性和第三性。第一性为品质,即事物的表象,可以被感知或被记忆。第二性为实际事实,因为第一性而存在。第三性为思想,居于前两者之间,起到中介和联接的作用[③]。任何一个符号作为一个整体正是具备了这三类范畴,才构成了一个真正意义上的符号。皮尔斯认为符号由三方面组成,即符号表征、对象和解释项,这三者分别对应第一性、第二性和第三性。皮尔斯的符号模型可以用图8-1来表示。

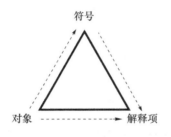

图8-1 皮尔斯的符号模型

如图所示,皮尔斯提出符号由符号表征(representamen)、对象(object)和解释项(interpretant)三部分构成。符号可以定义为任何一种事物,它一方面被一个对象所决定,而另一方面决定某人的心智,而后者的决定性,被称为符号的解释项,也就间接地被其对象所决定[④]。符号与它的对象建立联系,并通过产生解释项而获得意义的这一过程被称为符号行为。符号行为反映了符号、对象、解释项从第一性到第二性,再到第三性的符号渐进化过程。若昂·奎伊罗斯(João Queiroz)(2015)认为皮尔斯

---

① 张彩霞. 皮尔斯符号理论研究[D]. 济南:山东大学,2015:23-26.
② 翟丽霞,刘文菊. 皮尔斯符号学理论思想的语言学阐释[J]. 济南大学学报,2005(6):39-42.
③ 张杰,韩丽萍. 退化的"三性"与翻译研究[J]. 重庆工学院学报,2007(1):172-174.
④ 齐隆壬. 电影符号学[M]. 上海:中国出版集团东方出版中心,2012:64.

将解释项纳入符号模型,融入了人的因素,它将符号行为由原来的二元关系改为三元关系①。符号表征是符号的载体,对象是符号所指代的某一事物,解释项是受众在脑海里创造的一个对等符号,它有可能是一个更为发达的符号。一个符号与它的对象及解释项之间存在一种三元关系。三者相辅相成、不可分割②。

皮尔斯根据符号与指称对象之间的不同关系将符号分为相似符号(icons)、指索符号(indexes)和象征符号(symbols)。相似符号是通过写实或模仿来表征符号对象的,它是与指称对象有某些相似性的符号。"这种符号是因为事物与指代他物存在某种体征上的相同,与指代对象产生了关系。也就是说,符号和它的指代他物之间有一种相应的实在的特质",这个符号就被称为相似符号③,比如照片、画像、地图、网络用语符号等。这类符号最适合跨语言的交流,主要出现于视觉对象领域,是今天的绘画符号学和电影符号学中的主要概念④。指示符号是符号形体和被表征的对象之间构成的某种指示关系,比如烟是火的指引标记,闪电是雷声的指引符号。语言中的专有名词、人称代词、指示代词等都是指索符号⑤。风信标、手指、灯塔、航标、北极星也属于指示符号。与前两者不同,象征符号是建立在社会文化的约定俗成基础上的,它可以自由地表征对象。规约性是象征符号的基本特点,但具有任意性符号特征。如玫瑰花是爱情的象征,然而玫瑰花与爱情并没有相似之处,玫瑰作为象征符号具有任意性。随着时间的推移,玫瑰花被誉为爱情的符号意义被广泛认可后,也就变成了文化传统。再如,"双十一"是商家在十一月份组织的打折促销活动,其实商家选择 11 月 11 日这个日子具有任意性,当被消费者普遍接受后,双十一就变成了一年一度的购物狂欢节。继"双十一"后,就出现了"双十二"大促、"六一八"大促,再次说明了象征符号的任意性特征。象征符号是生活中使用最多的符号,也是电影作品中常用的符号,具有一定的特殊性。

二、符际翻译的概念及其种类

1959 年,雅各布森在皮尔斯符号学理论的基础上提出翻译三分法,即翻译可分为语内翻译(intralingual translation)、语际翻译(interlingual translation)、符际翻译(intersemiotic translaiton)。其中,符际翻译是一种符号与另一种符号之间的相互转换,这里的符号包括语言符号系统和非语言符号系统,比如诗歌与音乐、小说与电影、

---

① Queiroz J, Aguiar D C S. Peirce and Intersemiotic Translation [A]. In Trifonas, P. P. (ed). International Handbook of Semiotics [C]. Dordrecht-Heidelberg-New York-London, Springer, 2015: 201-215.

② Culache O. Optimizing Brand Semiosis in an Interactive Environment: Meaning Making and Multimodality on a Brand Website [M]// Chitoiu M D, Tofan I A. Proceedings of the International Conference "Humanities and Social Sciences Today—Classical and Contemporary Issues": Philosophy and Other Humanities. Bucuresti: Pro Universitaria, 2015: 81-90.

③ 许恒通. 依据皮尔斯符号学理论解析《达·芬奇密码》中的宗教符号[D]. 上海:华东师范大学,2017: 21.

④ 翟丽霞,刘文菊. 皮尔斯符号学理论思想的语言学阐释[J]. 济南大学学报,2005(6): 39-42.

⑤ 同上一条。

文字与图画之间的转换①。从语言符号到非语言符号的转换是符际翻译的主要形式,这个过程是可逆的。比如,法国画家马奈的油画《草地上的午餐》以文字的形式出现在文学作品中,这也属于符际翻译讨论的问题②。雅各布森继承并发展了皮尔斯的符号学理论,首次把翻译划分为语内翻译、语际翻译和符际翻译。在这三类翻译中,符际翻译的信息流失量最大,因为符际翻译首要关注的是第一性,符号行为在第二性程度上有所退化。在语符转换中,语言信息的衰减是不可避免的,源符号系统与目标符号系统之间无法做到完全等值,因此,用回译的方法来检验符际翻译是否精确并不可取③。但就创造性而言,符际翻译具有最大的潜能,符际翻译的优势是符号的创造性,而非信息的准确传达。

雅各布森首次提出符际翻译的概念,并将其纳入翻译的研究范围,扩大了翻译的研究领域。日常生活中存在着很多符际翻译现象,比如导游对景点的讲解、讲解员对展品的介绍、根据目击证人对罪犯相貌的口头描述制作图像、小说或剧本改编成电影或电视,等等。由于符际翻译具有一定的边缘性、复杂性和跨学科性,国内学界对符际翻译的研究仍在摸索中前进。近年来,符际翻译的研究已逐步引起了学者的关注,并取得了一定的成绩。研究内容主要有符际翻译的理论研究和个案分析两方面,理论研究主要围绕符际翻译的概念、符际翻译与语言学和符号学的渊源、符际翻译与其他两类翻译的关系展开,比如魏姝(2013)对国内符际翻译的研究现状进行了梳理,并阐述了符际翻译研究的发展方向,为符际翻译的研究者提供了有益的借鉴④。又如,刘薛(2006)论证了如何从符际翻译、语际翻译和语内翻译三个层面来实现等效翻译,认为符际翻译的等效是物理特征的对等,与意义无关⑤。关于个案分析的研究,主要涉及诗歌翻译、文学翻译、图画翻译、电影翻译等领域,比如刘剑(2014)从符号学和信息学的角度探讨了在超文本语境下翻译形态的变化,从而证明了将符际翻译拓展到"非语言符号转换"具有一定的可行性⑥。卢颖(2009)推荐了"以画译诗"的辅助翻译手段,这对唐诗英译来说不啻为一次有意义的尝试⑦。总体来说,我国对符际翻译的研究尚在起步阶段,符际翻译视角下的电影改编研究还少有涉及。与语际翻译的研究相比,符际翻译的研究略显匮乏,需要在研究的深度上进一步加强。

---

① Jackobson R. On Linguistic Aspects of Translation [M]// Schulte R, Biguenet J. Theories of Translation: An Anthology of Essays from Dryden to Derrida. Chicago: University of Chicago Press, 1922: 144-151.
② Aktulum K. What Is Intersemiotics? A Short Definition and Some Examples [J]. International Journal of Social Science and Humanity, 2017(1): 33-36.
③ Sonzogni M. Re-Covered Rose: A Case Study in Book Cover Design as Intersemiotic Translation [M]. Amsterdam/ Philadelphia: John Benjamins Publishing Company, 2011.
④ 魏姝. 国内符际翻译研究透视[J]. 北京邮电大学学报,2013(5):93-100.
⑤ 刘薛. 符号学视角下的等效翻译[D]. 沈阳:辽宁师范大学,2006.
⑥ 刘剑. 超文本语境下的翻译形态变化[D]. 上海:华东师范大学,2006.
⑦ 卢颖. 跨文化符际视角下的唐诗英译[J]. 襄樊学院学报,2009(3):59-62.

第二节　符际翻译与电影改编

雅各布森对符际翻译概念的界定拓宽了翻译的研究范围，使翻译可以以多种形式出现，如电影改编、报纸插图、广告本地化，等等。当今时代，文化交流与知识传递的方式已趋向于多元化，越来越多的人选择通过图画或视频等方式来获取信息，而符际翻译无疑更适应读图时代和网络时代的发展方向。我们可以借用符号学的理论观点和符际翻译的概念来重新审视基于小说的电影改编过程。

一、符际翻译视角下的电影改编

根据皮尔斯符号模型来考察电影的改编过程，可以看出，改编实际上是目标符号系统与源符号系统和解释项之间的一种三元关系。其中，小说由文字符号组成，是源符号系统；电影由视听符号组成，是目标符号系统；解释项即人的认知和思想。改编后的电影分别与原著和受众产生联系。在小说和电影这两种语符的转换中，符际翻译起到了桥梁的作用。用符号学和符际翻译的观点来分析小说的电影改编过程，具有重要意义。

如果用皮尔斯的符号模型"符号—对象—解释项"来分析电影改编，那么这个阐释过程可以视为目标符号系统与源符号系统以及解释项之间具有的一种三元关系（见图8-2）。

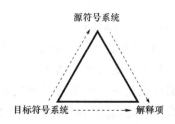

图 8-2　《你一生的故事》的三元符号图①

如图 8-2 所示，以美国华裔科幻小说《你一生的故事》(*Stories of Your Life*)的电影改编《降临》(*Arrival*)为例，电影《降临》是由视听符号组成的目标符号系统，小说《你一生的故事》是由文字符号组成的源符号系统，解释项是受众对符号的认识和反应。改编后的电影《降临》分别与小说原文和受众发生关系。译者首先要在源语符号系统中完成信息的对等，它要求电影工作者在充分理解小说原文的基础上，完成影

---

① 图 8-2 受益于 Queiroz J. Semiotics Around the World: Synthesis in Diversity [J]. Seminotica, 2013 (196): 283-292.

视符号对文字符号的转换。在此过程中,电影工作者不仅需要克服两种不同符号系统之间的差异,还要明确受众的需求。电影和小说能够引导各自的受众,并在受众认知中创造出一个等值符号,我们称之为解释项。解释项是对前一个符号的推理,是一个更为发达的符号,其解释的程度与受众的心智有关,受众的反馈也会直接影响主体的再创作。解释项还可以再次进入符号行为,成为下一个符号的代表,并拥有自己的解释项。符号可以在此过程中不断更新,延续发展,以至无限,这为文学作品的不断重译和电影的多次改编和重拍提供了理论依据。小说与电影是由不同的媒介材料所构成的符号体系,在两种语符的转换中,符际翻译发挥了桥梁和中介的作用。电影艺术与小说艺术差异显著,但电影改编将两者有机地结合在了一起。因此,运用皮尔斯符号学理论,从符际翻译的角度审视电影改编,具有一定的研究价值。

二、改编也是一种翻译

随着大众传媒的发展,许多文学作品被翻拍成电影,完成了从文字符号向影视符号的媒介转换,实现了从文本到图像的价值再生。在讨论影视改编时,人们总是有意无意地将改编的电影与原著进行比较,其结果往往都是改编不如原著。事实上,这种比较无异于将苹果与苹果派进行对比,说苹果更胜一筹,并没有实际意义。此种质疑的潜在涵义是该影片没有忠实于原著,若把"是否忠实"作为衡量电影改编效果的标准,这显然忽略了小说与电影作为两种叙事媒介的本质区别[①]。小说与电影是两种互相关联又各自独立的艺术形式,改编将二者有机地结合在一起。电影改编不一定存在语际翻译,但必然存在符号转换过程[②]。苏联著名的符号学家米哈伊尔·巴赫金(Mikhail Bakhtin)指出电影改编是一种翻译,或者说是从文学艺术到电影艺术的转换[③]。学者张英进也认为"改编本身也是一种翻译"[④],这恰好与雅各布森对符际翻译的界定不谋而合。电影改编通常是指把文学作品,特别是小说,改编成为电影的过程,简称改编[⑤]。从符际翻译的角度来看,电影改编是两种媒介之间的相互转换,即文字符号向影视符号的转换过程。

在电影改编中,小说文本的全部信息无法进行充分转换是符际翻译的一个缺憾。在符际翻译过程中,导演会对小说的结构和情节进行改编,在努力再现小说的主要内

---

① Jeha J. Intersemiotic Translation: The Peircean Basis[J]. Semiotics in the World: Synthesis in Diversity. Berkeley, 1997(1): 639-642.
② Zatlin P. Theatrical Translation and Film Adaptation: A Practitioner's View[M]. Clevedon: Multilingual Matters Ltd., 2005: 154.
③ Cutchins D Bakhtin. Translation and Adaptation[M]// Krebs K. Translation and Adaptation in Theatre and Film. New York: Routledge Taylor & Francis Group, 2014: 37-62.
④ 张英进. 秦立彦,译. 改编和翻译中的双重转向与跨学科实践:从莎士比亚戏剧到早期中国电影[J]. 文艺研究,2008(5): 30-42.
⑤ 程惠哲. 电影改编研究[J]. 文艺理论与批评,2007(3): 125-129.

容和叙事风格的同时,也是对原著的再创作和重新演绎。在此基础上,符际翻译凭借视听符号的优势,运用音乐和特写镜头等电影艺术手段,通过对人物进行可视化塑造,能够弥补文字符号的具象性不足。因此,电影改编应充分了解文字符号和视听符号之异同,力争把握好两种符号的转换尺度,实现两者之间的完美转换。

三、文字符号与影视符号的差异

想要了解从小说到电影改编的符际翻译过程,首先需要理解文字符号与影视符号的差异。小说和电影差异显著,具有各自的优势和局限性。小说是文学艺术,属于文字符号系统,电影是影视艺术,属于视听符号系统。文字符号具有抽象性和随意性,因此,文字语言的优势在于更适合探索思维的抽象世界,比如人类的情感、心理意识等。然而,文字符号记录下来的语言是静态的,读者只能用眼睛去阅读文字,凭借想象在脑海里建构画面。无论作品描绘的人物有多么逼真,它们都只能是书本上的人物,无法变成真实、鲜活的形象。由于阅读经验和鉴赏能力的不同,读者对文字的理解也千差万别。

与文字符号相比,视听符号具有直观性和形象性。观众在欣赏电影时,看到的不再是抽象文字,而是一个有声有色的影像世界。与小说不同,电影由光线、声音、镜头等视听符号组成,直接作用于人的感官,比文字符号更形象、更易接受。电影改编会利用影视技术尽可能地对小说艺术进行视觉还原或重建。但限于视听符号的某些特质,电影改编必然会有所增删,无法涵盖小说的全部。

下面以《你一生的故事》及其改编的电影《降临》为例,进一步说明文字符号和视听符合的差异性。在第89届奥斯卡金像奖上,美国航天题材的科幻电影《降临》改编自华裔作家特德·姜(Ted Chiang)的小说《你一生的故事》。该电影斩获了最佳音效剪辑奖,并获得了最佳改编剧本、最佳影片、最佳剪辑等奖项的提名。特德·姜是美国著名的科幻作家,他曾获得星云奖、雨果奖、斯特金奖等各类科幻奖项,《你一生的故事》是其最富盛名的作品之一。与传统的科幻作品不同,该小说没有谈论星球大战、星际探险、宇航员等类型元素,不以炫目的科幻奇观和惊悚、紧张的气氛为重点,而是以语言学为基础,围绕着人类与外星人的语言交流展开,进而展现了女主角露易丝·班克斯博士对命运的探索及预见未来的心路历程。该小说逻辑严谨,涉及语言学、物理学、数学等科学领域,并没有刻意制造视觉刺激和炫目的奇幻感。如果将小说全盘移植到电影中来进行场景再现,势必会让观众觉得晦涩难懂,缺乏视觉共鸣。文字符号具有抽象性、随意性,小说中能够充分发挥文字符号的优势,去描述女主人公的心理活动和微妙的情感关系,让读者通过想象将抽象的语言转化成为现实的感受。但是在电影改编时,如何将原著中抽象的、科学性的话语结构转换为具象的、可感的、观众能领悟的视听符号,这是符际翻译需要解决的重要问题。

视听语言具有形象性,其优势在于可以通过光、电、声等视听符号将现实世界栩栩如生地呈现给观众。影视符号在《降临》中,呈现科幻电影画面时能够发挥其优势,为观众带来一场科幻世界的视听盛宴。《你一生的故事》保留了科幻小说的类型元素:外星人和飞行器。关于外星人出现的场景,电影利用视听符号做了如下改编。小说中,女主角露易丝在帐篷里通过"视镜"可以窥探到外星人的模样,"七肢桶"有七组长肢,七只眼睛,每条长肢既是手臂也是腿。体型呈环形对称,从四周向中央辐轴,像一个支起的圆桶,因而被称为"七肢桶",小说中的"视镜"在电影改编中变成了"墙壁","七肢桶"在透明的墙壁后露出影子,如图8-3所示。

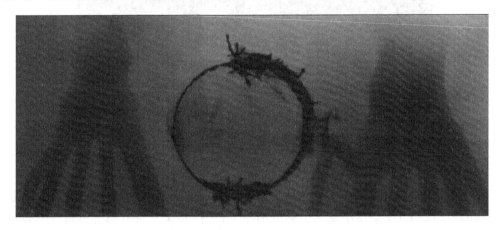

图8-3 "七肢桶"形象图

如图8-3所示,人类可以通过特定入口进入飞船内部,沿着长长的通道漂移到透明的"墙壁"前面,与墙壁后面的七肢桶对话。区别于以往大多数科幻电影对外星人形象的设定,七肢桶的手臂和爪子若隐若现,身体不分前后,肢体没有关节,仿佛站立的七爪鱼。影片对七肢桶生物体的描绘丰富了对外星人的形象设定,也符合小说中的描述。满足了观众对外星人的想象,创造了神秘、新奇的视觉效果。

除了外星人形象的塑造,电影对飞行器的设计也下了一番功夫。小说中关于"飞行器"的描述并不多,只提及了全球共有12架飞船,其中1架降落在美国。在电影中,为了加强视觉效果,工作场景由帐篷变成了飞船。影片对飞行器的设计十分独特,七肢桶的飞船呈庞大的贝壳状,直冲云霄。飞船周围云雾缭绕、重峦叠嶂,郁郁葱葱,与海浪般的乳白色云雾产生了强烈直观的对比,如图8-4所示。

如图8-4所示,电影中外星飞船的设计为观众带来强烈的视觉冲击,同时也为之后"七肢桶"的出场做了良好的铺垫①。一部科幻小说在导演的再创作下,产生了世外桃源般的美学效果。电影在继承科幻小说类型化的同时,成功地进行了创造性的陌生化表达,使得《降临》成为科幻电影的经典,其中视听符号的恰当使用起到了决定性作用。

---

① 王丹丹.《降临》:从小说到电影[J]. 电影文学,2018(14):94-96.

图 8-4 飞行器设计图

第三节 小说改编成电影的难点

  人们经常会以电影是否忠实于原著作为评判电影改编质量的标准,这种观点是错误的[①]。改编并不是由小说到电影的简单复制,而是文字符号向视听符号的转换过程,是对原著的再创作。文字符号与电影符号作为媒介具有一定的相似性,这决定了小说改编成电影成为可能。然而,两种符号之间的差异性决定了小说与电影之间无法做到等值转换。小说与电影作为两种不同的符号体系,性质不同,媒介不同,其转换过程必将面临诸多困难。

  小说《你一生的故事》采用第一人称内焦点叙事手法,以女主角露易丝给女儿汉娜讲故事的口吻,讲述了汉娜短暂的一生以及自己与女儿相伴的心路经历。汉娜的故事穿插在露易丝的人生经历与回忆之中,以片段化、非线性方式叙述。在外星生命体"七肢桶"语言系统的影响下,线性时间观念不复存在,女主角将以与人类不同的非线性思维方式再次解读生命的意义。从小说的内容、叙事结构和情节等方面来看,将《你一生的故事》进行电影改编,在符号转换方面具有一定的挑战性[②]。本节以航天科幻片《降临》为例,来说明从小说改编成电影,在进行符际翻译过程中需要解决的三个难题:结构的符号转换问题、情节的符号转换问题、心理描写的符号转换问题。

一、叙事结构的转换

  如何将小说的叙事结构移植到电影中来,是符际翻译需要考虑的首要问题。小

---

  ① Jeha J. Intersemiotic Translation: The Peircean Basis[J]. Semiotics Around the World: Synthesis in Diversity, 1997(1): 39-42.
  ② 王丹丹.《降临》:从小说到电影[J]. 电影文学, 2018(14): 94-96.

说与电影是截然不同的两种艺术形式。小说文本由抽象的文字符号构成,充满了情感与意义,引导读者去想象。文字符号是语言文字的排列组合,读者有充分的时间去思考、体会,可以支配自己的阅读时间,在阅读中处于主动地位。视听符号是动态的,台词和画面稍纵即逝,需要观众去追随不断变化的镜头。观众在一饱眼福的同时,却不能控制观看速度和影像播出的时间,只能依靠自己的感官被动地接收。电影观众无法像小说读者那样,对疑难部分反复阅读、仔细回味,因而电影通常采用比小说更为简单的结构。如果电影结构复杂、情节晦涩,势必会给观影造成障碍。

《你一生的故事》因其独特的"非线性叙事"区别于同类科幻小说,非线性叙事将时间理解成一个圆圈,首尾相接,循环往复。小说的非线性叙事结构与"七肢桶"的语言和思维方式相辅相成。"七肢桶"语言是一种区别于人类的语言系统,它看上去根本不像文字,更像一大堆纠缠混杂的小画,露易丝需要做的事情就是将这些团状的文字翻译成人类的语言。"七肢桶"语言给人类的启示是语言没有先后,思维没有因果,一切事情的发生是必然的,经历这个必然过程才是意义。意义不过是主观意识制造并且追寻的目的,因而是相对的,因不同的时空的不同意识而不同[①]。在非线性叙事中,因果逻辑不再有意义,人类传统的线性时间观被彻底颠覆。这种循环时间观念赋予了露易丝非线性视觉能力,于是过去、现在、未来在露易丝眼前同时呈现,但即使在一开始露易丝就知晓一切,却仍然无力改变结局。

由于镜头的局限性,电影通常以线性叙事结构为主,事情发生在固定的时间线上,遵循线性的发展过程。而《降临》超越了传统叙事结构,成功还原了小说的非线性叙事方式,创造了非线性时空,成了举世瞩目的科幻佳作。电影改编在进行符际翻译的过程中,成功地对小说结构进行了再现。与小说中"七肢桶"的文字形态一致,电影中的"七肢桶"文字也是圆形的,如水墨画般优美,一句话或者一个概念都以一个圆圈为中心,一整篇文章不是线性排列,而是空间的呈现[②],这与非线性叙事空间的特点有着微妙的共同点。此外,影片利用各种镜头的回忆闪现,在过去、现在、未来中穿插进行片段化叙事,用以转换小说的非线性叙事结构。影片在一开始便向观众交代了故事的结果,之后发生的事件才是"过程"。导演将"结果"与"过程"之间的界限进行模糊处理,打破了线性时间的发展顺序,直到最后观众才恍然大悟,原来整部影片是一个闭合的圈。这种首尾呼应的环形叙事结构区别于以往的线性叙事结构,它突出了影片对人类、对未来的独立思考,也突出了这部电影所要表达的精神内涵[③]。

二、叙事情节的转换

除了对叙事结构的重组,改编还须遵循电影规律、考虑电影时长对小说的情节进

---

① 华枫.一生追寻的意义:《你一生的故事》背后[J].大众文艺,2019(24):18-19.
② 欧阳一荃.文科生拯救世界:科幻电影《降临》中的语言体系[J].大众文艺,2017(12):178-179.
③ 黎虎.《降临》:科幻电影的类型化叙事转变[J].环球纵横,2019(21):143-145.

行影视化重构。"小说是通过抽象符号的意义来重构情境,影视则是通过具象符号建构的情境来表达意义。①"由于文字符号和视听符号之间存在差异,电影改编无法将小说的全部进行视觉还原,势必会对小说的情节进行精简和调整,选择合适的情节进行影视化重构。《你一生的故事》采用了双线并行的叙事方法,讲述了以露易丝为主角的两个故事。一个是露易丝讲述女儿短暂一生的故事,充满回忆和心灵的探索。另一个是露易斯与外星人的交流进程,充满科幻元素。外星人突然造访地球,官方派语言学家露易丝担任翻译,露易丝习得了外星人的语言和思维方式,拥有了预见未来的能力。于是在故事的开始,露易丝便知道自己会失去婚姻、失去年仅 25 岁的女儿。小说命名为《你一生的故事》,显然侧重于对人类的情感问题的思考,展现了人类面对既定命运时的无奈和勇敢面对的勇气。但是,完整的故事被作者打散,支离破碎的时间伴随情节就像拼图的碎片,不断回闪露易斯与女儿的生活片段。故事到最后,读者才明白其实这不是作者的倒叙写法,而是"非线性时间"物理时空下扭曲的现实。对于提前剧透的人生,露易丝的如何面对,其实比生活在线性时间、不知结局的其他人更艰难。露易丝身处"非线性时空"的世界,拥有了"非线性时空"的思维,因此踟蹰徘徊,反思人生的意义。把露易丝的两个故事合起来看,就是"非线性"表现手法的结果,呈现给我们的是人如何在意义湮灭中追寻意义②。

《降临》基本保留了小说的科幻情节,但对母女的情节进行了大量删减,只是通过镜头闪现的方式将母女的故事拼凑起来,以此来体现露易斯具有预见未来的超能力。此外,考虑到观众的接受程度,电影放弃了对疑难问题的讨论,对艰深的科学概念进行了规避。比如,电影将破解"七肢桶"语言的过程进行淡化。小说中,路易丝花费了很多精力才攻克了外星人的语言系统,但电影删掉了确定语素、标记、叠加、识别、模仿等复杂的技术情节,对露易丝在探索外星人语言时遇到的困难进行弱化,有意地减少了小说中的科学元素。再如,小说中,路易斯尝试以人类对于词语属性与句子成分的划分为基点,在"七肢桶"的语句中摸索某种固定组合结构的表达,以求最大限度地了解"七肢桶"语言的奥秘。而在电影中,路易斯的研究目的则是用最省时省力的方法明确"七肢桶"到访地球的意图,缺少了小说中强调的科研意味③。电影也改变了小说的某些情节,比如,小说中,女儿汉娜在 25 岁时意外死于一次登山事故,而电影将汉娜的死因改为生了怪病。死于登山是经历冒险后发生的意外,这似乎增加了命中注定的消极因素,而生老病死是受众比较能够接受的结果。此情节的改变弱化了小说宿命论的悲观色彩。

这样一部科学概念晦涩难解、视觉符码平凡无奇、难以电影化的小说,通过编剧和导演的努力,最终得以呈现在我们面前。导演对于视觉、听觉的艺术化处理手段,让电影比起小说增添了惊悚、不安的观感。在面对未知的恐惧中,在不断闪现的"回忆"片

---

① 胡铁强. 从改编看影视与小说的符号差异[J]. 湖南科技学院学报,2006,27(8):26-27.
② 华枫. 一生追寻的意义:《你一生的故事》背后[J]. 大众文艺,2019(24):18-19.
③ 吕金铁. 科幻电影的改编路径:以影片《降临》为例[J]. 电影译介,2017(7):25-27.

段中,慢慢揭示了电影的主题:面对注定悲剧的命运,我们要勇敢地去面对。

三、心理描写的转换

影视符号有具象性特征,因而在影视改编中,把小说中的人物对话、动作和服饰等转化为影视语言相对比较容易,但对于小说中无处不在的心理描写进行影视转换却是一个公认的难题。镜头语言虽然可以展现人物的内心和情感,但与文学语言相比,具有一定的局限性。因为人物复杂而微妙的心理世界、内心活动不是直接可以从银幕语言中"看到",只能通过分析画面语言的各种元素,通过画面的象征、隐喻意义的探求而获得①。与电影语言相比,小说更注重人物的心理刻画,往往把复杂的心理活动描写得具体可感,让读者通过阅读来自己体会,而这一过程是不可视的。视听语言的表现对象通常是可见的事物和现实,视觉性强烈。即使是表现人物的内心世界,也须借助具体可见的空间画面和人物的表情动作和道具等,内在的转换都具有外在的表现形式,容易产生障碍②。因而,电影无法把人物的心理活动直接呈现给观众看,只能充分运用影视符号,引导观众去感知人物的内心。由此可见,用影视手段把无形的思维恰当地表现出来并非易事。在很多情况下,电影根本无法充分地表现小说中的心理描写,两者之间只能进行一定程度的、合理的转换。很多时候镜头语言无法替代精彩纷呈的文字描述,尤其是复杂的心理描写,这是影视符号的劣势。因此,如何用影视语言来表现小说中的心理描写,是影视改编过程中注定要遇到的难点。

第四节 《你一生的故事》电影改编的符际翻译案例分析③

2016年,华裔作家特德·姜的小说《你一生的故事》被改编成为电影《降临》,一举夺得第89届奥斯卡金像奖"最佳音效剪辑奖"的桂冠。小说及其电影改编主要讲述了语言学教授露易丝·班克斯学习外星人语言的全过程。在此过程中,她因为习得外星语言改变了思维方式,并获得了预知未来的能力。

一、《你一生的故事》及其电影改编

原作小说声名卓著,电影改编成就斐然,但原著党和影视党对电影改编的看法却各不相同。从符际翻译角度出发,小说是文字符号系统,电影是视听符号系统,基于

---

① 毛凌滢. 文字与镜像:两种不同叙事魅力的《紫色》[J]. 世界文学评论,2006(2):134-137.
② 王一卉. 文学作品的电影改编中的语图关系研究:以张艺谋电影为个案的研究[D]. 南京:南京大学,2010.
③ 本节内容基于张琳漪,王晨爽. 符际翻译的不可译性研究:以《你一生的故事》的电影改编为例[J]. 海外英语,2024年6月论文(待发表). 本节内容为2022年首届全国社会翻译学研讨会暨中国英汉语比较研究会议中张琳漪的发言内容。

小说的电影改编属于符际翻译的研究范畴。由此可见,原著党和影视党的对立可以归于原作与译作的差异性,即符际翻译的不可译性。在阅读文字的过程中,读者是文字的再加工者,需要经历一个读取文字—生成文字影像—实现理解的过程;而在观影过程中,观众往往通过实体影像获得个人的理解和感受,个人思考和脑内生成影像的时间明显减少,并且是基于编剧再创作的实体影像,其包含了与原作不同的主观因素。理解过程中存在的时空差额为符际翻译的不可译性提供了可能性,同时,文字符号细致入微的描写通过影视完整地展现出来必然会显得内容繁琐、情节拖沓,势必需要对内容进行删减。而影视也受到时长、资金、技术等限制,必然会产生叙事特征、创新虚构、整一情节、心理描写等方面的不可译性。

二、符际翻译与不可译性

皮尔斯是符号学的重要创始人,他提出了符号的"三元关系"(triadic relation),即再现体(即符号)、对象与解释项所构成的符号表意关系。雅各布森继承和发展了皮尔斯的符号学理论,提出了三大译域:语内翻译、语际翻译和符际翻译[①]。语内翻译或曰重述,是运用同一语言的其他符号阐释言语符号;语际翻译或曰翻译本体,是运用其他语言的符号阐释言语符号;符际翻译是指不同类型的符号系统之间的转译(异类、异质、异例),即通过非语言的符号系统解释语言符号或用语言符号解释非语言符号[②]。

在皮尔斯"符号—对象—解释项"的三元关系中,小说《你一生的故事》的创作过程可以概括为基于作者观念的符号生成及受众对符号的认识和反应过程,电影《降临》的改编过程则是基于源符号系统的"异质"符号再生,以及受众对于新符号的认识和反应。在此过程中,存在于翻译研究领域的"可译与不可译"之争,是电影改编需要面对的问题。符际翻译并非简单的语码转换过程,其不可译性在电影改编过程中为文字符号到影视符号的创造性转化提供了一定空间。因此,运用皮尔斯符号学理论和雅各布森三大译域,从符际翻译不可译性的角度审视电影改编,能为影视界和翻译界架起沟通的桥梁,具有一定的研究意义。而影视与翻译的联姻关系不仅能为电影改编研究提供符际翻译的新视角,也必将拓宽翻译的研究领域,丰富翻译的研究方法。

随着翻译研究的不断深入,不可译问题已经挣脱"翻译可能实现或不可能实现"的桎梏。鉴于部分诗歌译文无法做到等值翻译的情况,但丁(Dante)早在14世纪时

[①] Gorlee Dinda L. Semiotics and the Problem of Translation with Special Reference to the Semiotics of Charles S Peirce [M]. Amsterdam: Atlanta GA, 1994: 36.
[②] 张杰,韩丽萍. 退化的三性与翻译研究[J]. 重庆工学院学报, 2007(1): 172-174.

就提出了文学作品具有不可译性的观点①。严复曾写道,"原作中一些鲜活而独具个性的表达,在目的语中会遭遇极力抵抗……因为原作的表达太具异质性,难以在目的语中寻找到相融的可能"②。张金认为,战略上我们要坚持可译论,在战术上则要承认可译性是有一定限度的③。可见,想要实现完全可译几乎是不可能的,因为翻译固有的不可译性很难被消除。若把翻译活动比作一场舞蹈演绎,那么可译性为这场舞蹈选定了表演曲目和主要动作,不可译性则指向自由的创作空间。本节旨在探讨针对电影改编过程中的不可译性进行的翻译补偿策略及翻译的再创造过程。

三、符际翻译的不可译性

在翻译过程中,想要达到完全可译似乎是不可能的,翻译中的不可译性现象是固有的,很难被消除。不能简单地认为语言是可译或者不可译的,要认识到翻译的可译性,同时也要正视翻译中可译性的限度。语言之间既有共性,又有个性。共性确定了可译性的存在,个性规定了可译性的限度,而在可译性之外,就是不可译性的空间。故而绝对可译和绝对不可译,可译和不可译均并非二元对立,而是相互依存、密不可分的关系。如果把翻译活动比作一场舞蹈演绎,那么可译性为这场舞蹈选定了表演曲目和主要动作,即规约性对等。可译之外的不可译性则在一定程度上为译者提供了创作空间。在翻译过程中,囿于本质性差异而无法转换的内容会产生抵抗,而语言的探索正是对"抵抗"进行补偿和创造性转化。总而言之,"可译性"与"不可译性"是一个问题的两个方面,不应该因为文本整体的"可译性"而忽视文本局部的"不可译性"。电影改编的符际翻译过程具有一定的不可译性,主要表现在叙事特征、创新虚构、整一情节和心理描写几个方面。

(一)叙事特征的不可译性

文学叙事与电影叙事因其叙事介质的差异表现出不同的叙事特征④。小说《你一生的故事》打乱了故事发展顺序和转换叙述层次,从女儿生活片段和学习"七肢桶"语言两个维度平行展开。文学叙事与电影叙事是两种不同的叙述艺术,具有差异性,这正是电影对小说的改编过程必须解决的问题之一。小说讲求留白,且没有硬性阅读时限,读者可以仔细揣摩、细细品味;电影力求在有限的时间内让叙事线索尽可能地清晰,帮助观众迅速捕捉原作的主旨。电影无法复制小说的非线性叙事结构,一旦

---

① Douglas R. Western Translation Theory from Herodotus to Nietzsche[M]. Beijing: Foreign Language Teaching and Research Press, 2006: 48.
② 许钧. 在抵抗与考验中拓展新的可能:关于翻译与语言的问题[J]. 语言战略研究, 2019, 4(5): 5.
③ 刘传珠. 可译性问题的语言功能观[J]. 中国翻译, 2000(1): 32.
④ 张晓琪. 从文学叙事到电影叙事:论《夏洛的网》改编前后的叙事特征[J]. 美与时代(下), 2021(8): 121-124.

照搬则会丧失影视符号的特点,与小说别无二致。翻译绝对不是对原作简单的复制粘贴,符际翻译更不应求其"形似"而背离了符号转化的"神似"。这需要充分理解符际翻译的概念并运用相关翻译技巧,电影采用了与小说主题向死而生相呼应的环形叙事,进而实现了符际翻译过程中的"脱壳"。

(二) 创新虚构的不可译性

科幻电影创意中的虚构涉及再现、表现、创新三个维度。再现维度所揭示的是艺术作品与现实生活的关系,表现维度所揭示的是艺术作品与主观情思的关系,创新维度所揭示的是当下虚构与既有虚构的关系①。当下虚构指的是科幻电影中的画面语言,既有虚构是科幻小说中用语言文字描述出来的抽象意象,创新虚构则是科幻小说在原有抽象虚构的基础上进行既有具象虚构。画面语言属于视听符号,具有直观性和形象性,而小说的文字符号具有抽象性和随意性。两种语言的本质性差异为科幻电影中虚构对象的建构设置了障碍,不利于既有小说中的抽象虚构转化为电影中具象的当下虚构。文字符号可以超越时空,描述尚未出现的事物。而相比之下,视听符号更多地受到现实存在的束缚,即受限于拍摄水平和启动资金。从抽象既有虚构到具象现实虚构的跨越必定困难重重,而由此失去的自由意象就是符际翻译过程中创新虚构对象的不可译性。

(三) 整一情节的不可译性

在市场运作背景下,电影情节会受到时长的限制,若影片过长,则会减少影院的排片频次。影院更偏向于短时长电影,增加放映频次可以获得更多收益;而观众的利益点在于购票价格的内在价值,一旦时长减少,观众花同样的钱享受到的服务时长变短,自然购票数量会减少。在两种利益的角逐中,第三方制片人选择将电影时长定在90~120分钟,但一两个小时根本无法完全再现原小说的所有情节,这就要求我们承认整一情节的不可译性,需要寻找相应补偿策略。小说《你一生的故事》通过两条永不相交的平行叙事线,展开了对班克斯博士学习"七肢桶"语言全过程的介绍,并记录了女儿从出生到死亡25年间的点点滴滴。反观其改编电影《降临》,却有选择地再现主要故事,其余的部分情节则用与剧情毫无关联的影像及声音来表示②。小说情节是单层的,语言文字描述的内容即为全部情节;而电影情节受时长限制,银幕上的可见情节不足以完全覆盖小说的全部内容,存在一定的差额,而整一情节的不可译性是此类差额存在的根本原因。

---

① 黄鸣奋. 虚构世界:我国科幻电影创意的空间定位[J]. 艺术探索,2020,34(4):98-107.
② 肖扬. 科幻小说《你一生的故事》电影改编研究[D]. 兰州:西北师范大学,2020.

(四) 心理描写的不可译性

视听语言的表现对象通常是可见的事物和现实,视觉性强烈。即使是表现人物的内心世界,也须借助具体可见的空间画面、人物的表情动作、道具等,内在的转换都具有外在的表现形式,容易产生障碍①。只有在可视画面的辅助下,电影才能引导观众去探索人物的内心感受,因此复杂微妙的心理描写无法"等值"地移植到影视符号中。小说是文字符号,能将日常生活中不可视的复杂心理活动用文字描写出来,引发读者强烈的共鸣。电影属于视听符号,更具直观性,将抽象心理活动转换为直观的视听表达具有一定的难度。观众用肉眼难以观察到交谈对象完整的心理活动,那么演员自然也无法对心理描写文字进行全方位的演绎,因此,小说的心理描写在电影改编中的不可译性问题是不言而喻的。

视听语言在表现人物的内心世界时,需要借助具体画面和演员的表情动作和服装道具等,将人物的内在心理转化为外在的表现形式。只有在可视画面的辅助下,电影才能引导观众去探索人物的内心感受。当然,受众对人物心理的感受是因人而异的,正所谓"一千个读者就有一千个哈姆雷特"。因此,复杂微妙的心理描写无法直接"对等"到影视符号中,这便是心理描写的不可译性。

四、不可译性的补偿策略

如何克服电影改编过程中存在的不可译性?这是改编在符际翻译过程中需要解决的问题。有许多改编的惊世之作问世的原因,就在于导演对符际翻译的不可译性所采取的补偿策略。《你一生的故事》是一部航空航天类的科幻小说,叙事结构独特,情节繁杂,注重心理描写。该小说以纯虚构对象"环形文字"为叙事核心,而这些无疑会给电影改编设置重重阻碍,这给改编带来了一定的难度。电影《降临》是如何克服这些阻碍,进行符码转换的呢?符际翻译中不可译性问题的补偿策略又是如何影响影片质量的呢?本案例分析拟从创译、旁白、音效剪辑、背景音乐四个方面进行不可译性的翻译补偿策略探讨。

(一) 创 译

译文有得有失,以创补失,即为创译②,《你一生的故事》中的创译体现在小说叙事结构和纯虚构概念两个方面。在符际翻译过程中,小说叙事结构和纯虚构概念的

---

① 王一卉. 文学作品的电影改编中的语图关系研究:以张艺谋电影为个案的研究[D]. 南京:南京大学,2010.

② 许渊冲. 翻译的艺术[M]. 北京:五洲传播出版社,2006.

创译,不但能够深化电影的主题,实现前后呼应,更有助于观众理解电影的情节,从而推动扩大文化产品的传播。在叙事结构方面,电影改编成功地进行了符际翻译转换。电影与小说都采用了非线性叙事,非线性叙事包括开放型非线性叙事和封闭型非线性叙事。小说将19个事件分散开来,电影改编按照时间顺序将其重组,并做到开头与结尾重合。环形叙事不但与教授女儿的名字"Hannah"形成互文,而且与小说中"七肢桶"的环形文字不谋而合。此外,小说也向读者提出了灵魂拷问:如果结局注定,你还会开始吗?女主角做出了肯定的回答,她向死而生的浪漫主义英雄形象与电影的环形叙事结构相契合,以始为终,以终为始。

在纯虚构概念方面,创新虚构对象"七肢桶"文字在符际翻译过程中无法完全再现,即便在小说原文中,对它的描述也不甚清楚。小说原文如下:

例1: It didn't appear to be writing at all; it looked more like a bunch of intricate graphic designs. The logograms weren't arranged in rows, or a spiral, or any linear fashion. Instead, Flapper or Raspberry would write a sentence by sticking together as many logograms as needed into a giant conglomeration.[①]

分析: 小说对"七肢桶"文字的特征描述如上所示,仅凭这些零星描述,无法再现纯虚构对象,需要对描述性文字进行创造性转化。在创译过程中,编剧选择了"以画译字",对抽象概念进行了具象化处理。这一过程有得有失,因为具象化本来就是一个"失"的过程,小说中的抽象描述能够在读者的脑海中形成对"七肢桶"文字的不同理解,而经过具象处理后的"七肢桶"文字则被固定为单一理解模式。创造性转化的"得"在于视觉冲击,一个小小的视觉提示给电影观众可以带来比文字更大的冲击力,能够在有限时间内让观众迅速地理解情节内容,同时也适应了电影作为文化产品的大众化需求。在符际翻译过程中,小说叙事结构和纯虚构概念的创译,不但能够深化电影主题,实现前后呼应,更有助于观众理解电影情节,从而推动扩大文化产品的传播。

(二) 旁 白

旁白最主要的功能是从一个叙事者的角度去推动情节的发展。旁白的介入有助于时空的转换与画面的配合,还可以呈现人物的内心世界[②]。在电影改编的符际翻译中,旁白对整一情节的不可译问题进行了补偿和创造性转化,产生"变译"效果。所谓变译,是指译者根据特定条件下特定读者的特殊需求采用增、减、编、述、缩、并、改

---

① Chiang Ted. Stories of Your Life and Others [M]. New York: Tor Books, 2002:116.
② 朱岩."介入叙事"与电影旁白[J]. 电影评介, 2008(8): 55-56.

等变通手段摄取原作有关内容的翻译活动①。旁白以字幕的形式,从全知视角对特定内容进行变译,并以可视文字和可听配音的双轨方式与受众进行交流,推动情节发展。旁白擅长对信息进行整合与分流,拉通前后情节,在符际翻译过程中有着不可替代的作用。电影《降临》中的旁白作为一个叙事者,分别从全知视角和内视角这两个角度展开。且看下面这个例子,这是小说中男女主为第二天与"七肢桶"沟通所做的准备,原文如下:

例 2: The next day I conferred with Gary before we entered the looking-glass tent. "I'll need your help with this session," I told him.

"Sure. What do you want me to do?"

"We need to elicit some verbs, and it's easiest with third-person forms. Would you act out a few verbs while I type the written form on the computer? If we're lucky, the heptapods will figure out what we're doing and do the same. I've brought a bunch of props for you to use."

"No problem," said Gary, cracking his knuckles. "Ready when you are."

We began with some simple intransitive verbs: walking, jumping, speaking, writing. Gary demonstrated each one with a charming lack of self-consciousness; the presence of the video cameras didn't inhibit him at all. For the first few actions he performed, I asked the heptapods, "What do you call that?" Before long, the heptapods caught on to what we were trying to do; Raspberry began mimicking Gary, or at least performing the equivalent heptapod action, while Flapper worked their computer, displaying a written description and pronouncing it aloud②.

分析:以上对话细致地描述了男女主人公学习"七肢桶"语言的过程,不仅交代了两人所做的准备,而且对研究过程及相关发现进行了描述。为进一步推动进程,两人决定采用肢体语言与书面语言并用的新形式,推动了学习的进程,从一筹莫展到初见成效。电影改编是如何将这段承上启下的文字进行符际转换的呢?旁白起到了至关重要的作用。电影利用旁白"下一步,扩充词汇"开启了全知视角,即是承上启下的功能性增译,也是对后面情节的概括。随着,旁边用简单的四个字"伊恩走路"和数秒画面将原文的大段描写一笔带过。接着,研究员的电脑屏幕上不断闪过的文字"看,找到,理解,思考,问,真相,陆地,桃子,地面,保持,选择,挑选,拿,接受"表示研究正在顺利进行和暗示时间的不断推移,让电影自然而然地过渡到下一情节(见图 8-5)。这段旁白聚焦重要情节,对其功能性进行准确定位后,以最优性价比的方式进行了变

---

① 黄忠廉. 变译理论:一种全新的翻译理论[J]. 国外外语教学,2002(1):19-22.
② Chiang Ted. Stories of Your Life and Others[M]. New York: Tor Books, 2002:113.

译,从而实现了符际翻译,也恰到好处地对整一情节的不可译问题进行了补偿和创造性符际转换。

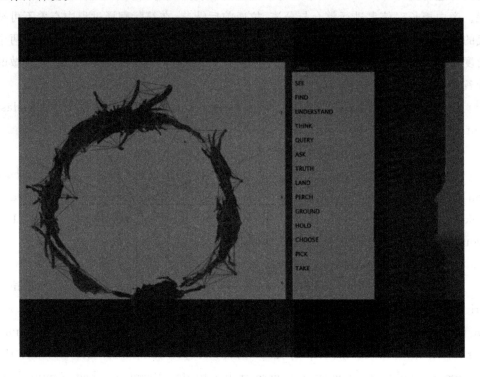

图 8-5　环形文字图

(三) 音效剪辑

在改编中,将小说中抽象的心理描写转换为直接的视觉效果,必然会丢失原作中的某些信息和文字独有的魅力。为了适应电影符号系统的表达规范,电影改编不可避免地会对小说原文进行各种删减、增加或改变,而且小说的心理语言也很难做到充分的转换,这似乎注定是电影改编的一大缺憾。但是,电影也可以扬长避短,借助独白、音效、声音等艺术手段来塑造人物,弥补了小说语言具象描写的不足,其效果也是显而易见的。电影《降临》获得第 89 届奥斯卡金像奖最佳音效剪辑,那么在面对符际翻译过程中心理描写的不可译性问题时,音效剪辑又是如何发挥作用的呢?在电影中使用音效剪辑有助于展现人物心理活动,通过特定的音效来烘托特定的氛围,能够在具象影视语言与抽象心理活动之间架起桥梁,从而讲述人物的内心故事。音效剪辑有助于展现人物的心理活动,并实现具象影视语言和抽象心理活动的联动,从而更好地塑造人物形象。我们以小说《你一生的故事》的一段心理描写为例,探讨电影是如何利用独白来揭示原小说人物心理的。原文如下:

例3： I took a deep breath. "Ready enough." I'd done plenty of fieldwork before, in the Amazon, but it had always been a bilingual procedure: either my informants knew some Portuguese, which I could use, or I'd previously gotten an intro to their language from the local missionaries. This would be my first attempt at conducting a true monolingual discovery procedure①.

分析： 上文是班克斯对这次实地工作的内心感受，属于人物心理活动。这段描写具有一定的抽象性，要想将其成功地转换为视听语言，需要在深入分析原文的基础上对各个成分进行处理。班克斯深吸一口气后说，"准备好了"，旋即又想起之前的实地调研工作，并与这次做出比较，突出此次工作的难度。这段心理活动让读者感受到班克斯的紧张以及她的专业性。因此，这里存在一个微妙的过渡，由紧张转向自我安慰。电影属于直观性视听符号，与小说细致入微的心理活动描写相比略显逊色，所以电影中并未出现完全对等的情节，而是借助音效剪辑烘托人物的心理状态。

电影属于直观性视听符号，将抽象心理活动转换为直观的视听表达具有一定的难度，与小说细致入微的心理活动相比略显逊色。电影中并未出现与这段心理描写完全对等的情节，而是借助音效剪辑烘托人物的心理状态。班克斯和伊恩首次与"七肢桶"见面的情节长达15分钟，在此期间，音效剪辑师将班克斯的呼吸声贯穿始终，又用不断变化的环境音做补充。上文讲述了男女主与"七肢桶"初见面时的情节，电影中先是以班克斯的呼吸声作为铺垫，声音闷在防护头盔里的状态给人一种紧张感，但这种紧张感是稳定的。在班克斯急促呼吸两下后，她的呼吸频次趋于稳定。剪辑后的背景音是各部门在有条不紊地汇报进度，都是精确的数字加上一句"准备完毕"，提升了电影的专业感和可信度。以"殊途"求"同归"，用外在音效的变化辅助人物内在心理活动的展示，这是符际翻译过程中对心理描写不可译性的一种补偿策略。此外，音效剪辑在该电影其他情节中也有广泛的应用，例如，由远及近的飞机轰鸣声最终达到一种震耳欲聋的感觉，表现了人物内心的烦躁和事态的紧急。

（四）背景音乐

电影音乐是一种特殊的声音符号，音乐的参与拓展了电影的艺术空间。除了部分文学原著中有歌词的插入，在电影对于文学作品的改编过程中，音乐，尤其是无声源音乐，可以说是最缺乏文字对应物的影视要素。对于原著来说，基本上是无中生有②。电影改编加入的音乐，赋予了文学作品新的生命，为电影的主题和情节增色不

---

① Chiang Ted. Stories of Your Life and Others[M]. New York: Tor Books, 2002: 106.
② 王一卉. 文学作品的电影改编中的语图关系研究：以张艺谋电影为个案的研究[D]. 南京：南京大学，2010：42.

少,充分体现了符际翻译过程中的意义增值①。音乐不易受到画面的影响和制约,以其鲜明的形象特征、起承转合的旋律、丰富多变的节奏变化,从而加强画面的自由度,增加影片的悬念感和吸引力,更好地发散叙事空间②,因此改编中的音乐搭配是对原著的一种全新演绎。电影工作者会利用影视符号的优势,使文学文本中只能隐喻而无法直接表达的内容,如音响、音乐等,直接呈现出来,并且使之成为电影叙事中非常重要的成分③。因此,电影改编加入的音乐,赋予了文学作品新的生命,为电影的主题和情节增色不少,充分体现了符际翻译过程中的意义增值。电影音乐有揭示人物的心理状态、突出或暗示剧情事态以及刻画动作和形象等功能④。电影歌曲是电影音乐的重要组成部分,是电影艺术中不可缺少的要素。电影歌曲在表现人物的精神状态和内心活动等方面起到了潜移默化的作用。

好的音乐或催人泪下,或令人心潮澎湃,小说《你一生的故事》在符际翻译过程中合理地使用音乐进行情节推动、主题烘托、形象塑造和文化作品衍生,为观众提供了精彩纷呈的电影作品。以插曲 *Heptapod B* 的应用为例,电影在以全知视角介绍"七肢桶"相关信息时,先用音乐 *Heptapod B* 中渺远的阿卡贝拉人声营造神秘感,随后加入旁白,对外星人"七肢桶"进行提问。在旁白不断展开的过程中,音乐中反复出现"nanana",以陈述语调不断循环,诉说着神秘久远的故事;之后加入急促鼓点,一如人类面对对外星生物的焦虑状态。最后出现的人声"woda-wolanada"则用疑问语调向人类提问,声音纯净而有距离感。"七肢桶"也是如此,怀着纯良之心来到地球,却因异样形态被人类敌视,故而也有同样的疏离感。

音乐与旁白相互配合,推动故事情节的发展,总结了上一阶段对"七肢桶"初步调查的情况,并提出问题。温柔呢喃的阿克贝拉人声与急促的鼓点相互衬托,烘托出了小说主题:人与外星生物的关系。作为纯虚构对象,外星生物"七肢桶"从虚构、抽象的文字描述到具体银幕形象的跨越属于符际翻译过程中的不可译性问题。原文中对"七肢桶"的描述并未具体到细枝末节,但整体上给人一种纯良却又疏离的感觉。纯净、渺远的音乐 *Heptapod B* 也与"七肢桶"的形象相符合,既营造了神秘氛围,又成功地塑造了人物形象。近年来,单一形式的作品已经不能满足人们对多样性文化的新需求,电影与音乐相结合能够给观众带来更好的文化体验。在符际翻译过程中,若能合理地使用音乐推动情节、烘托主题和塑造形象,必然会提高

---

① 王晨爽. 符际翻译视角下的《喜福会》电影改编研究[J]. 东北大学学报,2017(3):325-330.
② 蒋碧莹. 声音在多重叙事悬疑电影中的作用[J]. 视听,2020(8):112-113.
③ 马军英,曲春景. 媒介:制约叙事内涵的重要因素:电影改编中意义增值现象研究[J]. 社会科学,2008(10):134-139.
④ 刘小波. 华语电影歌曲符号分类与符号表意[J]. 重庆广播电视大学学报,2014(6):12-19.

电影改编的质量。

　　符际翻译的不可译性是一种符号间的差异性，这种差异性给电影改编留下了更多的创作空间。在翻译理论的指导下，电影工作者可以采取不同的符号转换方法进行再创作。文字符号传播的信息具有想象性和抽象性，视听符号传播的信息具有直观性和可视性。在全媒体时代，图像符号和视听符号正在逐步超越文字符号，占据现代社会信息传播的主导地位。影视符号的巨大优势使大量的小说作品转化成影视作品，但影视艺术并不能完全取代小说艺术，需要进行联姻互动，达到 1+1＞2 的效果。综上所述，小说《你一生的故事》的符际翻译是非常成功的，电影工作者通过使用创译、旁白、音效剪辑、背景音乐等翻译策略，对符际翻译过程中的叙事特征、创新虚构、整一情节和心理描写的不可译性进行了有效的翻译补偿。符际翻译不但拓宽了翻译研究的领域，也扩展了电影改编的创作思路，为不断推出优质的电影改编作品提供有益的思考。在电影的传播过程中，符际翻译不但拓宽了翻译研究的领域，也扩展了电影改编的创作思路，为不断推出优质电影改编作品提供了有益的思路，有助于进一步提高文化产品质量，丰富文化消费市场。

单元小结

　　文字符号和电影符号各自不同的符号特征构成了小说与电影之间的差别，而两者之间的差别决定了在小说向电影的符变过程中注定会遇到许多困难。然而，这些困难在一定程度上是可以克服的。《你一生的故事》在电影改编过程中，通过熟练使用创译手法、巧妙地使用独白、精心的音效剪辑、灵活地运用影视音乐，使小说的叙事结构、整一情节、创译虚构、心理语言等方面得到了很好的表达。影视改编应在充分了解两种符号体系的共性和特性的基础上，把握好转换尺度，才能实现两者的完美转换。综上所述，《你一生的故事》的符际翻译总体来说是非常成功的，堪称航天类科幻小说电影化的典范。电影《降临》为华裔科幻小说的传播开辟了一条新的道路，使国内外的更多观众和读者能够多渠道地了解美国的航天文化。在《喜福会》的传播过程中，符际翻译不但扩展了译者的思路，也拓宽了翻译研究的领域。有人常说，"电影改编不如原作"。其实，电影改编并不是对原作故事情节的简单浓缩，也不是对原作亦步亦趋地进行所谓的忠实翻译，而是一次文学艺术的再创作过程，是电影工作者与原作进行开放性对话和创造性阐释的结果。电影有电影的长处，小说有小说的优势。小说和电影的魅力应该在各自的艺术媒介中互相映衬、相得益彰。

练 习

一、基础练习

1. 填空题

1) 索绪尔指出语言符号由不可分割的_____和_____两部分组成。

2) 皮尔斯认为符号由三方面组成，即_____、_____和_____，这三者分别对应第一性、第二性和第三性。

3) 皮尔斯根据符号与指称对象之间的不同关系将符号分为_____、_____和_____。

4) 雅各布森在皮尔斯符号学理论的基础上提出翻译三分法，即翻译可分为_____、_____、_____。

5) _____是一种符号与另一种符号之间的相互转换，这里的符号包括语言符号系统和非语言符号系统。

2. 判断正误

（　　）1) 相似符号是通过写实或模仿来表征符号对象的，它是与指称对象有某些相似性的符号。

（　　）2) 相似符号的基本特点是具有一定的社会规约性和任意性。

（　　）3) 指示符号是符号形体和被表征的对象之间构成的某种指示关系。

（　　）4) 小说与电影是由不同的媒介材料所构成的符号体系，在两种语符的转换中，符际翻译发挥了桥梁和中介的作用。

（　　）5) 索绪尔指出能指是符号的形式，所指是符号的意义，两者之间的关系是约定俗成的。

3. 术语解释

1) 符际翻译

2) 电影改编

4. 问答题

1) 文字符号与影视符号的区别是什么？

2) 为什么电影改编是符际翻译的一种？

二、拓展练习

1) 下面的情况是否属于符际翻译？为什么？

① 小说《红楼梦》改编成 87 版《红楼梦》电视剧。
② 美术馆讲解员给外宾讲解中国水墨画。
③ 目击证人对罪犯相貌的口头描述制作图像。
④ 导游对景点的讲解。
2）根据皮尔斯的符号模型理论，画出文字符号 rose 的三元符号模型。

附录　练习的参考答案

第一单元

一、基础练习

思考题

［参考答案详见第一单元原文］

二、拓展练习

名词解释

［参考答案详见第一单元原文］

第二单元

一、基础练习

1. 汉译英

Since its inception in 1992, the Chinese manned space program has gone through three stages: the Shenzhou spacecraft series, space stations, and lunar exploration. The first manned flight was successfully carried out in 2003, making China the third country in the world to independently achieve manned space flight. In 2011, China successfully launched its first space laboratory, "Tiangong-1", further promoting the development of space technology. In 2021, the core module of China's space station was successfully launched and operated in orbit, marking a new historical stage in China's manned space program. Looking to the future, the Chinese manned space program will continue to explore the unknown, contributing Chinese wisdom and strength to humanity's journey into the universe.

2. 英译汉

哈勃太空望远镜是NASA在1990年发射的,它是历史上最重要的天文望远镜之一。哈勃望远镜以天文学家埃德温·哈勃的名字命名,他的发现促成了星系外天文学的创建,并彻底改变了我们对宇宙的理解。哈勃望远镜位于大气层以上,这个位置使其避开了大气对光线的扭曲和阻挡,它能够捕捉到可见光、紫外光和近红外光谱的高分辨率图像,极大地推动了天文学的多个领域的发展。

自从发射以来,哈勃已经进行了超过一百万次的观察,这些观察成果已经产生了超过 1.5 万篇科学论文。它测量了宇宙的膨胀速度,为暗能量的存在提供了证据,帮助确认了宇宙的年龄,等等。此外,它那令人惊叹的图片也引发了公众对天文学的浓厚兴趣。

然而,就像所有美好的事物一样,哈勃的任务最终也将会结束。它的接班者,詹姆斯·韦伯空间望远镜,计划在未来几年接手这一重任。但是哈勃空间望远镜对天文科学和天文普及化所做出的卓越贡献,将会为后人所铭记。

3. 术语翻译

1) 运载火箭　　　　　　　　2) 任务控制中心
3) 轨道注入　　　　　　　　4) 返回舱
5) 发射逃逸系统　　　　　　6) 姿态控制
7) 对接机构　　　　　　　　8) 空间望远镜
9) 太阳能电池板　　　　　　10) 遥测
11) 微重力　　　　　　　　 12) 推进系统
13) 隔热防护　　　　　　　 14) 太空碎片
15) 发射窗口　　　　　　　 16) Tiangong Space Station
17) Long March Rocket　　　 18) reentry capsule
19) astronaut　　　　　　　　20) orbital refueling
21) space medicine　　　　　 22) spacesuit
23) aerodynamics　　　　　　24) Lunar Rover
25) manned spacecraft　　　　26) robotic arm
27) unmanned aerial vehicle(UAV)　28) thruster
29) space mapping　　　　　 30) space station

二、拓展练习

［略］

第三单元

一、基础练习

1. 填空题

1) 翻译记忆

2) 语音识别

3) 神经机器翻译

2. 简答题

1) 请归纳视听翻译的主要流程,并重点说明时间码对齐的要点。

视听翻译的主要流程如下:

① 前期准备:包括理解视频内容,确定翻译要求,制定翻译计划等。

② 初译:进行初步翻译,利用各种工具生成译文初稿。

③ 翻译优化:检查和完善译文,确保翻译质量。

④ 时间码对齐:调整字幕的时间码,使其与原音频对齐。

⑤ 后期制作:生成字幕文件,也可能需要录制配音。

⑥ 质量检查:评估和修正翻译质量问题。

在时间码对齐过程中,主要要注意以下几点:

① 理解语音的自然节奏,合理设置字幕的出现和消失时间,不能太快。

② 字幕时间要与语音段落和场景切换保持同步,不要跨越场景切换。

③ 使用专业字幕编辑软件进行精确的时间码设置。

④ 考虑字幕的易读性,控制字幕行数和行宽。

⑤ 多次检查时间轴同步的准确性,保证字幕与语音完全一致。

通过精心的时间码对齐,可以大大提高视听翻译的质量。

2) 请列举两个除人人译视界之外的常用字幕编辑工具,并描述它们的主要功能。

① Aegisub

Aegisub 是一款全面且高度可自定义的字幕编辑器,用于字幕的时间轴设定、排版、编辑和翻译。其主要功能包括:

- 支持拼写检查、词库辅助翻译、语法高亮等功能,使字幕的翻译、编辑和质量保证更加便捷。
- 具有多级撤销/重做、自动保存、备份和紧急恢复等功能,保护字幕数据免受意外错误或系统崩溃的影响。
- 支持多种格式和字符集,允许导入和导出各种字幕格式,满足不同需求。
- 完全支持 Unicode 和常见的传统编码,确保在多语言字幕和遗留编码环境下的读写能力。
- 强大的视频模式,几乎支持所有视频格式,并可利用系统的 DirectShow 环境打开 Windows Media Player 支持的任何格式。
- 提供实时预览功能,可以即时查看在播放器中的字幕效果,提供确切的呈现效果。
- 完全支持可变帧率视频和 Matroska 时间码,可以直接从 Matroska 文件中读取时间码,实现无缝可变帧率字幕处理。

- 提供针对变形视频、超出显示区域等问题的工具,便于处理各种视频情况。
- 提供直观易用的排版工具,用户可以直接在视频帧上拖动、旋转或裁剪字幕,无需手动编辑覆盖标签。
- 提供工具帮助用户处理不同分辨率或宽高比的视频上的排版问题,以及识别字幕中的颜色。
- 提供直观可自定义的音频时间轴模式,以便用户灵活地对话或进行卡拉OK时间轴设定。
- 支持几乎所有现有的音频格式,通过 DirectShow 支持更冷门的音频格式。
- 通过 Automation 模块完全可编程,用户可以使用 Lua 脚本扩展软件功能,创建自定义宏命令或导出过滤器。

② ArcTime

ArcTime 是一款简单、强大和高效的跨平台字幕制作软件。其主要功能包括:
- 音频波形图:提供精准的音频波形图,可以快速准确地创建和编辑时间轴。
- AI 语音识别和自动打轴:使用 AI 技术,可以大大降低工作量。ArcTime 可以自动识别语音内容并生成字幕的时间轴,还可以进行机器翻译,快速进行语言转换。
- AI 语音合成:ArcTime 支持 AI 语音合成,可以快速为视频添加配音,为用户开启了新一代的视频创作方式。
- 多种导出格式和高质量视频压制:ArcTime 支持导出多种字幕格式,并可以导出到各种剪辑软件中。同时,它还提供高质量的视频压制功能。
- 自动根据视频生成字幕和时间轴:ArcTime 可以根据视频中的语音自动生成字幕文字和时间轴,具有超高的准确率,只需要少量校对就可以完成字幕制作。
- 云端处理速度快:ArcTime 在云端进行处理,速度快,只需很短的时间就能完成任务。
- 文字转语音:ArcTime 支持文字转语音功能,免去了用户自己录音的烦恼。适合快速制作新闻资讯播报、教学课程等。
- 多种发音人和可调整的语速:ArcTime 提供多种发音人可供选择,并可以调整语速。

总之,ArcTime 通过强大的 AI 功能和高效的操作流程,使字幕制作变得简单快捷。它适用于各种场景,包括字幕制作、配音制作和视频创作等。

3) 请描述如何在航空航天视听翻译项目中有效地组合使用自动翻译和人工翻译。

在航空航天视听翻译项目中,有效地组合使用自动翻译和人工翻译可以提高翻译效率和准确性。以下是一种有效的组合方式:

① 利用自动翻译进行初步翻译:使用自动翻译工具(如机器翻译引擎)对视听内

容进行初步翻译。自动翻译可以快速翻译大量文本,提供基本的翻译参考。在航空航天领域,可以使用专门针对该领域的机器翻译模型,以提高翻译质量。

②人工翻译修订和优化:由专业的人工翻译人员对自动翻译的结果进行修订和优化。人工翻译人员可以根据专业知识和上下文进行语义理解和准确翻译。他们可以调整句子结构、选择合适的术语和矫正语法错误,以确保翻译的准确性和流畅性。

③术语管理和质量控制:使用术语管理工具来管理和查询航空航天领域的专业术语。这些工具可以帮助译员确保术语的一致性和准确性。同时,使用质量控制工具进行翻译质量检查,以发现和修正潜在的错误和问题。

④人工翻译的重点领域:在航空航天视听翻译中,某些领域可能需要更高的人工翻译参与。例如,对于技术性、复杂性较高的内容,人工翻译人员的专业知识和理解能力是不可替代的。在这些领域,可以将自动翻译结果作为参考,但仍然主要依靠人工翻译来确保准确性。

⑤人机协作和校对:在翻译过程中,建立有效的人机协作机制。翻译人员可以利用自动翻译工具的辅助功能,如术语提示、自动保存等,提高翻译效率。同时,进行最后的校对和修改,确保翻译的准确性和流畅性。

综上所述,通过有效地组合使用自动翻译和人工翻译,航空航天视听翻译项目可以在保证翻译质量的前提下提高效率。自动翻译提供快速的翻译参考,而人工翻译通过专业知识和语言理解能力对翻译结果进行优化和校对。这种人机协作的方式可以更好地满足航空航天领域的专业要求。

二、拓展练习

[略]

第四单元

一、基础练习

1. 翻译下列航空常用语

1) civil aviation
2) airliner; passenger aircraft
3) long-range/long-haul aircraft
4) (passenger) cabin
5) boarding pass/check
6) flight attendants/stewards
7) takeoff and landing
8) departure/arrival time
9) luggage tag
10) customs formalities
11) dutiable articles
12) luggage claim area
13) forced landing
14) oxygen mask

15) earplug and eye mask

2. 选词填空

1) sorry   2) unabated
3) pride   4) accessible
5) Yet   6) innovation
7) fueled   8) rank
9) What   10) dignity

3. 汉译英

1) The bins are first-come, first-serve in economy class.

2) A manned lunar landing would be a major milestone for space exploration for China and the world at large.

3) Airline etiquette rules strike a balance between reasonable comforts of passengers and thoughtfulness to those around.

4) A rocket carrying the Chang'e-4 lunar lander blasted off from Xichang Satellite Launch Center in southwestern China.

5) The next step in China's moon program is for the Chang'e-5 robotic spacecraft to land on the moon and then bring rock samples back to Earth for additional study.

4. 英译汉

1) 中国是 21 世纪唯一成功登月的国家，并在 2019 年成为第一个在月球背面着陆探测器的国家。

2) 在过去一年中，马来西亚航空、亚洲航空和复兴航空的致命事故令旅行者对亚洲航运公司的安全性以及这些公司是否正在采取措施确保安全提出疑问。

3) 最近对遥远星系的距离和速度的测量结果，与宇宙的"标准模型"不符。这个费尽周折得出的模型，在过去 20 年里一直占据主流地位。

4) 根据计算，火星大气中的化学反应和光照，可以在几百年时间里分解甲烷分子。因此，现在发现的甲烷一定是不久前产生的。

5) 关于黑暗物质是如何运转的，天文学家有一个精妙的理论，使他们能够讲出一个看上去合理的故事，介绍宇宙是如何从年龄只有一万亿分之一秒的时候进化到现在的。

二、拓展练习

1. 汉译英字幕翻译

(该参考字幕选自 CCTV 版《你好！火星》(第五集) 的英文字幕)

00:00:54,640→00:00:56,880
On Earth

00:00:56,880→00:01:00,760
there are thousands of roads to drive on, and safety comes first

00:01:01,240→00:01:02,960
On Mars

00:01:02,960→00:01:07,880
there is no one road, and safety is more important

00:01:08,320→00:01:10,400
The southern of Utopia Planitia

00:01:10,400→00:01:13,440
looked endless and was flat and open

17
00:01:13,440→00:01:17,760
but rocks, pits, and sand dunes abound

00:01:17,760→00:01:21,560
Driving here not only needs superb skills

00:01:21,560→00:01:23,560
but

00:01:23,560→00:01:27,080
a good car performance

00:01:29,680→00:01:31,120
The Mars rover design team

00:01:31,120→00:01:34,920
has experience developing two lunar rovers

00:01:34,920→00:01:38,040
Among them, the Yutu-2 has traveled safely on the lunar surface

00:01:38,040→00:01:40,160
for more than three years

00:01:41,240→00:01:42,640
They also set a record for China

00:01:42,640→00:01:44,400
to have two rovers

00:01:44,400→00:01:48,480
traveling on different planets simultaneously

00:01:50,840→00:01:53,760
Zhurong, the Mars rover, is bigger than the Lunar rover

00:01:53,760→00:01:57,400
but it is not simply an enlarged version of it

00:01:57,400→00:02:00,760
It has many unique features

00:02:02,200→00:02:03,200
(Jia Yang) We used an active suspension that was probably

00:02:04,200→00:02:07,720
the first in the world to be used on an extraterrestrial object

00:02:09,000→00:02:11,760
What is active suspension?

00:02:11,760→00:02:12,880
Simply put

00:02:12,880→00:02:15,680
It's like a compass that can change the span between two angles

00:02:15,680→00:02:18,240
by adjusting the angle

00:02:18,240→00:02:21,760
Rocker arms on both sides of the Mars rover

00:02:21,760→00:02:23,280
connecting the vehicle body and the wheels can change the distance

00:02:23,280→00:02:25,760
between the wheels and the vehicle's height above ground

00:02:25,760→00:02:29,280
by adjusting the angle

00:02:29,280→00:02:31,352
The maximum height of the chassis can

00:02:31,353→00:02:32,440
be half a meter above the ground

00:02:33,160→00:02:34,440
and the lowest

00:02:34,440→00:02:36,480
can be stuck to the ground.

2. 英译汉字幕翻译
（该参考字幕来源于远鉴字幕组，略有改动）

0:07:31,92→0:07:33,06
亲爱的旅客朋友们

0:07:33,10→0:07:34,36
请确认

0:07:34,41→0:07:35,62
您已调直座椅靠背

0,0:07:35,67→0:07:37,10
系好安全带

0:07:37,15→0:07:39,58
并将随身携带的行李物品放置在行李架或前排座椅下方

0:07:39,63→0:07:41,80
再次感谢您选乘开拓者航空

0:07:42,94→0:07:45,02
—调成最大值　—起飞跟踪

0:07:45,07→0:07:46,46
起飞配平调定

0:07:46,50→0:07:47,68
还有飞行控制

0:07:47,72→0:07:49,73
飞行控制　完全没问题

0:07:49,77→0:07:50,81
检查完毕

0:07:50,86→0:07:52,16
乘客已就位　机长

0:07:52,21→0:07:54,12
好的　关门吧

0:07:59,06→0:08:00,39
女士们先生们　晚上好

0:08:00,43→0:08:02,74
欢迎乘坐开拓者119次航班

0:08:02,78→0:08:04,70
我是你们的机长

0:08:04,74→0:08:08,70
如果你要前往东京　那你就乘坐了正确的航班

0:08:08,74→0:08:11,09
如果你的目的地不是东京

0:08:11,14→0:08:13,49
那你将经历一个漫长的早晨

0:08:13,53→0:08:15,23
今晚的飞行时长

0:08:15,27→0:08:17,14
为6小时30分钟

0:08:17,19→0:08:21,32
幸运的是　我知道一条近路　所以我们可能会提前到达

0:08:21,37→0:08:23,41
等我学会飞行手册上的几页内容

0:08:23,45→0:08:25,98
我们就马上起飞　谢谢

0:08:29,81→0:08:31,20
准备好牵引了吗

0:08:31,24→0:08:33,55
—准备好了　—联系塔台吧

0:08:35,47→0:08:37,03
开拓者 11

0:08:37,08→0:08:39,47
左跑道滑

0:08:39,51→0:08:41,56
开拓者 119 收到

0:08:41,60→0:08:43,47
左跑道滑行

0:08:51,35→0:08:54,09
这一幕景色永远看不腻

0:08:56,49→0:08:58,49
开拓者 119 已就位　准备起飞

0:09:00,36→0:09:01,93
可以起飞

0:09:01,97→0:09:04,54
保持跑道航向　上升到两千米　保持

0:09:04,58→0:09:06,54
收到　可以起飞

0:09:06,58→0:09:07,67
飞行跑道航向

0:09:07,72→0:09:10,46
上升到两千米　保持高度　开拓者

0:09:10,50→0:09:13,59
推力稳定　空速表显示正常

0:09:15,07→0:09:17,07
交叉检查

0:09:35,18→0:09:37,92
正上升率　收轮　收轮

0:09:37,96→0:09:39,49
—收襟翼　—收襟翼

0:09:39,53→0:09:41,36
开拓者119 右转

0:09:41,40→0:09:43,32
航向160

0:09:43,36→0:09:45,36
上升到一万米　保持

0:09:45,41→0:09:47,06
收到离港指令　开拓者119

0:09:51,98→0:09:53,28
女士们　先生们

0:09:53,33→0:09:54,94
我是本机机长

0:09:54,98→0:09:57,64
我们的飞行高度已经到达三万七千英尺

0:09:57,68→0:09:58,77
如您有任何需要

0:10:00,20→0:10:01,77
请随时告诉我们

0:10:01,81→0:10:03,29
我们代表开拓者航空

0:10:03,34→0:10:05,34
感谢您选择与我们共度元旦

第五单元

一、基础练习

1. 选词填空
1) release 2) date 3) NTSB 4) *Bathing*

2. 判断正误
1) True 2) False 3) True 4) False

3. 汉译英
1) Start checklist complete.
2) A winning lot cannot be transferred, shared, or gifted.
3) If your dad catches you, he's gonna kick your ass.
4) 311 Chinese senior pilots and 709 engineers were selected.

4. 英译汉
1) 双发停车。1发和2发重启失败。
2) 斯通博士,这里是休斯敦。医疗组很担心你的心脏状况。
3) 以为自己要死了,这么想着,却又奇迹般地生还。
4) 你先开着联盟号,然后再漫游过去。

二、拓展练习

1. 汉译英字幕翻译

00:28:30,010→00:28:32,380
Due to Jupiter's gravitational spike,

00:28:32,380→00:28:34,340
Earth's propulsions have been halved.

00:28:34,340→00:28:36,210
Torque's lost completely.

00:28:36,220→00:28:38,920
In 37 hours, 4 minutes and 12 seconds,

00:28:38,930→00:28:40,700
Earth will collide with Jupiter.

00:28:48,130→00:28:50,710
Han Zi'ang. Senior driver.

00:28:50,720→00:28:53,750
Beijing No. 3 Transportation Commission reminds you,

00:28:53,760→00:28:55,420
among a thousand ways to travel,

00:28:55,430→00:28:57,460
Safety is the best way.

00:28:57,470→00:28:59,090
If you drive recklessly,

00:28:59,090→00:29:00,550
your loved ones might end up in tears.

00:29:00,550→00:29:01,960
Shut up, stupid!

00:29:01,970→00:29:03,050
Move it!

00:29:32,590→00:29:34,510
Hu Kou! Detach!

00:29:44,010→00:29:45,010
Hu Kou!

00:29:46,680→00:29:48,800
I feel dizzy.

00:30:16,380→00:30:20,380
Top priority from UEG.

00:30:20,470→00:30:22,170
To all standby forces on Earth,

00:30:22,180→00:30:23,800
due to the effects of Jupiter's gravitational spike,

00:30:23,840→00:30:26,420
a total of 4,771 Earth Engines

00:30:26,430→00:30:28,010
have shut down globally.

00:30:28,090→00:30:29,630
To avoid a collision with Jupiter,

00:30:29,630→00:30:32,880
every unit must execute Emergency Protocol No. 3 and depart immediately.

00:30:32,880→00:30:34,840
It's imperative to restart

00:30:34,840→00:30:37,050
all malfunctioning engines within 36 hours.

00:30:37,180→00:30:38,250
This rescue mission

00:30:38,260→00:30:41,840
concerns the survival of 3.5 billion human lives.

00:30:41,840→00:30:44,630
It is a top priority,

00:30:44,630→00:30:46,300
whatever the cost is.

00:30:51,800→00:30:53,340
Rescue units are on the move.

00:30:53,340→00:30:57,340
In order to expedite the rescue,

00:30:57,380→00:31:00,960
The space station will be implementing low consumption mode.

00:31:00,970→00:31:02,090
Lisa, low consumption mode implemented.

00:31:02,430→00:31:04,380
Regular communication services will be cut off shortly.

00:31:04,380→00:31:06,340
Low consumption mode implemented.

00:31:06,380→00:31:07,340
I just got here.

00:31:07,380→00:31:09,340
How would I know if there's hibernation?

00:31:10,340→00:31:12,340
MOSS, please contact my immediate family.

00:31:12,340→00:31:13,340
Contact Liu Qi.

00:31:13,380→00:31:15,340
Liu Qi isn't in the allocated living area.

00:31:16,050→00:31:17,550
Connection failed.

00:31:18,720→00:31:21,630
MOSS, contact transporter driver,
Han Zi'ang.

00:31:26,300→00:31:28,050
[MOSS] Incoming connection.

00:31:31,760→00:31:33,600
[Zi'ang] Peiqiang? Is that you?

00:31:34,090→00:31:35,380
Father, it's me.

00:31:35,380→00:31:36,880
[Peiqiang] Have you seen Liu Qi?

00:31:37,340→00:31:39,090
[Zi'ang] Liu Qi is right here with me.

00:31:39,380→00:31:41,250
We just ran into an earthquake.

00:31:41,260→00:31:42,720
[Zi'ang] We are on the surface now.

00:31:43,010→00:31:44,710
MOSS, locate the transporter

00:31:44,720→00:31:47,090
and guide it to the nearest refuge.

00:31:47,090→00:31:48,920
I have nothing to say to him.

00:31:48,930→00:31:51,920
[MOSS] Transporter 373, Driver Han Zi'ang.

00:31:51,930→00:31:55,300
Please proceed to Ji'nan No. 5 refuge.

00:32:00,300→00:32:03,250
Space station flight configurations completed.

00:32:03,260→00:32:07,010
All personnel, enter hibernation
for energy conservation.

00:32:07,260→00:32:11,210
Hibernation rate at 77.3 percent.

00:32:11,220→00:32:12,880
[MOSS] Lieutenant Colonel Liu Peiqiang,

00:32:12,880→00:32:15,800
please proceed towards
hibernation unit quickly.

00:32:17,800→00:32:20,250
Low consumption mode activated.

2. 英译汉字幕翻译

00:03:54,569→00:03:56,195
斯通博士　这里是休斯敦

00:03:56,446→00:03:59,115
医护组发现你体温已降到 35.9

00:03:59,365→00:04:01,784
心率升到 70 了

00:04:02,702→00:04:04,328
你感觉怎么样

00:04:04,579→00:04:05,913
休斯敦　我没事

00:04:06,164→00:04:09,959
只是在零重力下会有些想吐

00:04:10,501→00:04:14,172
斯通博士　医护组问你要不要回探索者号

00:04:14,422→00:04:17,842
不用　我们都来一周了
我想尽快完成任务

00:04:18,092→00:04:19,510
通信卡已连接

00:04:20,052→00:04:21,596
通信失败

00:04:21,846→00:04:24,891
博士　这边什么都没有显示

00:04:25,892→00:04:27,393
再试一次

00:04:27,643→00:04:29,562
还是没有

00:04:31,564→00:04:33,608
休斯敦　能把音乐关掉吗

00:04:33,858→00:04:35,318
科沃斯基

00:04:35,568→00:04:37,028
没问题

00:04:37,278→00:04:38,780
科沃斯基　谢谢

00:04:42,241→00:04:43,409
现在呢

00:04:43,659→00:04:45,578
还是不行

00:04:45,828→00:04:48,414
是不是休斯敦那边读取数据有误

00:04:48,664→00:04:51,125
我们都没收到数据

00:04:51,751→00:04:55,755
工程组建议目视检查是否有部件损坏

00:04:56,756→00:04:58,716
我来看看

00:04:59,759→00:05:01,385
怎么回事

00:05:08,935→00:05:11,646
目视检查未发现部件损坏

00:05:11,896→00:05:14,649
那问题一定出在通信面板

00:05:14,899→00:05:17,026
应该是的

00:05:17,276→00:05:20,696
工程组说你之前警告过可能会出现这种情况

00:05:20,947→00:05:23,825
就当他们是在道歉了

00:05:24,075→00:05:25,868
博士 我们当时应该听你的

第六单元

一、基础练习

1. 翻译下列航天用语

1) Chang'e-5 lunar probe
2) weather/meteorological satellite
3) manned space program
4) carrier rocket
5) capsule
6) landing area
7) launch pad
8) solar panel
9) space outfits
10) astronaut/taikonaut
11) booster rocket
12) Mars rover
13) planetary exploration
14) low-Earth orbit
15) International Space Station

2. 选词填空

1) hurtling 2) piloting
3) fascinated 4) threat
5) finance 6) because
7) wreak 8) rarely
9) although 10) unleash

3. 汉译英

1) The space industry is a critical element of China's overall national strategy.

2) China will encourage the creation of space-related literary and art works to promote space culture.

3) Three hundred new C919-jet orders were made at the 14th China International Aviation and Aerospace Exhibition, according to the COMAC.

4) Scientists have always expected that some tiny amount of methane would be found on Mars because cosmic dust falling on the planet is broken up by ultraviolet light from the sun, producing methane.

5) China will continue to hold events to celebrate its Space Day and promote education on space knowledge and culture during World Space Week and National Science and Technology Week.

4. 英译汉

1) 过去 20 年里，天文学家们记载了围绕其他恒星运行的 1000 多颗行星，即所谓的"系外行星"。

2) 此前，科学家们已经在月球上发现了冰存在的迹象，也在其稀薄的大气中发现了水蒸气存在的迹象。

3) "空腿航班"很便宜，因为飞行者通常不能选择路线，但有些旅行社也能找到价格优惠的定制包机。（注："空腿包机"，也称调机，即当飞机需要执行从 B 点飞往 C 点的包机任务，但此时飞机在 A 点，则需要从 A 点飞往 B 点，空载的 A—B 段单程飞行即称为调机。）

4) 20 世纪 50 年代，喷气式客机开始成为主流，德·哈维兰"彗星"客机便是当时的主要机型。增压座舱的诞生使得喷气式飞机可以比其他飞机飞得更高更快。

5) 大型小行星撞击地球是一件极其罕见的事情，但直接相撞的后果可能是灾难性的。一块直径 150 米的岩石可能释放出相当于几枚核弹的能量，更大的物体则可能影响全世界范围内的生命。

二、拓展练习

1. 汉译英字幕翻译

（该参考字幕选自 CCTV 版《飞向月球》第二集的英文字幕）

00:07:50,240→00:07:53,440
We can imagine Chang'e-1

00:07:53,440→00:07:57,320
as a huge kite,

00:07:57,320→00:08:02,000
and the test and control system as the man controlling the kite.

00:08:02,000→00:08:05,880
But what he uses is not a cotton line or a kite line,

00:08:05,880→00:08:08,000
but electromagnetic waves.

00:08:09,560→00:08:11,640
Prior to Chang'e-1,

00:08:11,640→00:08:13,440
China's test and control system

00:08:13,440→00:08:14,640
was used only for spacecraft operating

00:08:14,640→00:08:19,400
near Earth's orbit.

00:08:19,400→00:08:23,520
The signal sent back by Chang'e from 380,000 kilometers is equivalent

00:08:23,520→00:08:27,840
to only one millionth of the signal strength of

00:08:27,840→00:08:32,040
the low-Earth orbit signal 380 kilometers above the ground.

00:08:33,559→00:08:37,119
The transmitting power of the antenna

00:08:37,120→00:08:39,320
carried by Chang'e-1 was just 20 watts.

00:08:40,360→00:08:43,720
Weak signals are not the most problematic.

00:08:43,720→00:08:45,720
The problem is that the weak signals

00:08:45,720→00:08:47,600
are mixed in with the electromagnetic noise

00:08:47,600→00:08:49,200
generated by human activities.

00:08:50,560→00:08:53,720
The test and control system has to find ways

00:08:53,720→00:08:55,680
to screen and filter out other

00:08:55,680→00:08:58,640
useless electromagnetic interference.

00:08:58,640→00:09:02,840
Scientists have also found an ingenious way

00:09:02,840→00:09:05,760
from radio astronomical observations,

00:09:05,760→00:09:08,880
and that is bringing together

00:09:08,880→00:09:11,760
several small telescopes to achieve the observation effect

00:09:11,760→00:09:16,120
of a large telescope.

00:09:16,120→00:09:17,640
Four telescopes in Beijing, Shanghai, Kunming

00:09:18,800→00:09:21,480
and Urumqi make up

00:09:21,480→00:09:24,800
a huge integrated telescope with a diameter equivalent

00:09:24,800→00:09:27,120
to more than 3,000 kilometers.

00:09:27,120→00:09:30,080
In this way, the position of Chang'e-1

00:09:30,080→00:09:32,720
can be accurately locked.

00:09:33,920→00:09:36,480
Bearing the Chinese dream of exploring the moon,

00:09:36,480→00:09:38,840
Chang'e-1 embarked on a journey

00:09:38,840→00:09:42,280
to the moon on October 24, 2007.

2. 英译汉字幕翻译
（该参考字幕下载于"字幕库"网站，个别地方有改动）

00:01:44,25→00:01:48,58
苏联在探索空间的竞赛中联领先一步

00:01:48,65→00:01:52,98
率先发射了第一颗绕地无人卫星

00:01:53,05→00:01:57,22
1957年10月4日 当人造地球卫星进入轨道的时候

00:01:57,29→00:01:58,45
人们异常不满

00:01:58,53→00:02:01,09
他们说"这些连冰箱都造不出来的人

00:02:01,16→00:02:03,15
竟然能把卫星送入轨道

00:02:03,23→00:02:05,72
这怎么可能?"

00:02:07,27→00:02:11,71
(发射倒数声) 5… 4… 3… 2… 1…

00:02:11,77→00:02:13,24
为了打败苏联人

00:02:13,310→00:02:16,140
美国航天局必须将人类送入地球轨道

00:02:16,21→00:02:18,70
只有火箭有足够快的速度…

00:02:18,78→00:02:21,27
达到时速17000英里以上

00:02:21,35→00:02:24,58
他们称之为"水星计划"

00:02:24,65→00:02:28,49
并组织了一群年轻而坚定的科学家和工程师

00:02:28,56→00:02:30,82
来解决如何发射一枚载人的

00:02:30,89→00:02:32,79
军用导弹

00:02:32,86→00:02:35,83
(克兰茨)我们多数人来自飞机飞行台

00:02:35,90→00:02:37,30
对火箭一无所知

00:02:37,37→00:02:39,20
对宇宙飞船一无所知

00:02:39,27→00:02:40,53
对轨道也一无所知

00:02:40,60→00:02:43,63
吉恩·克兰兹是最早一批

00:02:43,71→00:02:45,83
加入美国宇航局飞行指挥组的

00:02:47,21→00:02:49,34
(克兰茨)这类似如何从消防水带上

00:02:49,41→00:02:50,78
喝水的问题

00:02:50,85→00:02:52,81
我们不得不全面了解轨道

00:02:52,88→00:02:54,94
要不是学着从轨道上

00:02:55,02→00:02:56,54
回收宇宙飞船

00:02:56,62→00:02:58,35
我根本就没听过"点火发动"这个词

00:02:58,42→00:03:01,18
克兰兹研发了很多任务控制程序

00:03:01,26→00:03:03,99
旨在将人类送入太空

00:03:05,19→00:03:07,39
对我来说…

00:03:07,46→00:03:09,16
"水星计划"是一次最富挑战性的任务

00:03:09,23→00:03:11,89
因为我们不得不直接发明或改造

00:03:11,97→00:03:14,66
以往使用的所有工具

00:03:16,04→00:03:19,10
没人曾经从垂直发射的

00:03:19,17→00:03:20,61
火箭上生还

00:03:22,24→00:03:24,27
此事极其危险

00:03:27,15→00:03:31,11
最初 甚至考虑过由特技演员来进行此项工作

00:03:33,72→00:03:34,88
曾经有人建议他们

00:03:34,96→00:03:36,45
让摩托特技大王埃维尔·克尼维尔

00:03:36,53→00:03:38,96
或赛车手之类的人来执行任务

00:03:39,03→00:03:41,12
后来 艾森豪威尔总统要求

00:03:41,20→00:03:44,32
由空军试飞员来完成任务

00:03:44,40→00:03:46,77
试飞员受训 学习如何操作

00:03:46,84→00:03:50,43
并分析实验性飞行器

00:03:54,88→00:03:58,31
从测试合格的110名空军飞行员中

00:03:58,38→00:04:01,32
美国宇航局挑选了最好的七名

00:04:01,38→00:04:03,54
(画外音)女士们 先生们

00:04:03,62→00:04:07,05
这些就是国家"水星计划"的宇航员

00:04:10,66→00:04:12,49
这七名宇航员

00:04:12,56→00:04:14,50
迅速蹿红　成为名流

00:04:14,56→00:04:16,90
媒体密切注意着他们的一举一动

00:04:18,07→00:04:19,97
（巴伯利）你认识这些人

00:04:20,04→00:04:22,53
跟他们住在一起　跟他们打交道

00:04:22,60→00:04:24,57
他们就是最好的新闻素材

00:04:25,41→00:04:28,47
瓦利·斯奇拉　很注意细节

00:04:28,54→00:04:31,31
在七人中飞行技术最具教科书水准

00:04:31,38→00:04:34,78
阿兰·塞帕德非常聪明

00:04:35,65→00:04:40,18
斯科特·卡朋特是第一位科学家兼宇航员

00:04:40,26→00:04:44,19
葛登·古伯是他们当中最好的飞行员

00:04:44,26→00:04:46,63
德科与所有人关系都很好

00:04:46,70→00:04:49,06
各方面都很有人情味

00:04:49,13→00:04:54,86
加斯·格里森精通工程学　才智非凡

00:04:54,94→00:04:59,93
约翰·格伦很有教养　可能是他们中最冷静的

00:05:00,01→00:05:03,27
格伦早已是一个公众人物

00:05:03,35→00:05:08,18
因为他是进行超音速越国界飞行的第一人

00:05:08,25→00:05:12,91
但就算对海军陆战队员来说　宇航员的训练也很紧张

00:05:14,46→00:05:17,08
（格伦）他们会操作的所有测试都对我们做了

00:05:17,16→00:05:18,59
基本上做了能在人体上进行的

00:05:18,66→00:05:20,86
所有医学测试

00:05:20,93→00:05:23,83
以便我们进入半重力状态

00:05:23,90→00:05:25,42
这是一次彻彻底底的详查

00:05:28,00→00:05:31,13
为把第一批宇航员安全送入太空

00:05:31,21→00:05:33,90
宇航局设计了一个密封舱

00:05:33,98→00:05:37,78
单人宇宙飞船取代了核弹头

00:05:37,85→00:05:41,18
成为红石导弹的负载

00:05:41,25→00:05:45,08
但将人类送入太空的时机未到

第七单元

一、基础练习

1. 选词填空
1）boost 2）orbit 3）scale 4）graphic 5）execute

2. 判断正误
1）True 2）False 3）True 4）False 5）True

3. 汉译英

1) Along with the technological progress, this year's space lecture discussed more disciplines of science.

2) Though these space lectures showed various topics, the aim behind the lectures has never changed.

3) According to Xinhua, the launch of Tianhe signifies that China's Space Station construction has entered the full implementation stage.

4) Space activities can help them build the spirit of pursuing science and facing challenges.

5) China aims to build the space station into a state-level space lab that supports extended stays of astronauts and large-scale scientific, technological and

application experiments.

4. 英译汉

1) 神舟十五号任务是空间站建设阶段的最后一项任务，它标志着在新建成的三舱空间站内将完成首次机组交换。

2) 中国载人航天工程办公室表示，此次任务取得圆满成功，表明中国已对空间站关键技术进行了验证，并创造了中国宇航员在轨时间的纪录。

3) 他们需要完成15个科学实验机柜解锁、安装与测试，开展涵盖空间科学研究与应用、航天医学、航天技术等领域的40余项空间科学实验和技术试验。

4) 作为中国空间站的未来管理和控制中心，天和核心舱全长16.6米，有大约5层楼高。其中最大直径有4.2米，比一列火车和地铁的车厢还宽敞。

5) 长征五号B运载火箭是空间站计划的核心，因为它是目前我国唯一能够将大型空间站部件送入轨道的运载火箭。长征五号B运载火箭的有效载荷约为22吨，星期二的任务使之成为我国运载能力最强的近地轨道运载火箭。

二、拓展练习

1. 汉译英字幕翻译

（本参考字幕由本书编写组提供）

00:03:02,800→00:03:06,983
Astronauts Chen Dong, Liu Yang and Cai Xuzhe have worked in jointed force

00:03:07,350→00:03:10,875
and successfully completed all assigned tasks for extravehicular activity

00:03:10,875→00:03:14,175
Chen and Liu have returned to the Wentian lab module safely.

00:03:14,175→00:03:18,246
Kudos to you for your excellent performance and collaboration.

00:03:18,825→00:03:21,705
Let's take the beautiful Earth as the background,

00:03:21,705→00:03:23,945
to record this precious moment.

00:03:23,945→00:03:28,992
01 02, please wave at panorama Camera B.

00:03:37,452→00:03:43,418
This is the first time that astronauts step out from the airlock module,

00:03:43,418→00:03:47,500
and also that the secondary mechanical arm is used.

00:03:47,500→00:03:51,918
More importantly, it's my first extravehicular activity with 01.

00:03:51,918→00:03:54,193
Among all these first experiences,

00:03:54,193→00:03:57,164
we've enjoyed the beautiful view outside the window,

00:03:57,164→00:04:01,800
got to know the hard-working behind our extravehicular activity,

00:04:01,800→00:04:07,338
and witnessed the increasing growth of China Space Station.

00:04:07,675→00:04:10,410
Thanks to my partners for their help.

00:04:10,410→00:04:12,075
Thanks to all the technical staff for their support.

00:04:13,350→00:04:17,125
Thanks to the whole country for you attention.

00:04:17,725→00:04:21,100
Let's strive together to advance our aerospace career.

00:04:21,100→00:04:25,000
Although full of hardships and challenges,

00:04:25,000→00:04:29,513
every tiny achievement we made means a lot to our aerospace endeavors.

00:04:30,275→00:04:34,490
You can always believe in China Space Station.

00:04:34,490→00:04:36,545
Hand heart to you

00:04:37,200→00:04:41,525
I wanna say thanks to Shuguang and all technical workers,

00:04:41,525→00:04:42,440
for their support to this mission.

00:04:44,822→00:04:50,597
Also congratulations to 01 and 02 on their first extravehicular mission.

00:04:50,597→00:04:53,955
Happy Mid-Autumn Festival in advance.

00:04:54,275→00:04:54,950
At 0:46 on Sep 2, Chen and Liu shut the departure hatch.

00:04:59,700→00:05:04,517
At 1:55, Cai opened the Intermittent hatch

00:05:04,517→00:05:06,462
to welcome his partners' return in triumph.

00:05:06,462→00:05:08,762
This extravehicular activity has tested

00:05:08,762→00:05:11,662
the collaboration between astronauts and the secondary mechanical arm,

00:05:11,662→00:05:15,247
and verified the well performance of devices which

00:05:15,247→00:05:17,662
supported the airlock module and extravehicular activity.

00:05:18,025→00:05:22,697
They have completed the most tasks ever

00:05:22,697→00:05:24,327
in the first and also the most complicated

00:05:24,327→00:05:25,842
extravehicular activity.

00:05:25,842→00:05:27,022
They've also shown

00:05:27,022→00:05:30,949
pretty strong mental and physical qualities.

00:05:30,949→00:05:33,642
We will review the experiences promptly

00:05:33,642→00:05:36,580
to optimize our subsequent

00:05:36,580→00:05:37,972
procedures for extravehicular activities.

2. 英译汉字幕翻译
（本参考字幕由本书编写组提供）

00:03:25,142→00:03:26,323
接下来我们将踏入航点

00:03:26,323→00:03:27,779
这也是我们常提到的一个词

00:03:27,779→00:03:31,619
我们在空间站周围预先设置了一些区域

00:03:31,619→00:03:33,345
如果有必要的话

00:03:33,345→00:03:34,186
龙飞船可以在该区域暂做停留

00:03:34,186→00:03:35,480
如果具备一切的条件

00:03:35,480→00:03:36,920
我们也可以继续飞过这些区域

00:03:36,920→00:03:40,188
1号航点下方400米处是0号航点

00:03:40,188→00:03:42,188
0号航点后方220米处

00:03:42,188→00:03:45,210
便是空间站

00:03:45,210→00:03:48,472
之后我们将前往前方的2号点位

00:03:48,472→00:03:52,168
您现在看到的是1号载人飞船记录的画面

00:03:52,168→00:03:54,168
这与我们将看到的5号载人飞船

00:03:54,168→00:03:56,168
有所不同

00:03:56,168→00:03:57,515
这个画面可以帮助您理解

00:03:57,515→00:04:00,476
飞向空间站时的实景将是怎样的

00:04:00,476→00:04:02,476
在您看到示例画面中

00:04:02,476→00:04:06,042
龙飞船正在不断飞向面向空间港口的顶点

00:04:06,042→00:04:09,827
这也是为什么您可以看到地球从画面中划过

00:04:09,827→00:04:11,300
而空间站则在地球的上方位置

00:04:11,300→00:04:14,115
您还可以看到龙飞船

00:04:14,115→00:04:16,315
仍然飞向前方的港口进行对接

00:04:16,315→00:04:18,315
您看到的龙飞船港口

00:04:18,315→00:04:20,315
正是载人5号机组要飞向的目的地

00:04:20,315→00:04:23,207
目前在那里的是龙飞船载人 4 号机组

00:04:23,207→00:04:26,200
"自由号"龙飞船已经和顶点港口进行了沟通

00:04:26,200→00:04:29,096
我们看到的画面和他们执行的任务是相同的

00:04:29,096→00:04:33,933
虽然我们目前看到的是载人 1 号任务的重播画面

00:04:33,933→00:04:35,697
但当他们进入到

00:04:35,697→00:04:37,314
对接轴后

00:04:37,314→00:04:41,133
也就是您看到的对接港口对面的区域

00:04:41,133→00:04:43,618
对于载人 5 号机组来说

00:04:43,618→00:04:46,892
则是 2 号点位前进港口前的 220 米处

00:04:46,892→00:04:48,251
他们可以选择停留修整

00:04:48,251→00:04:49,869
或者立即越过该区域

00:04:49,869→00:04:51,869
前提是我们得到(NASA)休斯顿太空中心团队的指令

00:04:51,869→00:04:53,736
要求我们保持飞船轨道　不要停留

00:04:53,736→00:04:56,608
直到抵达 2 号航点

00:04:56,608→00:04:58,608
抵达该航点后我们可以稍作停留

00:04:58,608→00:05:00,875
在那里我们要进行最后的抉择

00:05:00,875→00:05:02,084
决定是否要进行对接

00:05:02,084→00:05:03,507
因此在停留时　我们要进行最后的检查

00:05:03,507→00:05:05,507
SpaceX 的每位团队成员

00:05:05,507→00:05:06,595
NASA 的每位团队成员

00:05:06,595→00:05:08,862
还有操作空间站的国际伙伴们

00:05:08,862→00:05:11,888
都需要确认他们已经准备好接收龙飞船了

00:05:11,888→00:05:14,234
同时　还需要确保龙飞船系统的各个环节都没有纰漏

00:05:14,234→00:05:16,531
接下来　龙飞船就会自动进行最终的驶入操作

00:05:16,531→00:05:19,006
驶入距离只有 20 米

00:05:19,006→00:05:21,006
最后　龙飞船将于空间站

00:05:21,006→00:05:23,006
和 2 号航点成功对接

00:05:23,006→00:05:26,788
在这之后　我们将进行一系列常规操作

第八单元

一、基础练习

1. 填空题

1）能指　所指

2）符号表征　对象　解释项

3）相似符号　指引符号　象征符号

4）语内翻译　语际翻译　符际翻译

5）符际翻译

2. 判断正误

1）True　　2）False　　3）True　　4）True　　5）True

3. 术语解释

［参考答案详见第八单元原文］

4. 简答题

［参考答案详见第八单元原文］

二、拓展练习

1）［参考答案详见第八单元原文］

2）［参考答案详见第八单元原文］